누구나 알 수 있는
전술이야기

누구나 알 수 있는

전술이야기

초판 1쇄 발행 2019년 3월 1일
2쇄 발행 2020년 6월 1일

지 은 이 채일주
발 행 인 권선복
편 집 전재진
디 자 인 김소영
전 자 책 서보미
마 케 팅 권보송
발 행 처 도서출판 행복에너지
출판등록 제315-2011-000035호
주 소 (157-010) 서울특별시 강서구 화곡로 232
전 화 0505-613-6133
팩 스 0303-0799-1560
홈페이지 www.happybook.or.kr
이 메 일 ksbdata@daum.net

값 25,000원

ISBN 979-11-5602-697-6 (13390)

누구나 알 수 있는 전술이야기

A STORY OF TACTICS

채일주 지음

도서출판 행복에너지

독자에게 드리는 글

이 책은 필자가 육군대학 교관으로 재직하던 2015년부터 2017년까지 제자들에게 전술을 가르쳤던 내용을 엮은 것입니다.

육군대학은 영관장교를 대상으로 최고 수준의 전술을 교육하는 곳입니다. 그러한 곳에서 3년 동안 교관 직책을 수행했다는 것이 저에게는 참으로 영광스러운 일입니다. 그것도 공격과 방어를 모두 교육하는 '육군대학 전술담임교관'이라는 직책으로 말이지요.

매년 새로운 기수의 교육생을 받을 때마다 '어떻게 하면 학생들을 잘 가르칠 수 있을까?' 하는 고민이 많았습니다. 고심 끝에 학생 주도 학습법을 적용하고 있는 육군대학 교육 체계의 특성을 고려해서, 수업 전에 학생들에게 질문을 제공했습니다. 그렇게 공격과 방어 전술을 합쳐 하나둘 쌓인 질문이 약 100여 개가 넘었습니다. 학생들은 그 질문에 따라 고민하고, 토의했습니다. 처음에는 불평도 많았지요. '남들은 하지 않는 것을 왜 우리는 해야 하느냐?'라는 것이었습니다.

그러나 담임 교관을 믿고 열과 성을 다해 따라주니 시간이 갈수록 학생들의 전술에 대한 수준이 높아졌습니다. 그리고 교리를 바탕으로 전술을 적용하는 데 각자의 시각을 가지게 되었습니다.

이 책은 전술 적용에 대해 실질적인 도움이 되는 내용을 담고 있습니다. 교범에 쓰여 있는 글이 아닙니다. 교범을 바탕으로 실제 공격·방어 전술에 관하여 계획을 수립하고 작전을 시행하기 위한 내용입니다. 이론적 차원의 글이 아니라 야전부대에서 실제로 지휘관 및 참모로서 직책을 수행할 때 어떻게 대처해야 하는지에 대해서 초점을 맞추고 있습니다.

필자는 2007년에 육군대학에서 학생장교로 공부했습니다. 그 후 2010년까지 전투지휘훈련단에서 사후검토 분석관을 하면서 계속 전술 연구를 했지요. 많은 훈련 사례를 보면서 사후검토 분석을 했습니다. 그 외에도 수많은 동료와 후배들이 전술을 공부하는 과정에서 어려움을 겪는 것을 보면서 적극적으로 도움을 주었습니다.

전술을 공부하는 학생들이 겪고 있는 어려움이 무엇인가? 실제로 야전에서 어려워하는 것이 무엇인가? 이러한 질문은 그 당시부터 정립되었습니다. 바로 그 질문이 앞서 학생들에게 제공했다고 한 질문 목록입니다. 이 책의 내용은 그 질문 목록에 대해 교관이 학생들에게 설명해 준 것을 정리한 것입니다.

필자는 2017년도에 3년 차 교육을 하면서 이 책을 썼습니다. 학생들과 함께 호흡하면서 고민할 때 질문에 대한 영감이 떠오르지요. 원래 교육 순서는 '총론 ⇒ 방어전술 ⇒『손자병법』⇒ 공격전술'이었습니다. 다만 책의 논리적 구성을 고려하여 총론 이후 공격전술과 방어전술을 배치하고『손자병법』은 가장 마지막에 두는 방식을 택했습니다. 하지만 책을 읽을 때는 해당 문제에 부합하는 사례를 찾아 어떤 순서로 읽어도 상관없습니다. 효율적 이해를 위한 목차 배치일 뿐임을 감안하시기 바랍니다.

이 책을 본다고 해서 교범에 관한 연구를 소홀히 하면 안 됩니다. 관련 교범을 1차로 공부한 사람이어야 이 책에 대해 더 많이 이해할 수 있습니다. 이 책은 이론에 근거한 실제 전술 적용 사례집의 성격이 강합니다. 교리에 대한 기초가 바탕이 되어야 그것에 대한 자기 해석과 적용을 할 수 있지요.

끝으로 이 책이 만들어지기까지 전술담임교관의 구심점 역할을 해 주신 황성훈 대학장님께 감사드립니다. 전술담임교관들이 마음껏 역량을 발휘할 수 있도록 모든 여건을 마련해 주셨습니다. 아울러 공격전술학처의 수장으로 3년간 인간적으로 저를 이끌어 주신 김형결 처장님과 학처 동료 교관님들께도 감사드립니다.

졸저의 출판을 허락해 주신 도서출판 행복에너지의 권선복 대표이사님과 관계자분들께도 심심한 감사의 말씀을 드립니다. 어려운 여건에서도 묵묵히 남편의 뒷바라지를 해준 아내 강경아와 아빠를 잘 따라주는 장광, 아림에게도 감사를 전합니다.

이 책이 나올 수 있었던 원동력은 열과 성을 다해 열심히 연구했던 학생들 덕이라고 말씀드리고 싶습니다. 모든 것은 학생들을 좀 더 잘 가르치기 위해 시작했던 것입니다. 힘들어도 교관을 따라주며 파이팅을 외쳤던 학생들을 보면서 스스로 많은 힘을 얻을 수 있었습니다. 함께 노력했던 학생들 모두에게 감사와 경의를 표합니다.

채 일 주 올림

〈목차〉

Ⅰ. 전술 총론 이야기

II. 공격전술 이야기

Ⅲ. 방어전술 이야기

Ⅳ. 손자병법 이야기

이 글은 개인의 생각을 바탕으로 쓴 것이며,
육군의 교리나 육군대학의 공식 입장이 아님을 밝힙니다.

이야기의 관점에 대해서

우리가 전술 교리를 연구하다 보면, 하나의 용어를 가지고 심도 있게 토의하는 기회를 가질 때가 있습니다. 그 용어가 담고 있는 의미로 인해서 교리를 잘못 이해하는 독자가 있을 수 있기 때문이지요. 그래서 교리에는 정확한 용어를 사용해야 합니다.

교관은 교리에 관한 이야기만 하고 싶지는 않습니다. 교리를 이용해서 싸우는 방법, 교리를 현 상황에 맞춰 적용하는 이야기를 하고 싶지요. 이 이야기도 그러한 관점을 가지고 전개합니다.

이야기마다 교리적 정의를 포함하고 싶은 충동이 일어나지만, 그러지 않으려고 합니다. 교리는 점점 발전하고, 새롭게 변해가지요. 교관은 특정 시점에 국한되지 않는, 변함없이 적용할 수 있는 내용을 이야기하고 싶습니다. '전술의 원리'라고 하면 어떨지 모르겠지만, 이 이야기를 표현할 수 있는 적절한 말을 아직 찾지 못했습니다. 필연적인 이치를 뜻하는 '원리'라는 용어보다는 개인의 전술관이라고 하는 것이 좋겠네요. 이것은 교관의 전술관에 대한 이야기입니다.

아쉬운 점은 그 누구도 실제 전투를 치러 보지 않았기 때문에 어떤 것이 옳다거나 더 낫다고 할 수 없다는 점입니다. 그러나 교관은 10여 년에 걸쳐 공부해 왔던 내용과 BCTPBattle Command Training Program 사후검토 분석을 하면서 연구했던 내용, 동료 및 후배, 학생들을 도와주면서 터득한 내용을 바탕으로 '교리를 적용하여 전술을 구사하는 방법'에 대해 이야기를 하려 합니다. 이것은 지극히 주관적인 내용이며, 누구든지 다른 의견을 제시할 수 있습니다. 그러한 의견을 나누는 것은 매우 유쾌한 일이지요.

문제는 교리를 적용하여 전술을 구사하는 것에 대해 자신의 의견조차 없는 사람도 있다는 것입니다. 교관은 학생들을 그렇게 가르치고 싶지 않습니다. 교리만을 익히고 외우면서 교실에서만 잘 하고, 실제로는 어떻게 적용해야 할지 모르는 장교, 그런 모습은 바람직한 장교가 아니지요. 성적이 중요한 것이 아니라 배운 것을 직접 적용해서 전투를 승리로 이끌어 가는 것이 중요한 것입니다.

기초지식이 없는 상태에서 교관의 이야기를 이해하기는 어려울 겁니다. 그러나 큰 흐름을 이해하는 측면에서 대관한다면 결국 간단한 이야기입니다. 내가 가진 가용 전투력을 어디에 집중할 것인지 핵심을 식별하고 그것을 위주로 시간과 공간, 전투력, 과업을 최적화하면 되는 것이지요. 처음에는 일시적으로 이해가 가지 않더라도 그냥 넘어가서 다시 읽다 보면 큰 문제가 없을 것으로 생각합니다.

I

전술 총론 이야기

우리가 전술을 공부하면서 갖춰야 할 능력은 무엇일까요?

그것은 사고력과 표현력입니다.

1. 사고력 : 전장에서 가장 중요한 것이 무엇인가?
2. 표현력 : 말로 설명 + 그림, 글씨, 표로 표현

1) 사고력: 전장에서 가장 중요한 것이 무엇인가?

사고력은 생각할 수 있는 능력입니다. 전술에서 생각해야 할 것은 '전장에서 가장 중요한 것이 무엇인가?'이지요. 결정적지점을 구상하는 것과 같은 것입니다. 지휘관은 전장에서 중요하다고 생각하는 것을 구상해서 '내가 가용한 전투력을 어디에 집중할까?'를 결정해야 합니다.

『손자병법』「모공」 편에 보면 이런 말이 나와 있지요.

故知勝者有五(고지승자유오)

知可以與戰 不可以與戰者勝(지가이여전 불가이여전자승)

識衆寡之用者勝(식중과지용자승)

上下同欲者勝(상하동욕자승)

以虞待不虞者勝(이우대불우자승)

將能而君不御者勝(장능이군불어자승)

此五者知勝之道也(차오자지승지도야)

따라서 승리를 아는 방법은 다섯 가지가 있다.

싸움이 가능할지, 불가능할지를 아는 자는 이긴다.

무리와 적음의 사용을 아는 자가 이긴다.

윗사람과 아랫사람이 함께하고자 하는 자가 이긴다.

생각을 많이 하는 사람이 그렇지 않은 사람을 이긴다.

장수가 능력이 있고 임금이 나서지 않으면 이긴다.

이 다섯 가지가 승리를 알 수 있는 길이다.

「지승유오知勝有五」에서 두 번째로 등장하는 '識衆寡之用者勝식중과지용자승'이 교관의 전술관에 직결됩니다. '어디에 衆(중, 무리)을 사용할 것인가?'를 안다는 것이지요. 모든 것을 꿰뚫어 보고, 혜안을 가지고 있는 사람만이 할 수 있는 것입니다. 여기서 衆(중, 무리)이라는 것은 주공이나 주노력, 예비대를 의미합니다. 내가 전투력을 집중하는 부대이지요. 그 부대를 사용하는 시점과 장소, 대상을 지휘관은 작전구상에서 결정적지점으로 구현하는 것입니다.

작전구상에 정해진 순서는 없지만, 논리적으로 추론을 해보면 최종상태부터 생각을 하게 됩니다. '현 상태를 어떻게 최종상태로 만들 것인가?'를 고민하면서 중심과 결정적지점을 구상하지요. 그래서 결정적지점은 최종상태와 밀접한 관련이 있습니다. 그런데 최종상태는 어디에서 영향을 받을까요? 모든 것에서 영향을 받겠지만, 특히 영향을 크게 주는 것은 작전목적입니다. 작전목적은 임무를 분석하는 과정에서 도출하는 것이고, 그것을 도출하면 지휘관은 머릿속에서 최종상태를 더욱 명확하게 구상합니다.

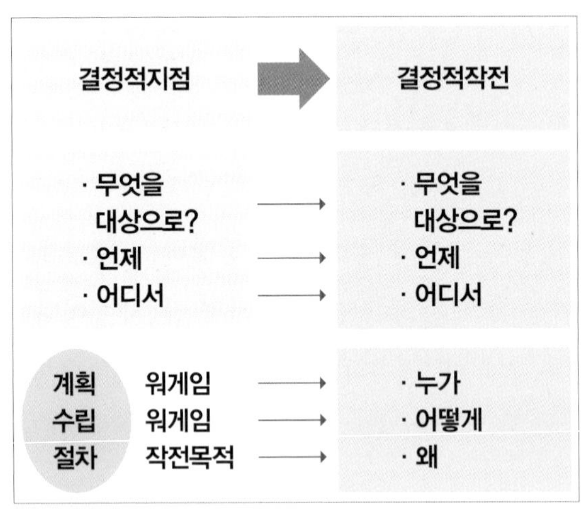

〈그림1〉 결정적지점 구상과 결정적작전의 관계

최종상태는 상태이지요. 몸이 건강한 상태라고 하면 뭔가 손에 잡히는 것이 없는 상태를 의미합니다. 반면에 결정적지점은 손에 잡히는 것이어야 합니다. 결정적지점은 세 가지 측면에서 구상을 하지요.

① 무엇을 대상으로

② 언제

③ 어디에서

衆(중, 무리)을 사용할 것인가?

지휘관은 이 세 가지를 각각이 아니라 하나로 연계하여 구상합니다. 이것을 구상하는 능력이 아주 중요합니다. 衆(중, 무리)을 사용하는 작전은 결정적작전이 되고, 이 결정적작전을 기준으로 나머지 작전을 다 조직하니까요. 결정적지점을 구상하는 것은 결정적작전의 육하원칙 요소 중 '무엇을', '언제', '어디서' 요소를 제공하는 역할을 합니다. 제공되지 않은 '왜?'는 작전목적에서 제공되는 것이고요, '누가', '어떻게'(기능별 전투력 운용)는 계획수립 단계에서 제공되지요. 이것을 그림으로 표현하면 〈그림1〉과 같습니다.

지휘관이 결정적지점을 구상하지 않으면 어떻게 될까요? 한마디로 무엇이 중요한지를 모르고 싸우겠지요. 기능실과 예하부대는 지휘관이 무엇을 중요하게 생각하는지 모르고 갈팡질팡하게 될 겁니다. 『손자병법』에 그런 언급이 있어요.

故知戰之地 知戰之日(고지전지지 지전지일)

則可千里而會戰(즉가천리이회전)

不知戰地 不知戰日(부지전지 부지전일)

則左不能求右 右不能求左(즉좌불능구우 우불능구좌)

前不能求後 後不能求前(전불능구후 후불능구전)

而況遠者數十里 近者數里乎?(이황원자수십리 근자수리호?)

따라서 싸워야 할 땅(장소)과 시간을 알면

가히 천리에 걸쳐서도 모여서 싸울 수 있다.

(그러나) 싸워야 할 땅(장소)과 시간을 모르면

좌가 우를 구하지 못하고 우가 좌를 구하지 못하며

전이 후를 구하지 못하고 후가 전을 구하지 못하니

멀게는 수 십 리, 가까이는 수 리에 있다 해도 어찌 가능하겠는가?

지휘관은 결정적지점을 잘 생각해서 그것을 참모들과 예하부대에 알려주어야 합니다. 그것이 계획지침의 핵심이고, 전투수행 전반을 통합하는 구심점이 됩니다. 전장에 결정적지점은 많습니다. 가용능력을 고려해서 나의 제대에서 사용할 것은 하나만 선택하고, 나머지는 예하부대에 할당할 수 있지요. 만약 나의 제대에서 두 개의 결정적지점을 사용한다면, 내가 가진 전투력을 둘로 나누어서 사용하게 되기 때문에 효율적인 작전을 기대하기 어려울 겁니다.

2) 표현력: 말로 설명 + 그림, 글씨, 표로 표현

머릿속으로 사고하는 능력을 갖추었다고 해도 그것으로 다 끝난 것이 아닙니다. 전투는 나 혼자 수행하는 것이 아니라 여러 참모부 기능실과 직할부대, 예하부대, 상급 및 인접부대 등 수많은 부대가 함께 수행을 하는 것이니까요. 그래서 내가 생각한 것을 잘 표현할 수 있어야 합니다. 표현을 하는 방법은 말과 그림, 글씨, 표 등이 있습니다.

여러분들은 작전개념의 형태를 정확히 숙지해서 그 형태대로 작전계획이나 방책을 설명할 수 있어야 합니다. 말로 설명하는 것이지요. 먼저 주의해야 할 점을 이야기하겠습니다. 하나의 작전개념을 다른 상황에서 그대로 사용하는 것은 아주 무모한 일입니다. 전장 상황이 모두 다 다르기 때문에 특정 계획을 변경하지 않고 그대로 사용하는 것은 상황에 맞지 않는 전투력 운용을 하게 되는 것이지요. 제대로 된 전투수행을 기대하기 어렵습니다. 그렇게 가르쳐서도 안 되고요.

작전개념의 형태와 같이 설명을 해야 자기가 원하는 수준에서 설명을 다 할 수 있습니다. 작전개념의 틀대로 설명을 하지 않고,

그냥 생각나는 대로 설명을 하면 제대로 된 설명이 되지 않습니다. 왜냐하면 기능실 내에서 수행하는 낮은 수준의 전투력 운용에 집착하게 되어서 불필요한 설명이 늘어나기 때문입니다. 마치 "1, 2, 3, 4…" 해서 10까지 가야 하는 상황에서 "1, 2, 2.5, 2.5.1, 2.5.2…" 이런 식으로 설명하는 것입니다. 이렇게 해서는 "1, 2, 3, 4…10"까지 설명할 수 없는 것이지요. 그래서 제한된 시간 내에, 한정된 여건에서 짧고 간명하게 설명하는 능력이 중요합니다. 자기가 생각한 것을 얼마나 잘 전달할 수 있느냐 하는 것이니까요. 그래서 작전개념의 틀에 익숙해져야 합니다.

또 다른 표현 방법은 그림과 글씨, 표라는 정해진 양식으로 눈에 보이게 표현하는 것입니다. 작전투명도와 작전개념, 전투편성표이지요. 자기가 어떠한 상황에서 전술적인 측면의 구상을 했다면 여러분들은 그것을 단숨에 그리고, 쓸 수 있는 능력이 필요합니다. 옆에 참고자료를 놓고 같이 봐 가면서 쓰는 정도로는 충분하지 않습니다. 어떤 것을 전혀 보지 않고 머릿속에 있는 틀만을 참조해서 자기가 생각한 바를 잘 표현해 낼 수 있어야 합니다.

'작전투명도와 작전개념, 전투편성표를 어떻게 작성해야 하느냐?' 하는 것은 교범을 참조해서 여러분들이 잘 숙달해야 하는 문제입니다. 그런데 내가 생각한 것을 어떻게 표현할지 애매한 경우도 있지요. 종종 그러한 문제를 질문하는 사람들이 있는데, 교관은 항상 이렇게 이야기합니다. 내가 표현한 것을 상대방이 잘 이해하고, 잘못 전달되지 않으며, 가급적 질문이 나오지 않으면 된다고요.

"작전개념을 공간구분에 의해서 기술하는 것이 좋습니까? 목적 구분에 의해서 기술하는 것이 좋습니까?"

"전혀 상관없습니다! 둘 다 가능해요!"

공격전술이나 방어전술이나 어떤 것이든지 다 할 수 있습니다. 형식이 중요한 것이 아니에요. 내가 생각한 바를 정확하게 전달할 수 있으면 되는 것입니다! 여러분은 공간 구분이나 목적 구분이나 원하는 대로 잘 쓸 수 있어야 하고, 자기 생각을 남들에게 정확하게 전파할 수 있어야 합니다. 내가 쓴 것을 가지고 다른 사람이 잘못 인식하거나, 명확하지 않아서 질문을 하거나 하면 그것이 전시에는 예하부대가 명령을 받고도 무엇을 해야 할지 모르는 상황이라고 보면 됩니다. 영관장교로서 능력이 부족한 것입니다.

지금까지 전술을 배우면서 '우리가 어떤 능력을 구비해야 하는가?'에 대한 이야기를 했습니다. 사고할 수 있는 능력과 표현할 수 있는 능력이라고 했지요. 전술을 공부하면서 방향성을 유지하기 위해서 이것을 항상 염두에 두고 있기 바랍니다.

교리는 내가 처한 상황에 답을 주지 않는가?

예! 그렇습니다. 교리는 내가 처한 상황에 답을 주지 않아요. 진짜냐고요? 당연히 진짜지요. 어떤 사람들은 이렇게 이야기하지요. '교리대로 싸우면 적이 우리가 어떻게 싸울지 다 알기 때문에 전투에 패배하게 된다. 그러니 교리대로 싸우지 않는 사람들이 오히려 더 이긴다. 그래서 육군대학 성적하고 전투를 잘하는 것하고는 상관이 없는 것이다.'

혹시 비슷한 이야기를 들어 본 경험이 있나요? 참으로 서글픈 이야기입니다. 어디서부터 무엇이 잘못되었는지 진단하기 어려운 상황이지요. 교리에는 내가 어떻게 싸우라고 하는 내용이 제시되어 있지 않습니다. 눈을 씻고 찾아보세요. 결정적목표를 동측으로 하라거나 서측 어느 지역으로 하라고 하는 이야기가 나와 있는지, 어떤 전장상황에서 어떤 대응개념을 설정하라고 나와 있는지 말이지요. 아무리 찾아봐도 그런 이야기는 없습니다.

이런 상황에서는 이런 점을 고려해서 잘 판단하라고만 나와 있지요!

교리대로 싸운다. '교리대로'라는 것이 무슨 말입니까? '교리대로' 할 수 있는 것이 없어요! '내가 판단한 대로' 싸우는 것이지요. 전술 교범을 다 외운다고 전투를 잘할 수 있을 것 같습니까? 아니에요! 내가 전장에서 직면하는 문제가 100가지라면 교리는 100가지 중에 단 한 가지도 답을 주지 않습니다. 그러니까 교관이 여러분들에게 교리만 가르치겠어요? 교리만 배울 것 같으면 혼자서 책 보고 외워서 공부하면 되지요. 교관이 가르치는 것은 교리만이 아니고 교리를 포함해서, 그것을 나의 상황에 적용하는 방법을 가르치는 것입니다.

교리는 그럼 무엇을 하라고 있는 것인가요? 교리는 원리와 원칙, 전술, 전기, 절차, 용어와 부호에 대한 내용을 포함합니다. 교리는 군 구성원에 대하여 군사에 관한 개념을 통일시킵니다. 그리고 군사행동에 관하여 기준을 제공하지요. 그래서 군사행동의 기준과 노력의 방향, 군사력 운용에 필요한 원칙을 제시하는 것이 교리의 역할입니다. 아울러 대외적으로는 군사력의 사용 및 운용개념을 전파하고 이해시키는 역할을 하지요. 합동군사대학교 합동 교리센터 홈페이지에 있는 내용이에요.

교리가 있기 때문에 의사소통이 가능한 것입니다. 교리가 있기 때문에 전술을 토의하고, 돌파라고 이야기하면 돌파라고 알아듣는 것입니다. 그것이 없다고 하면 돌파를 어떻게 이야기하겠어요? 말을 풀어서 '일정지역을 뚫고 가서 종심의 목표를 확보하는 것' 등등 설명을 하겠지만, 교리에 '돌파'라는 용어가 있기 때문에 쉽게 그것을 이야기할 수 있는 것이지요.

교리는 어떻게 생겨난 것인가요? 교리는 군사사상으로부터 이론을 거쳐 수많은 전쟁을 경험하면서 생겨났습니다. 군사사상은 전쟁에 대한 사상Thought, 개념적 사고체계, 사람들의 공통된 인식입니다. 우리가 익숙하게 알고 있는 부전승 사상이나 기동전 사상 등이 여기에 해당되지요. 이러한 군사사상은 시대와 지역에 따라 다르게 나타납니다.

이것은 통상 세 가지 범주로 나눌 수 있습니다.

첫째, '전쟁이란 무엇인가?'(전쟁의 본질)
둘째, '전쟁에 승리하기 위해서는 어떻게 준비해야 하는가?'(양병)
셋째, '어떻게 하면 전쟁을 이길 수 있는가?'(용병)

군사이론은 군사사상을 바탕으로 생겨났습니다. 군사사상은 사람들의 개념적 인식, 생각이기 때문에 군사이론의 배경이 되지요. 옛날 사람들은 전쟁에서 어떠한 인과관계를 찾으려고 노력했습니다. 매우 어려웠지요. 그러나 사람들은 수많은 전쟁을 보면서 그것을 찾아내었고, 원인과 결과를 규명했습니다. 우리가 아는 군사이론가 – 클라우제비츠, 두헤, 앙드레 보프르, 조미니와 같은 사람 – 들이지요. 그리고 원리나 원칙을 찾아내게 되었습니다. 원리는 필연적인 이치(이렇게 하면 반드시 이렇게 됨), 예를 들어 우승열패 같은 것입니다. 원칙은 개연적인 이치(이렇게 하면 이럴 가능성이 큼), 예를 들어 지상 작전의 원칙과 같은 것입니다.

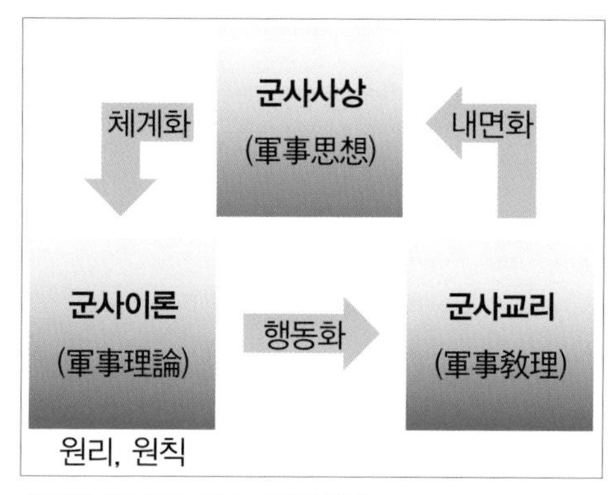

〈그림2〉 군사사상, 이론, 교리의 관계

군사사상은 생각이고, 군사이론은 이론입니다. 우리에게 직접 필요한 것은 행동화할 수 있는 것이지요. 그러한 요구가 군사교리를 만들어 냅니다. 군사사상과 이론을 바탕으로 행동화할 수 있는 지침을 마련해서 권위 있는 기관에 의해 승인을 받은 것이 교리이지요.

교리는 일반적인 내용만을 다룹니다. 구체적인 상황을 포함하고 있지 않아요. 그래서 현실에 바로 적용할 수 없고, 적용하기 위해서는 내가 처한 상황을 고려한 나의 판단이 필요합니다. 군사 사상과 이론, 교리의 관계를 나타낸 〈그림2〉를 참조하세요. 다시 한번 이야기하지만, 교리는 내가 처한 상황에 대한 답을 주지 않습니다. 서두에서 언급한 우매한 이야기를 하는 장교가 되지 않기를 바랍니다.

지휘관의도 (최종상태와 작전목적)

지휘관의 의도라고 하면 지휘관이 뜻하는 바, 바라는 바를 의미하는 것으로 생각할 수 있습니다. 우리 국어에서 평소에 그렇게 사용하지요. 그런데 군사용어의 정의로 보면 조금 다릅니다. 그래서 지휘관의도를 우리가 통상 대화할 때 사용하는 의미로 똑같이 생각해서는 안 됩니다.

지휘관이 구두나 서면으로 명령을 수령하여 과업을 받으면 그때부터 최종상태를 생각합니다. 현 상태가 어떤 상태인데, 최종상태는 어떤 모습으로 가져가야 내가 받은 과업을 완수할 수 있느냐는 거지요. 현 상태를 알아보기 위해서 지휘관과 참모가 하는 것은 현행작전평가입니다. 전술적 고려요소METT+TC를 이용해서 현재의 모습을 따져보는 것이지요. 그리고 최종상태를 생각합니다. 적과 아군, 지형, 민간요소에 대해서 말이지요. 우리가 어디를 갈 때 가장 먼저 생각하는 것은 목적지이지요. 최종상태도 그와 같이 가장 먼저 생각합니다.

작전목적은 계획수립절차에서 도출합니다. 임무분석 단계에서 상급 지휘관의도(최종상태와 작전목적)와 명시과업을 기초로 도출해 내지요. 작전을 왜 하는지, 그 배경이 무엇인지 설명하는 것입니다. 자기가 받은 과업을 정확하게 이해하기 위해서는 작전개념을 참조할 수도 있습니다. 작전을 왜 하느냐? 이것이 가장 중요한 부분인데, 그래서 작전목적은 지휘관이 구상한 최종상태와 더불어 지휘관의도의 한 축을 담당하고 있지요.

이러한 지휘관의도는 어떤 역할을 할까요? 수없이 변화하는 전장에서 마치 등대와 같은 역할을 합니다. 작전을 어떤 방향으로 진행해야 하는지에 대해 방향을 제시해 주지요. 마치 방랑객이 북극성을 바라보고 방향을 찾아 나아가는 것과 같습니다. 전투력운용은 수시로 바뀔 수 있습니다. 그에 따라서 과업도 많이 바뀌지요. 그러나 상급지휘관의 의도와 명시과업이 바뀌지 않는 이상, 지휘관의도는 바뀌어서는 안 됩니다. 기준점이 바뀌잖아요.

최종상태와 작전목적은 그래서 지휘관이 직접 기술해야 합니다. 교관은 최종상태를 '적의 주력을 격파하고 ㅇㅇ지역을 확보하며, 아군은 차후 작전을 지속할 수 있는 전투력을 유지해야 한다.'라는 식으로 쓰는 경우를 많이 보았습니다. 지휘관의도는 작전의 기준이 되는 부분이라고 했는데, 그것을 그렇게 천편일률

적으로 표현해서 작전의 이유와 배경, 최종 목적지가 잘 표현되겠습니까? 앞의 예와 같이 쓴다면 어떤 작전에도 다 통용되지요. 지휘관의도는 모든 작전에 다 통하는 '마스터키'가 아닙니다! 모든 작전마다 다 다르고, 각각의 작전에 등대와 같은 기준점을 제시해 주어야 합니다. 누구에게요? 참모와 예하부대에게요! 지휘관의 목소리에요! 다음 글을 보세요.

> 아마 수 십 개의 작전명령이 내 이름으로 하달되었을 것이다. 그러나 실제로 전쟁의 전 기간 동안 단 하나의 작전명령도 나 혼자 작성한 것은 없다. 나는 언제나 나보다 명령을 잘 작성할 수 있는 부하들을 데리고 있었다. 그러나 작전명령 중 내가 스스로 초안을 잡아 작성한 것이 있다면 그것은 지휘관의도이다. 대개 지휘관의도는 작전명령에 포함된 모든 단락 중 가장 짧은 것이었지만, 여기에는 지휘관이 달성하려는 바가 무엇인지 기술되므로 작전명령 중 가장 중요한 것이라고 할 수 있다. 지휘관의도는 가장 중요한 의지의 표현이며, 명령의 모든 사항과 지휘관 및 장병들에 의한 모든 행동은 반드시 이에 따라 통제되고 이루어져야 한다. 그러므로 지휘관의도는 반드시 지휘관 스스로에 의해 작성되어야 한다.
>
> "패배에서 승리로"
> 〈영국 육군 원수 윌리엄 슬림 경〉

지휘관은 최종상태의 적과 아군, 지형, 민간요소에 대해서 내가 바라는 상태를 명확하게 기술해야 합니다. 그리고 작전목적도 무슨 말인지 이해할 수 있게 써야 합니다. 적의 주력을 격파해야 한다면 그것이 어떤 적을 말하는 것이고, 주력이라는 애매한 표현은 무엇을 의미하는 것인가? 작전목적이 중요지역을 확보하는 것이라면 도대체 그 중요지역이 무엇인가? 시험문제에 작전목적을 묻는 문제가 나왔을 때, '중요지역확보' 그 여섯 글자만 써 놓으면, 교관이 그것을 보고 무슨 생각을 하겠습니까? 참모나 예하부대도 마찬가지예요!

지휘관의도(최종상태, 작전목적)는 의미를 명확하게 전달하기 위해서 구체적인 '적 부대 명칭, 아군 부대 명칭, 지명' 등을 포함하여 기술해야 합니다. 그리고 결정적지점에 대한 구상도 포함해야 하지요. 그래서 지휘관의도를 보면 참모와 예하부대가 '가장 중요한 작전을 무엇을 대상으로, 어디에서, 언제 해야겠구나!' 하는 것을 알 수 있어야 합니다! 그렇게 기술한다면, 앞서 이야기한 '마스터키'는 되지 않겠지요.

지휘관의도를 어떻게 써야 하는가? 교리적으로 정해진 것은 없어요. 잘 알아듣고, 이해할 수 있게 기술하는 것이 중요합니다. 그리고 지휘관의 목소리를 담아서 그것이 작전의 등대, 기준점의 역할을 할 수 있게 기술해야 합니다. 여러 교리문헌에서 예문으로 제시하고 있는 것에 만족하지 마세요. 그것은 아주 평범한 것입니다. 여러분은 지휘관으로서 여러분의 개성이 드러나는 지휘관의도를 쓸 줄 아는 사람이 되어야 합니다.

4 제대별 결정적작전의 관계 (1)

벌써 이것에 관해 이야기하는 것이 좀 어렵게 느껴질 수 있을 것 같은데요, 어차피 꿰뚫어야 할 것이라면 미리 이야기하고 지나가는 것이 낫습니다. 한 번에 이해가 가지 않아도 몇 번을 되새겨보면 이해할 수 있습니다.

이런 말을 하는 사람이 있더군요. '사단의 결정적작전과 아무 상관도 없는 연대의 결정적작전이 무슨 의미가 있는가? 연대의 결정적작전이 어떻게 사단의 결정적작전과 아무런 관련이 없을 수 있는가?'

이 문제가 왜 중요한지를 먼저 이야기하겠습니다. 이것에 대한 개념이 정립되어 있어야 제대별로 중복이나 혼선이 없이 전투를 수행할 수 있기 때문입니다. 앞서 결정적지점에 대한 구상이 명확하게 되어야 전투를 수행하는 데 있어 통합의 구심점이 마련된다고 했지요? 그것이 제대별로 혼선이 빚어져서는 안 됩니다.

결정적지점을 구상하고, 이를 결정적작전으로 연결하는 논리적 과정을 설명하면 다음과 같습니다. 계획수립절차 중 임무분석 단계에서 작전목적을 도출하지요. 그리고 작전목적은 최종상태 구상에 큰 영향을 줍니다. 그렇게 구상한 최종상태는 중심과 결정적지점 구상에 영향을 주지요. 결정적지점은 나의 衆(중, 무리)을 ① 무엇을 대상으로 ② 언제 ③ 어디서 사용할 것인가? 하는 내용으로 구상하고, 이것이 곧 결정적작전으로 연결된다고 했습니다. 〈그림3〉과 같이 연계해서 보세요.

〈그림3〉 결정적지점과 작전의 논리적 흐름

이것을 염두에 두고 다음 설명을 하겠습니다. 군단장 의도(최종상태, 작전목적)가 있습니다. 그리고 군단은 작전개념을 통해 가용전투력을 잘 조직해서 군단장 의도를 달성하려고 할 것입니다. 그래야 군단이 받은 과업을 잘 수행할 수 있으니까요. 이것을 나타낸 것이 〈그림4〉입니다.

군단 작전개념은 가용전투력과 수행 과업의 관계를 나타낸 것입니다. 군단장 의도(작전목적, 최종상태)를 달성하는 데 필요한 과

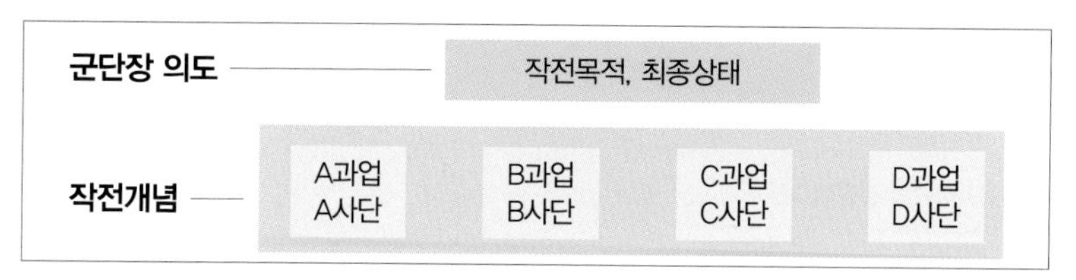

〈그림4〉 군단장의도와 작전개념

업들이 이러이러한 것이 있으니, 누구는 어떤 과업, 누구는 어떤 과업을 하라는 설명을 한 것입니다.

〈그림5〉를 보세요. B사단의 경우를 예를 들어 설명해 보겠습니다. B사단은 군단으로부터 B과업을 받았으니, 그에 따라서 작전목적을 도출하겠지요. 그리고 최종상태, 결정적지점 구상이 연쇄적으로 이어지면서 그것은 B사단의 결정적작전으로 연결됩니다. 금방 설명했던 것이지요.

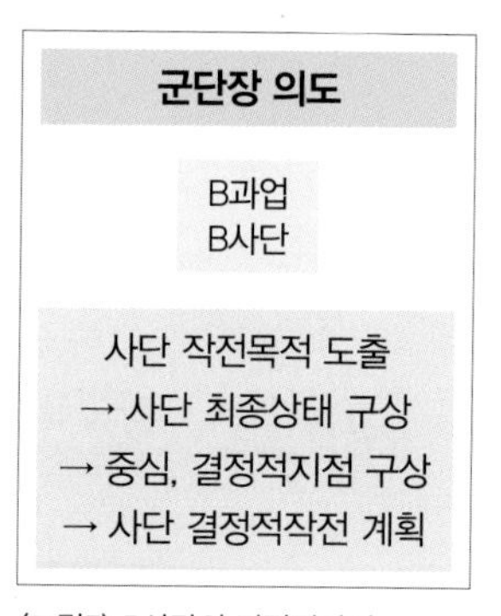

〈그림5〉 B사단의 결정적작전

그런데, 여기서 또 생각해 보아야 할 부분이 있습니다. '군단은 어떻게 했을까?' 하는 것입니다. 군단도 마찬가지 과정을 겪었겠지요! 그리고 군단의 결정적작전을 계획했습니다.

〈그림6〉과 같이 했겠지요.

〈그림6〉 군단의 결정적작전

자, 지금까지의 설명을 조합해 보겠습니다. 다음 〈그림7〉을 보세요.

군단의 결정적작전은 군단의 작전목적, 최종상태로부터 나옵니다. 그것은 군단이 받은 과업을 완수하기 위한 것이겠지요. 사단의 결정적작전은 사단의 작전목적, 최종상태로부터 나옵니다. 그것은 사단이 받은 과업에서 기인하는 것입니다.

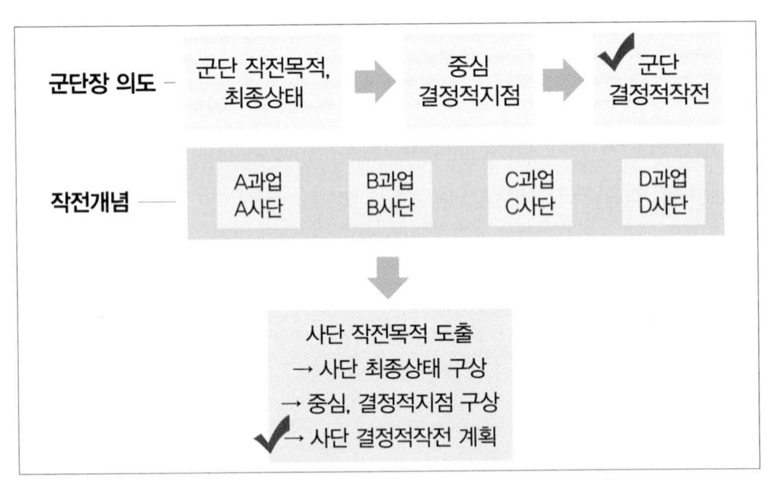

〈그림7〉 군단의 결정적작전과 사단의 결정적작전

〈그림7〉에서 체크 표시해 놓은 사단의 결정적작전과 군단의 결정적작전이 어떤 관계가 있겠습니까? 없어요! 계통상으로 완

전히 다르고, 군단의 결정적작전과 사단의 결정적작전을 직접 연결할 수 있는 것이 그 자체로는 없어요!

관계가 뭐냐고 물어 놓고 관계가 없다고 하니 좀 황망한 생각이 들지도 모르겠군요. 그러나 다시 한번 이야기하지만 결정적작전 자체로는 상·하급 부대가 관련을 지을 수 있는 것이 없어요. 지금까지 그것을 설명했잖아요?

'그럼 어떻게 연관이 되느냐?' 하는 의문이 들지요. 연관을 시키는 방법이 있습니다. 작전개념을 통해 연관됩니다. 작전개념에서 군단이 그 사단에 부여한 과업이 결정적작전에 해당하는 과업이라면 그것을 수행하는 사단의 결정적작전도 군단의 결정적작전과 연계됩니다. 그러나 군단에서 부여한 과업이 여건조성작전의 과업이어서 군단의 결정적작전과 직접적인 관련이 없는 것처럼 보인다면, 그 사단의 결정적작전도 군단의 결정적작전과 직접적인 관련이 없는 것처럼 보입니다.

그러나 관련이 없는 것처럼 보인다고 실제로 그런 것은 아닙니다. 군단에서 결정적지점과 연계해서 결정적작전을 계획하고, 그 결정적작전이 잘 될 수 있도록 여건조성작전과 전투력지속작전의 과업을 선정했잖아요? 때문에 엄밀히 말해서 관련이 없다고 할 수 없지요. 그래서 '직접적인 관련이 없는 것처럼 보인다.'는 표현을 쓴 것입니다.

연대의 결정적작전과 사단의 결정적작전이 직접적인 연관이 없어 보인다고 해서 잘못된 것이 아닙니다. 결정적작전은 그 자체로 상·하급부대가 연계되지 않습니다. 그것은 상급부대가 작전개념에서 조직한 과업을 통해 연계되는 것입니다. 그 부대의 결정적작전은 그 부대가 받은 과업에 초점을 맞추고 있습니다. 상·하 제대가 과업이 같을 가능성은 거의 없지요.

제대별 결정적작전은 작전개념을 통해서 연결됩니다. 그래서 그 부대가 부여받은 과업에 따라 상급부대의 결정적작전과 직접적으로 연계될 수도 있고, 그렇지 않은 것처럼 보일 수도 있는 것입니다. 다음 편에서는 이것을 방어와 공격작전에 적용해서 한 번 더 이야기하겠습니다.

제대별 결정적작전의 관계 (2)

제대별 결정적작전을 제대로 조직하고 수행하기 위해서는 각 지휘관이 결정적지점 구상을 제대로 해야 합니다. 그것이 잘 이루어지지 않으면 제대별 노력을 통합하기 어렵지요.

평시 훈련을 통해서 제대별 결정적지점 구상이 상충하거나 중복되지 않도록 노력해야 합니다. 그렇게 되지 않을 시 어떤 제대의 적은 빠뜨리거나 어떤 제대의 적은 중복되는 현상이 발생해서 조직적인 전투를 수행하지 못합니다. 그래서 지휘관은 상대해야 할 과업이나 적이 빠지거나 중복되지 않고, 유휴전투력이 생기지 않도록 계획해야 합니다. 작전실시간에도 그것을 조정하고 통제해서 시간과 공간, 전투력, 과업을 최적화하는 노력을 합니다. 그것이 바로 통합을 이루어가는 과정이지요.

방어작전에서 발생할 수 있는 문제는 다음과 같습니다. 누가 누구를 상대하느냐 하는 것이지요. 우리는 통상 중대는 적 중대를, 대대는 적 대대를, 연대는 적 대대를, 사단은 적 사단을 상대로 전투를 한다고 생각합니다. 사단 이하의 부대에서는 큰 문제가 발생하지 않습니다.

그러나 군단 이상의 부대에서 본다면 완전히 잘 맞아떨어지지 않습니다. 〈그림8〉을 보면, 좌측, 사단급 이하 부대는 해당 제대를 상대하면 큰 문제는 없을 것으로 생각됩니다. 그런데 그림의 우측을 보면 군단 이상의 부대부터는 무언가 잘 맞지 않는 것을 알 수 있습니다.

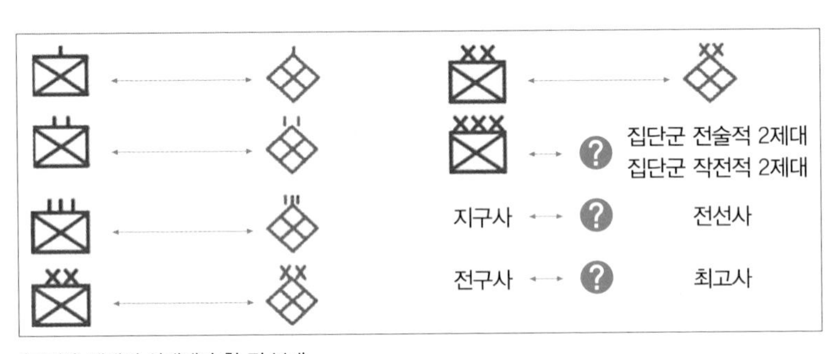

〈그림8〉 제대별 상대해야 할 적 부대

지구사나 전구사는 제외하고, 군단의 경우를 봅시다. 군단이 적 집단군의 전술적 2제대를 상대해야 하나요? 작전적 2제대를 상대해야 하나요? 만약 전술적 2제대라고 하면, 작전적 2제대는 누가 상대를 할까요? 지구사나 전구사에서 상대할까요? 어디에 그렇게 상대한다는 말이 나와 있나요? 불명확하지요.

군단이 작전적 2제대를 상대한다고 하면 어떻게 될까요? 사단은 전술적 2제대를 상대해야 할 것 아닙니까? 그러면 〈그림9〉처럼 한 제대씩 낮춰서 상대하게 되겠지요. 그러면, 중대는 적 대대와 중대를 전부 다 상대하겠네요? 문제가 있다고 생각하지 않습니까?

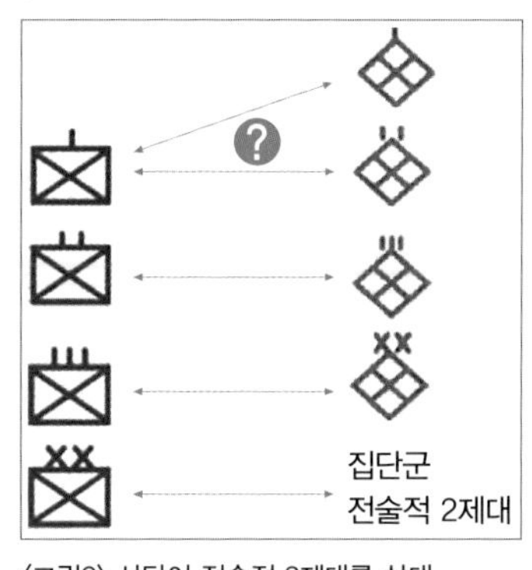

〈그림9〉 사단이 전술적 2제대를 상대

실제로 일전에 야전에서 이러한 질문을 한 경우가 있었습니다.

"사단이 전술적 2제대를 상대해야 하는 것이 교리적으로 타당한가?"

이러한 문제가 발생하기 때문에 그런 고민에 직면했던 것이지요. 군단이 사단에 하달한 명령 상에 "능력 범위 내 적 전술적 2제대의 전투력을 최대한 저하시켜라."라는 문구가 있었거든요.

또 문제를 제기해 볼 수 있지요. '하나의 제대가 하나의 적 제대만 상대하라는 법이 있는가?' 하는 문제입니다. 제대별로 상대할 경우 반드시 1:1 상황만 존재하지는 않습니다. 어떤 제대는 혼자서 두 개 제대를 상대해야 할 경우도 있지요. 제대가 똑같이 4개 제대로 나누어지는 상대와 전투를 한다면 각 제대별로 1:1

로 상대를 하면 딱 맞아 떨어지지요. 그런데 한쪽은 4개 제대, 한쪽은 6개 제대라면 어디에선가는 두 개 제대를 상대해야 한다는 것이지요.

어떻게 두 개 제대를 상대할 수 있느냐? 상황에 따라서 가능합니다. 방자가 이용할 수 있는 여러 가지 이점들이 있으니까요. 시간, 지형, 생존성 보장, 전투력 발휘 등의 이점을 방자가 가지고 있기 때문에 가능합니다. 그러한 전례도 많이 있고요.

중요한 것은 몇 개 제대를 상대하는 것이 아니라, '누가 어떤 제대의 적을 상대하느냐?'입니다. 이것이 명확하게 정리되어야 합니다. 상급부대로부터 'Top-Down'식으로 정리되어야 하는 것입니다. '아, 상급부대에서 어느 수준의 적을 상대한다고 하니까, 나는 이 수준의 적을 상대하면 되겠구나!' 하는 것을 생각할 수 있어야 하지요. 또는 예하부대가 고민하지 않게 '내가 이런 수준의 적을 상대하니, 예하부대는 이런 수준의 적을 상대하라!' 이렇게 과업을 직접 줄 수도 있는 것입니다.

그러한 것이 없으면 어떻게 되나요? 내가 무엇을 상대로, 언제까지 전투를 해야 하는지 모르고 싸우는 것입니다! 목적지와 종착역도 모르고 대충 되는대로 싸우다가 전투력을 소진하면 추가 전투력을 달라거나 후방초월을 건의하는 것이지요. 이러한 현상이 벌어진다면 참으로 안타까운 상황이라고 하겠습니다.

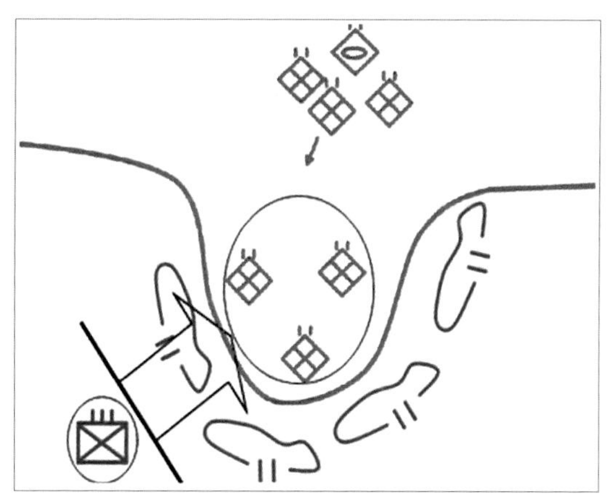

〈그림10〉 적 1제대 연대에 대한 사단 공세행동

예를 들어 보겠습니다.

공격하는 적은 1제대 연대가 돌파구를 형성하고, 이어서 사단 예비대가 전투진입하기 위해 접근하고 있는 상황입니다. 아군은 돌파구에 대한 저지선을 형성하고 있고요, 가용한 예비대를 이용하여 공세행동을 하고 있지요. 그런데 잘 보십시오. 아군이 공세행동을 하는 대상이 현재 돌파구 내에 있는 적 1제대 연대이지요? 이렇게 될 때 적 1제대 연대는 참혹하게 궤멸되고 말 것입니다. 그러나 우리 예비대도 전투에 참가하면서 많은 피해가 발생하게 되고, 현행작전에서 임무를 다시 수행하기 어렵게 될 것입니다. 이런 상황에서 적의 예비대는 여전히 위협이 되고 있지요.

전투를 지휘관 대 지휘관의 싸움이라고 보았을 때, 가장 중요한 것은 '예비대를 누가 더 오래 보유하고 있다가 결정적으로 사용하느냐?' 입니다. 예시한 것에서 나는 벌써 예비대를 사용했는데, 적은 아직도 예비대를 보유하고 있고, 작전을 계속할 수 있지요. 그러면 전투에서 패배한 것입니다.

〈그림11〉과 같은 상황도 있을 수 있지요. 전투를 하다가 인접부대에서 적을 물리칠 수 있는 좋은 기회가 왔어요. 그래서 그것을 호기라고 보고 거기에 가담하자고 하는 것입니다.

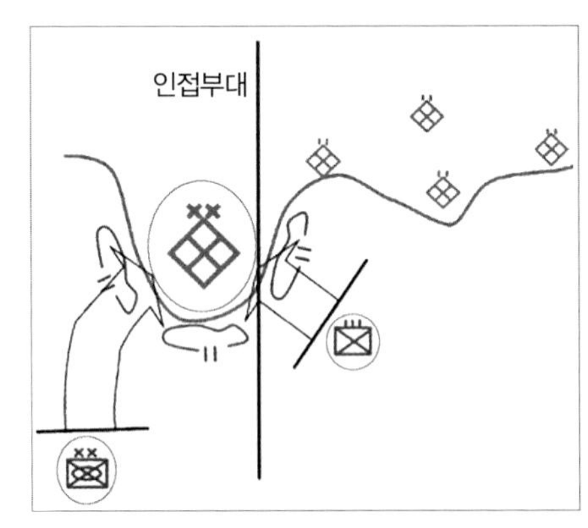

〈그림11〉 인접부대 공세행동에 가담

무엇이 문제일 것 같습니까? 원래 내가 상대하려고 했던 적이 있는데, 그것을 놓아두고 다른 부대가 적과 싸우는 데 가담하느냐는 것이지요. 나의 상급부대는 나를 포함하여 예하부대에게 적절한 과업을 부여했습니다. 그 과업들을 중복이나 누락이 없도록 해서 작전개념을 통해 조직했지요. 그래야 군단장의도가 잘 달성되니까요. 그런데 내가 싸워야 할 적을 어디다 두고 엉뚱한 공세행동을 도와주고 있느냐는 말입니다.

앞서 언급한 질문 – 사단에서 전술적 2제대를 상대하는 것이 교리적으로 타당한가? – 은 질문 자체에 문제를 내포하고 있습니다. 교리가 그런 것에 대해 답을 주지 않거든요. 답은 두 가지입니다.

① 과업을 준 상급 지휘관에게 물어보든가

② 결정적지점에 대한 구상을 제대로 하든가

방어작전은 고려해야 할 특성이 한 가지 있습니다. 공격을 하는 시간과 장소는 공자가 결정한다는 것이지요. 그래서 결정적작전을 계획했더라도 공자가 공격해 오는 시간과 장소에 따라서 바뀔 수 있지요. 그러다 보니 융통성이 필요하게 된 것이죠. 그것만 가지고 결정적작전이 바뀌었다고 볼 수 있는가 하는 것은 논란의 여지가 있습니다. 중요한 것은 시간과 장소가 바뀐다고 해도 결정적작전을 하는 대상 부대는 바뀌지 말아야 한다는 것이지요.

또한 대대와 연대, 사단, 군단이 같은 장소 – 예를 들어, 형제동 일대 –에서 결정적작전을 한다고 했을 때 그것을 구분할 줄 알아야 합니다. 제대별 결정적작전에 대한 개념이 정립되어 있다면 그것이 장소만 같을 뿐, 어떤 사태인지, 어떤 적을 대상으로 하고, 어떤 가용전투력이 투입되는지에 따라 많은 차이가 있다는 것을 알 수 있을 것입니다.

공격작전은 비교적 전장이 명확하게 구분되기 때문에 이해하기 쉽습니다. 〈그림12〉를 보면 결정적작전은 통제선 "청"에서 결정적목표를 확보하는 작전입니다. 1단계 작전에서 최초 주공부대의 결정적작전은 통제선 "청"을 확보하고 예비대의 초월공격을 지원해 주는 것이지요. 조공부대에 대한 것은 매우 복잡해서 차후에 별도로 설명을 할 겁니다.

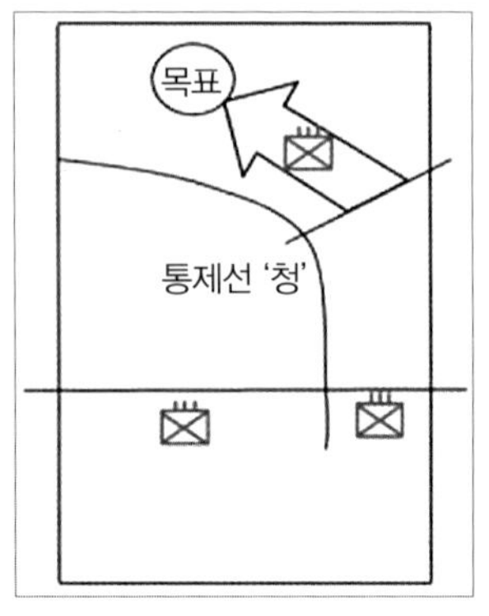

〈그림12〉 공격작전의 경우

상급부대는 그 부대의 지휘관의도를 달성하기 위해서 필요한 과업을 선정하고 예하부대에 부여합니다. 예하부대는 그 과업에 초점을 맞추어 결정적지점을 구상하고 결정적작전을 계획하지요. 제대별 결정적작전은 작전개념의 과업을 통해 연계할 수 있고, 서로 중복하거나 누락하지 않도록 명쾌하게 정리해야 합니다. 그래야 내 부대가 어떤 적 부대를 대상으로, 언제, 어디에서 싸울지 명확하게 구상할 수 있으니까요.

결정적작전을 완료하면 최종상태를 달성한 것인가?

아닙니다. 결정적작전을 완료했다고 하더라도 최종상태를 달성하기까지는 해야 할 일이 있어요. 결정적작전을 완료한 것을 최종상태를 달성한 것과 동일하게 본다면 여러 가지 문제가 발생할 것입니다. 결정적작전이 끝나고 나서 다 되었다고 아무것도 안 하면 최종상태가 달성되지 않기 때문이지요.

최종 상태를 100이라고 보았을 때, 결정적작전을 완료한 상태는 90 정도 되는 것이 통상적입니다. 그 이야기는 100을 달성할 것이라는 확신이 있다는 것이고, 반대로 10 정도는 해야 할 일이 남아 있다는 것이지요. 만약 결정적작전을 완료한 상태가 100 중에 50이나 60 정도밖에 안 된다고 생각해봅시다. 최종상태를 완전히 달성하기 위해서 해야 할 부분이 클뿐더러, 그것을 할 수 있다는 확신을 가지기도 어렵겠지요.

그러나 교리적으로는 이것이 가능하게 되어 있습니다. 결정적작전을 작전 초기나 중기에 하는 것입니다. 하지만 실제로 현실에서 그러한 일이 발생하는 경우는 많지 않습니다. 교리에 나와 있는 내용은 "그렇게 할 수 있다"는 것이지 "그렇게 해야 한다"는 것은 아니거든요.

결정적작전을 잘 끝내고 난 후에 무엇을 해야 할까요? 잔적을 소탕하는 것이 필요하겠지요. 적은 조직적인 전투수행이 불가능하게 된 상태에서도 소규모 저항을 계속하려 할 것입니다. 이것에 대해 완전히 제압을 하거나 아군의 예비대가 초월을 할 때 방해받지 않아야 합니다. 그러기 위해서 도로 주변 고지에 관측소를 운영하거나, 검문소, 교통통제소, 도로 정찰대를 운용하는 등의 추가적인 조치를 해야 합니다. 그리고 차후 작전 준비 차원에서 안정화 작전을 준비하거나, 전투력 복원 등을 준비하지요. 통제선 확보 후 초월공격지원을 위한 전투력 운용을 생각해 보면 이러한 것을 쉽게 파악할 수 있을 것입니다.

이것은 초월공격을 지원하는 작전일 때 그렇고, 적 부대를 격멸하는 작전에서는 좀 더 복잡해집니다. 적 부대를 격멸하기 위해서는 일단 적이 이용 가능한 퇴로를 모두 차단해야 합니다. 이후 수 개 부대의 협격을 통해 격멸하면 됩니다. 여기서 퇴로를 차단하는 것이 결정적작전인지, 퇴로를 차단한 후 완전히 격멸하는 것이 결정적작전인지에 대한 논의가 많습니다. 그러나 답을 구할 수는 없지요. 앞에서 예를 든 것을 빌어 이야기하면, 최종상태 100 중에서 전자는 80지점이 결정적작전이라고 하는 것이고, 후자는 95지점이 결정적작전이라고 하는 것입니다. 무엇이 맞을까요? 아무리 토의해도 답이 나오지 않습니다.

여기서 칼을 가지고 싸우는 사람의 비유를 들겠습니다. 칼을 가진 두 사람이 싸울 때, 어떤 사람은 결정적작전을 상대의 심장을 찌르는 것으로 생각할 수 있습니다. 그러나 다른 사람은 상대가 오른손잡이이니, 오른팔이 시작되는 어깨를 결정적작전의 대상으로 볼 수 있겠지요. 또 다른 사람은 칼자루를 마음대로 휘두르지 못하게 하는 중지와 약지 손가락을 결정적작전의 대상으로 볼 수 있을 겁니다.

위의 예에서 무엇이 맞을까요? 교관이 생각하기에는 다 가능하다고 봅니다. 결정적지점을 구상해서 결정적작전을 하는데, 그 대상을 심장으로 보든, 어깨로 보든, 손가락으로 보든, 어떻게든 가능하다는 것입니다. 단지 작전의 효율성에 차이가 있을 뿐이지요. 그 효율성의 차이가 크지 않다면 다 가능합니다.

중요한 것은 무엇입니까? 심장을 결정적작전의 대상으로 보면 심장을 찌르는 것을 결정적작전으로 해서 전투력을 운용하는 것이에요. 어깨면 어깨, 손가락이면 손가락을 결정적작전의 대상으로 보고 작전을 하는 것입니다! 심장을 결정적작전의 대상으로 보고 전투력은 어깨를 위주로 운영한다면 잘못하는 것이지요!

'결정적작전을 어떤 것으로 보고 하느냐?' 그것은 여러분의 판단에 달린 것이에요! 그 지휘관의 개성이지요! 단지 그렇게 작전을 하겠다고 했으면 전투력운용도 그대로 해야 하는 것입니다. 적 부대를 격멸하는 작전에서 퇴로를 차단하는 것이 결정적작전이 될 수도 있고, 완전히 격멸하는 것을 결정적작전으로 볼 수도 있어요! '맞냐? 틀리냐?'를 따질 수 없는 수준이에요! 단지 결정적작전을 그렇게 보았다면 그것에 맞게 전투력운용을 하세요! 괜찮습니다.

핵심은 이겁니다. '결정적작전을 하고 나서 최종상태를 달성하기 위해 추가적으로 조치해야 할 부분이 있다'는 것을 이해해야 하는 것이죠! 결정적작전을 완료하고, 최종상태를 달성하기 위한 조치들이 진행된다면 지휘관은 작전을 종결하고 다음 단계로 전환할 것인지 판단을 합니다. 그래서 현 상태를 계속 평가하면서 최종상태와 비교하지요. 현 상태가 최종상태와 거의 같아졌다고 생각되면 지휘보고를 하고, 상급부대에서는 다음 단계로 전환을 결심합니다.

이 문제를 몰라도 우리가 실무를 하는데 문제가 생기지는 않습니다. 그러나 결정적작전을 심도 있게 이해하기 위해서는 꼭 인식해야 할 부분입니다.

7 결정적작전의 실제 모습

이 글은 교관이 전투지휘훈련단의 분석관을 하면서 작성했던 글입니다. 다시 각색해서 여기에 옮겨 넣었습니다. 그때 당시에 실제 훈련을 하면서 보니, 결정적지점을 구상하고 결정적작전을 계획해서 시행하는데 어떤 모습이 나타나더라는 것이지요. 공격과 방어 각 세 가지의 유형을 짚어서 설명하겠습니다.

우선 공격작전 첫 번째 유형입니다. 〈그림13〉을 보면 진출선이 많이 나가지 못한 상태입니다. 1단계 작전이 제대로 되지 않았지요. 적 전방연대는 어느 정도 전투력이 약화되었겠지만, 적의 예비대는 그대로 있습니다. 아직 투입하지 않고

〈그림13〉 결정적작전 사례: 공격작전 1

상황을 지켜보면서 대기시키고 있겠지요. 1단계 작전을 실시한 아군 부대들은 전투력이 저하되어 더 이상의 공격이 효율적이지 않습니다. 이러한 상황에서 예비대를 조기 투입해서 강력한 충격력과 파괴력을 이용해 단숨에 작전을 하겠다고 판단한 지휘관은 그것을 감행합니다.

예비대를 투입한 작전은 통상 결정적작전이 됩니다. 결정적작전을 하기 위해서는 충분하게 여건조성이 되어 있어야 합니다. 여건조성이 충분히 되지 않은 이런 상황에서 결정적작전을 하겠다고 예비대를 투입하는 것은 매우 무리가 따르는 판단이라고 할 수 있습니다.

1단계 작전에서 달성하려 했던, 통제선 '청'도 확보해야 하고, 아직 투입하지 않은 적의 예비대까지 결정적작전부대가 다 상대하면서 가야 하는 것이지요. 전투력의 상대적 비율 문제가 있습니다. 압도적인 우세를 달성하지 못하지요. 또한 최초에 할당했던 전투력과 과업을 고려했을 때 지금 상황은 결정적작전부대에 주어지는 과업이나 맞서 싸워야 하는 적 부대가 너무 많아졌습니다. 그러니 성공 가능성이 낮아지지요.

두 번째 사례는 1단계 작전의 성과를 잘 활용하지 못하는 경우입니다. 왜 작전을 단계화할까요? 작전의 효율성을 위한 것이지요. 그러니 당연히 1단계 작전은 2단계 작전을 할 수 있는 유리한 상황을 만들어주는 방향으로 진행해야 합니다. 다른 측면에서는 1단계 작전의 결과를 면밀히 평가해 거기서 만들어진 좋은 기회를 충분히 활용해서 2단계 작전 계획에 반영하는 것이 좋지요.

그런데 이런 상황이 있었습니다. 1단계 작전의 결과를 보면 주공부대는 공격을 잘 하지 못했어요. 그때 주공부대가 적의 약점을 잘 식별하지 않고 무턱대고 공격을 했었거든요. 그래서 주공방향으로 예비대를 투입해서 초월

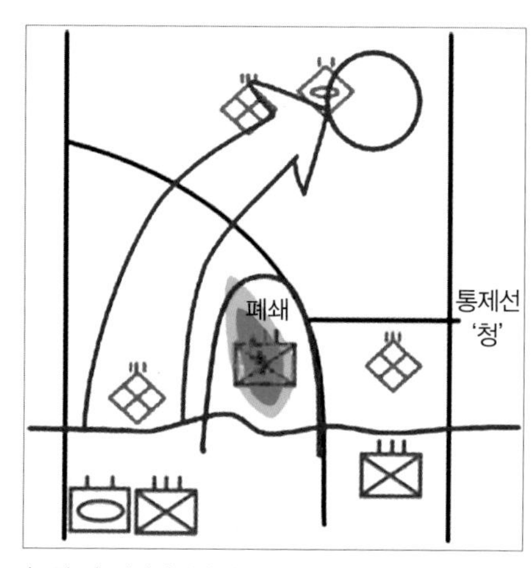

〈그림14〉 결정적작전 사례: 공격작전 2

하기는 어려운 상황이었습니다. 반면에 조공부대는 산악지역을 이용해서 적의 약점을 잘 공략했고, 가장 빨리 진출을 하고 있었습니다. 문제는 산악으로만 공격을 하고 있었다는 것이지요.

이와 같은 상황에서 시간이 지나자 아군과 적군 모두 전투력이 많이 저하되었습니다. 이때 훈련부대에서는 이렇게 판단합니다. 어차피 1단계 작전부대들의 전투력이 다 저하되었으니, 예비대를 투입해서 결정적작전을 할 시기가 되었다고 말이지요. 그리고는 산악지역으로 공격하는 연대는 더는 공격을 하지 않도록 폐쇄를 시키고, 적 부대가 와해된 도로 방향 쪽 축선으로 예

비대를 투입합니다.

산악지역으로 공격하는 것이 예비대의 초월공격을 지원하는 것에는 별로 쓸모가 없다고 판단했던 것 같습니다. 결국 앞의 사례와 똑같이 예비대는 1단계 작전에서 해야 할 과업과 맞서 싸워야 할 적까지 다 떠안고 가게 된 것이지요. 1단계 작전의 성과를 활용하기 위해서는 조공부대가 산악지역으로 공격한 것을 좀 더 힘을 실어 주고 도로 쪽으로 공격해서 아군 예비대의 초월 공격을 지원했어야 합니다. 그렇다면 2단계 작전으로 전환할 수 있는 여건이 잘 마련되었겠지요.

〈그림15〉는 결정적작전이 바뀌는 경우입니다. 1단계 작전에서 통제선 "청"을 확보한 상황에서 예비대를 투입하고 2단계 작전을 하고 있었지요. 이 상황에서 적 예비대 때문에 결정적작전을 하는 데 다소 어려움을 겪고 있었습니다. 때를 맞춰서 서측 조공부대에서 보고를 한 내용이, 적이 전투이탈을 해서 결정적작전을 하고 있는 부대 쪽으로 가고 있다는 것이었습니다. 지휘관은 그것을 호기라고 여겨 이렇게 판단하지요. '북쪽에 위치한 적 예비대는 강하게 저항을 하고 있으니 고착을 해야겠다. 그리고 일부 부대를 전환해서 조공부대에 쫓기고 있는 적을 협격해서 격멸한다면 호기를 잘 이용하는 것이 되겠다.'고 말이지요. 아울러 추가적인 목표를 선정해서 일부 부대를 전환시킵니다.

최초 계획에서 결정적작전을 하려고 했던 것이 무색해졌지요. 결정적목표가 왜 결정적목표였는지, 왜 그것을 중심으로 모든 작전을 하려 했는지 설명할 수가 없습니다. 조공부대에 쫓기는 적을 협격하는 것이 결정적작전부대에서 일부부대를 전환시킬 만큼 중요한 것이었는지도 의문입니다. 조공부대가 주공부대의 작전에 기여를 하는 것이지, 결정적작전부대가 조공부대에 기여하는 것인가요? 무엇이 중요한지를 잘 살펴야지요. 저렇게 해서 성공적인 작전을 했다고 해도, 그 지휘관이 달성하려 했던 작전 목적과 최종상태를 달성할까요? 그러기 어려울 겁니다.

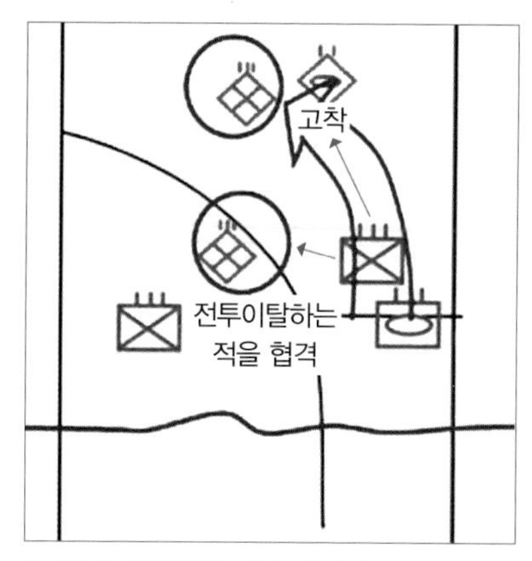

〈그림15〉 결정적작전 사례: 공격작전 3

다음은 방어작전 사례입니다. 첫 번째 사례는 결정적작전 자체가 모호한 경우입니다. 여러분은 이미 앞에서 결정적지점과 결정적작전에 대한 이야기를 많이 들었으니까 잘 알겠지요. 〈그림16〉과 같이 방어 계획을 수립했어요. 그런데 도식을 보아도, 작전개념을 보아도 결정적작전

〈그림16〉 결정적작전 사례: 방어작전 1

이 무엇인지 식별을 하지 못하겠습니다.

작전명령에는 이런 식으로 나와 있었습니다.

3. 실 시
가. 지휘관 의도: 생략
나. 작전개념
1) 주방어지역 작전: 주방어지역 ○○, ○○○일대에서 적의 주력을 격퇴한다. (후략)

이렇게 해서는 결정적작전을 누가, 어디서, 무엇을 대상으로 하겠다는 것인지 규명을 못하지요. 상급부대에서 그렇게 불분명하면 예하부대에서 그것을 알겠습니까? 예하 연대는 무엇을 대상으로 싸우는지 알지도 못하고 막연하게 방어전투를 하다가 전투력이 떨어지면 상급부대 추가전투력을 요청하거나 후방초월을 건의하겠지요. 다시 또 강조하지만 지휘관의 결정적지점 구상은 매우 중요합니다. 해당 부대가 무엇을 결정적작전의 대상으로 삼을지 규정하고, 예하부대에까지 영향을 미치니까요.

두 번째 경우, 결정적지점에 대해서는 구상을 제대로 했는데, 그에 따른 전투력 배비는 잘 하지 못한 경우입니다. 〈그림17〉과 같은 상황에서 지휘관은 중앙에 형성되어 있는 도로상에 적의 예상 접근로를 예측하고, 그 도로를 따라서 방어력 발휘가 용이한 곳을 선정하여 결정적지점을 구상했습니다. 그래서 그곳에서 적 사단 예비 연대가 초월을 하는 상황에서 밀집되는 약점을 이용하여 결정적작전을 하겠다고 생각했지요.

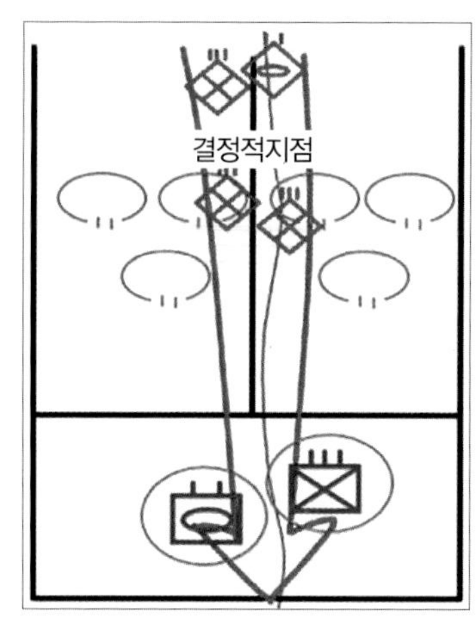

〈그림17〉 결정적작전 사례: 방어작전 2

그런데 그렇게 구상을 한 결과를 알려주고 참모들이 이에 대한 계획을 수립했는데, 양개 부대의 전투지경선을 그 중앙 도로를 연해서 선정했습니다. 여러분! 방어 진지가 있다고 했을 때, 통상 방어진지의 중앙이 가장 전투력 발휘가 용이하고 강력합니다. 양쪽 끝으로 갈수록 약해져요.

지휘관이 결정적지점을 구상했으면 그 작전에서 가장 중요한 사항이 되는 것입니다. 그렇다면 당시 가용한 모든 전투력을 통합해서 전투력발휘를 잘 할 수 있는 여건을 마련해야지요. 전투지경선은 방어 진지의 끝이 만나는 지역으로 아군의 취약점이에요. 이 취약점을 보강하기 위해서 많은 노력을 해야 하는데, 그런 부분을 적의 강점이 지향하는 도로 부근에 선정하다니요. 이 문제는 다음에 나오는 작전지역 부여 문제와도 연관되기 때문에 그때 또 언급하겠습니다.

마지막 세 번째는 결정적작전의 대상 적 부대를 잘못 판단하는 경우입니다. 제대별 결정적작전의 관계에서 이미 언급했었지요.

적의 1제대 연대가 공격하는데 돌파구가 크게 형성되었습니다. 최초 계획했던 것은 그렇지 않았는데, 예상치 않았던 상황이 발생한 것이지요. 이 상황을 보고 지휘관은 예비대를 투입해서 돌파구 내 들어와 있는 적 1제대 연대를 격퇴하려 합니다.

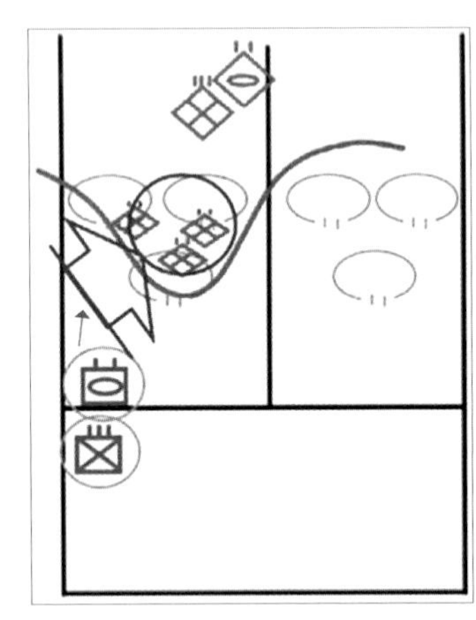

〈그림18〉 결정적작전 사례: 방어작전 3

이러한 작전을 하면 적 1제대 연대는 거의 전멸할 정도로 전투력이 저하될 것입니다. 혁혁한 승리를 거두었다고 볼 수도 있겠지요. 그러나 아군의 예비대도 전투를 하면서 적지 않은 피해를 받게 될 것입니다. 혹자는 한 번 전투를 하고 나서 뒤로 다시 전환시켰다가 다시 또 전투를 하면 된다고 생각할지 모르겠습니다만, 전장에서 부대는 그렇게 몇 번씩 쓸 수 있는 전투력을 가지고 있지 않습니다. 아무리 약한 적과 교전을 해도 전투력이 많이 떨어지지요.

문제는 그 상황에서 적의 예비대가 그대로 남아 있다는 것입니다. 진 겁니다. 졌어요. '예비대를 누가 더 끝까지 잡고 있다가 결정적으로 쓰느냐?' 전투는 그 싸움인데 거기에서 졌어요. '식중과지용자識衆寡之用者' 승이라고 했지요? 나의 '衆(중, 무리)'을 쓰는 시기를 잘 판단하지 못한 것입니다.

지금까지 결정적작전을 했던 사례들을 알아봤습니다. 2008~2009년의 전투지휘훈련 사례 위주로 본 것이고요, 여러분은 이러한 과오를 반복하지 않기 바랍니다.

계획수립에서 중요한 것은 무엇인가?

계획수립에서 가장 중요한 것을 계획수립절차라고 생각하지 마십시오.

이 테마에서 교관이 하고 싶은 이야기가 그것입니다. 물론 계획수립절차도 중요해요. 계획수립을 가르치는 데 계획수립절차만을 가르치는 사람들도 많이 있습니다.

계획수립절차는 계획을 수립하는 절차이지요. 순서를 나타낸 것입니다. 계획수립을 하려면 그 표준 절차를 거쳐야 합니다. 문제가 되는 것은 그 표준 절차를 적용하는 것을 어떤 스타일로 하느냐는 말입니다. 제시한 절차가 정량적인 것이라면 교관이 이야기하는 것은 정성적인 부분입니다. 정량적인 절차로 다 되는 것이 아니라, 정성적인 부분에 대한 습득도 필요하다는 것입니다.

계획수립절차를 가르쳐 놓고 이렇게 이야기한다고 해 봅시다. '여러분은 계획수립절차를 다 배웠으니, 계획수립을 할 줄 알지요?' 여러분은 '예!' 하면서 힘차게 대답을 하겠지요. 거기서 교관이 질문을 하나 해 봅니다. '이 목표를 왜 그렇게 선정하였나요?' 그럼 이렇게 대답을 하지요. '계획수립절차를 적용하다 보니 그렇게 되었다.'라고요. 절차를 적용하면 결정적목표가 어떻게 선정되어도 상관없나요? 좀 더 논리적인 답변이 필요합니다.

정성적인 부분을 묻는 질문에 답이 나오지 않는 것은 계획수립절차를 근원적인 부분까지 꿰뚫어 보지를 못하고 수박 겉핥기 식으로 접근했기 때문입니다. 계획수립절차를 수십 번 곱씹어서 그 과정과 단계가 가지고 있는 본연의 의미와 본질을 깨닫고, 정량적인 부분에만 한정하지 말고 정성적인 부분까지 여러분의 깨달음을 확장해야 합니다. 교관은 그것을 이끌어 주는 것이지요.

계획수립절차는 항상 새롭게 바뀌어 왔습니다. 앞으로도 그렇겠지요. 그것이 바뀐다고 해서 계획수립에 대한 본질이 얼마나 바뀔까요? 교관이 보기에는 본질을 이해한다면 새롭게 바뀌는 부분은 지엽적인 내용이라고 생각합니다.

교관이 보는 계획수립절차는 크게 두 부분으로 나눌 수 있습니다. 단계는 여러 단계이지만요.

첫 번째 부분은 '이번 작전에서 무엇을 해야 할까?'를 결정하는 것입니다.

임무를 분석하는 부분이지요. 이 부분에서 나오는 것이 작전목적과 과업입니다. 그리고 지휘관의 작전구상에서 나온 최종상태와 결정적지점이지요. 이것은 '작전명령' 2항의 '임무'와 3항 '실시'의 '가. 지휘관의도'를 구성합니다. 이 부분에서 지휘관의 역할이 큽니다. 물론 참모의 역할도 있고요.

두 번째 부분은 '어떻게 해야 할까?'를 결정하는 부분입니다.

무엇을 한다는 것은 앞부분에서 결정했으니, 이후에 전투수행방법을 결정하게 되지요. 시간과 공간, 전투력, 과업을 상황에 맞게 최적화하는 것입니다. 이 부분에서 계획수립은 어려움을 겪을 수 있습니다. 백지상태에서 만들어야 하니까요. 그래서 대략 골격을 만들어서 어떤 식으로 할 것인지를 선정합니다. 노력을 절약하기 위해서 간략한 형태로 만든 방책을 가지고 지침을 받는 것이지요. 그리고는 그것을 구체화 시키는 과정을 거칩니다. 일단 엉성하더라도 전투력을 할당하고 작전지역을 부여하는 과정을 거쳐서 살을 붙여 가지요. 그래서 방책의 도식 부분과 서식부분 초안을 만듭니다.

방책의 도식부분과 서식부분 초안을 완성하면 완성도를 좀 더 높이기 위한 작업을 합니다. 기능별 전투력 운용에 대한 내용을 구체화시켜서 명령을 작성할 수 있는 수준으로 만드는 것이지요. 그것이 방책분석 – 워게임입니다. 그리고 비교하고 선정하는 작업을 거친 후 작전계획을 만드는 것이지요.

교관이 보기에 작전계획을 수립하는 절차는 이 두 가지 부분으로 나눌 수 있습니다. 계획수립절차를 배우는 입장에서는 무척 복잡하다는 생각이 들겠지만, 결국 계획을 만들기 위해서 무엇을 해야 하는지, 가용 전투력들을 어떻게 최적화하여 운용해야 하는지 결정하는 과정일 뿐입니다.

첫 번째 부분에서는 전투수행방법에 대한 논의를 포함하지 않습니다.

여기서 결정하는 사항들은 작전목적이나 최종상태에 표현합니다. 공격작전에서는 결정적목표로 구현되고, 방어작전에서는 '내가 어떤 부대를 상대로 결정적작전을 할 것인가?' 하는 사항으로 나타나지요. 이미 설명한 지휘관의 작전구상, 작전목적과 같은 것들이 정성적인 부분을 구성합니다. 결정적목표를 선정했다면 왜 그렇게 선정했는지 설명할 수 있어야 하는 것이지요. 이것은 공격전술 이야기에서 별도로 언급하겠습니다.

두 번째 부분은 참모들이 위임받아서 할 수도 있습니다.

전투력을 나누고, 작전지역을 부여하는 것은 복잡하게 보이지만 시간, 공간, 전투력, 과업을 최적화시키는 것일 따름이에요. 여기에서는 전투력 할당과 작전지역 부여를 하는 논리를 어떻게 적용하느냐가 정성적인 부분을 구성합니다. 이것에 대해서도 별도로 이야기를 하겠습니다.

계획수립절차를 숙달했다는 것만으로 계획수립을 할 줄 안다는 사람을 많이 보았습니다. 그러나 언급한 것처럼, 몇 마디 기본적인 질문에도 답을 하지 못하는 사람도 많이 보았지요. 여러분이 계획수립에서 배워야 할 것은 정량적인 절차 이외에도 정성적인 부분이 있다는 것을 인식하기 바랍니다.

9 과업의 수준

계획수립 절차를 배우면서 임무분석을 합니다. 가장 처음 나오는 것이 명시과업을 식별하는 것이지요. 지극히 간단하고 단순한 과정이라고 생각하고 접근했다가 생각처럼 간단하지 않다는 느낌을 받습니다. 왜 그럴까요? 어떤 사실에서 문제를 볼 수 있는 비판적 사고를 가지면 여러 가지 질문과 궁금증들이 나옵니다. 그렇게 해서 드는 궁금증들이 아주 당황스럽습니다.

명시과업을 식별하는 것은 그냥 있는 그대로 읽으면 되는 것입니다. 말 그대로 식별하는 것이지요. 간단합니다. 그런데, 명시과업을 몇 개나 식별해야 하나요? 교관이 학생 시절에 처음 가졌던 궁금증이었습니다. 지금도 딱히 답을 가지고 있지는 않아요. 명시과업은 글로 쓰여 있고 표현되어 있는 과업이지요. 그것이 몇 개나 될까요?

상급부대 작전 명령을 받아서 명시과업을 찾는다면, 아마 백 개도 넘을 수 있습니다. 기본문에도 있고, 부록에도 있고, 작전 투명도나 전투편성표에도 있으니까요. 기본문에서도 예하부대 과업에서만 나오는 것이 아니라 작전개념을 비롯한 협조사항 등 기본문 전체에 있지요.

교관이 학생이었던 때에 명시과업을 식별한다고 서너 가지 써서 준비해 갔다가 수업 중에 공황에 빠진 기억이 납니다. 제대로 했다면 적어도 수십 개를 식별했어야 했지요. 문제는 거기에서 끝나지 않습니다. 작전목적을 도출하고 추정과업까지 합치면 임무분석에서 분석해야 하는 과업의 개수가 엄청나게 많은 것입니다. 그것이 어떻게 해서 작전명령에 곳곳에 들어가느냐는 말이지요.

이 공부를 하기 전에는 아무것도 모른 채 그냥 상급부대의 명령을 받으면 예하부대 과업에 있는 것을 우리 임무에 넣고 작전개념과 예하부대과업은 상급부대 명령과 부대만 바꿔서 비슷하게 했던 기억도 있습니다. 여러분도 혹시 그런 기억이 있나요?

그 당시에는 '부대 전체가 인식해서 수행해야 할 수준'이라는 표현을 썼었습니다. 명시과업을 식별하는 데 수십 개를 식별한 것이 아니고 서너 가지만 식별해 놓고 부대 전체가 인식해서 수행해야 할 수준에서 선별했다는 것입니다. 그 말을 이해하는 데에도 참 많은 고민이 되었었지요. 그것을 이해하지 못하고 그냥 예문에 나와 있는 대로 서너 가지만 준비해서 수업에 참가했던 것입니다.

명시과업이 몇 개냐? 지금도 몇 개라고 답은 못하겠지만, 무척 많아요. 적어도 수 십 가지는 됩니다. 그렇게 많이 만들어서 어떻게 처리할까요? 여기에서 과업의 수준이 필요합니다.

교관이 동료와 후배 장교들의 학업을 도와주면서 '부대 전체가 인식해야 할 수준'이라는 것을 이해시키기가 무척 어렵더라고요. '부대가 다 하는 것을 이야기하는 것인가?', '그렇다면 연대별로 가지고 있는 교량 거부과업은 부대 전체가 인식해야 할 수준이 아닌가?', '부대 전체가 하지 않나?', '그렇지만 그것은 명령의 작전 부록에 명시되어 있고, 2항 임무에 들어갈 수준은 아니지 않나?' 이러한 추가적인 질문들이 쏟아졌지요.

그래서 좀 더 쉬운 말로 '사단장이 신경 써야 할 과업'이라고 이야기하면 훨씬 더 체감을 잘 하는 것 같았습니다. 모든 것을 다 신경 쓸 수 없으니 중요한 것을 선별해서 서너 가지를 추려서 2항 임무에 넣을 수 있는 것이지요.

하나의 작전에서 과업은 대단히 많습니다. 중요도를 기준으로 1번부터 과업을 써 내려가면 그것은 '과업 목록'이 됩니다. 거의 100번까지 갔다고 생각해 봅시다. 1~5번 정도의 수준은 지휘관이 신경 써야 할 과업입니다. 그리고 그것은 2항 임무에 들어가는 수준이지요. 이후에 6~15번 정도에 있는 과업들은 작전개념과 예하부대 과업에 들어가는 수준입니다. 작전개념은 최종상태와 작전목적을 달성하기 위한, 가용전투력과 과업의 상관관계를 나타낸 것이라고 했지요? 작전개념에서 설명한 내용을 예하부대 과업에서 더욱 명확하게 부여하는 것이고요.

나머지 과업들은 어떤 수준일까요? 협조지시 등 기본문에 들어가는 과업도 있겠지요. 그리고 부록에 들어갈 겁니다. 쉽게 말하면 참모 수준이지요. 어떤 것은 실무자의 수준일 수도 있고요. 이미 상급부대 명령 자체가 계획수립절차를 거치면서 과업의 수준에 대해 정렬을 거쳐서 내려 왔어요. 그러니까 앞에서 이야기한 것처럼 아무것도 모르는 장교가 예하부대 과업을 우리 임무로 넣고 부대만 바꿔서 대충 명령을 작성해도 그럴듯하게 보였던 것이지요. 물론 잘못된 부분이 많겠지만요.

이렇게 과업 목록을 작성하고 그것을 수준에 따라 나누어서 기본문에, 부록에 반영한다는 내용에 대한 설명이 없으면 처음에 제기한 문제가 해결되지 않는 것이지요. 그래서 명시과업과 추정과업은 수없이 많지만 2항 임무에 들어가는 수준, 3항에서 예하부대 과업에 들어가는 수준, 부록에 들어가는 수준이 다 다른 것입니다. 명시과업을 서너 가지만 식별했던 사람은 이러한 점을 간과했던 것입니다.

10 전투력할당과 작전지역 부여

전투력할당은 수행해야 할 과업, 그 과업을 수행하면서 맞서 싸워야 할 적 부대 규모, 전투수행방법을 고려해서 할당합니다. 생각해보면 당연하지요. 해야 할 과업, 일이 많으면 전투력을 많이 주는 것이고, 별로 없으면 적게 주는 것이니까요.

거꾸로 생각했을 때, 전투력을 할당해 주었다면 그만큼 시키는 일이 있거나, 맞서 싸워야 할 적이 있다고 생각할 수 있습니다. 그래서 추가 전투력을 할당하는 것의 의미도 추가적인 과업이나 추가적으로 맞서 싸워야 할 적 부대가 있다는 것을 의미하지요. 남는다고 공짜로 주는 전투력은 없다는 것입니다.

전투력을 할당하는 방법이 복잡한 것처럼 생각되어서 잘 이해를 하지 못하는 경우가 많습니다. 결국은 위의 세 가지 사항에 대해서 비율을 잘 맞춰서 전투력을 최적화시켜 할당해 주면 됩니다. 그런데 문제는 최소 계획수립비율이 어쩌고 하는 것이 나온다는 것이지요.

최소 계획수립비율은 사실도 아니고 절대적인 기준도 아닙니다. 단지 상대적인 기준일 뿐이지요. 적군과 아군의 전투력 비율이 1:3이 안 되면 공격작전을 하지 못하나요? 1:1이 안 되면 고착을 못하나요? 그렇지 않습니다. 전투력 비율이 어떻게 되든지 해당 부대 지휘관은 불비한 상황에서도 어떻게든 임무를 완수하려 노력합니다. 이순신 장군의 명량해전을 보세요. 그것을 어떻게 설명하겠습니까?

최소 계획수립비율은 전투력을 합리적으로 할당하기 위한 시작점의 역할을 할 뿐입니다. 최소 계획수립비율이라는 기준을 가지고 처음에는 소요만 고려해서 전투력을 할당해요. 마치 각 부대의 소요가 30, 40, 50으로 총 120의 소요가 있다면 처음에는 그대로 다 반영해주는 것이지요. 그런데 가용 능력이 120이 아니라 11밖에 없다면 각 부대에 제공하는 양도 대략 1/10로 줄이게 되겠지요. 그러면 3, 4, 5가 되어야 하는데, 그것도 11을 넘잖아요.

그러면 이제 어느 부대에서 1을 더 뺄지 고민을 하는 것이지요. '어디서 1을 더 빼느냐?' 하는 것은 술術적인 부분이에요. 권한을 가진 사람이 주관적인 판단을 하는 것이지요. 앞으로 해야 할 과업이 적은 부대, 중요도가 낮은 부대부터 판단을 하면서 전투력을 조정하기 시작합니다. 그래서 기동 기능의 전투력이 빠지는 부대는 대체할 수 있는 화력, 장애물 등의 전투력을 추가 할당해 주거나, 병행해서 수행할 수 있는 과업은 통합하는 과정을 거치지요. 그렇게 해서 총 전투력을 가용 전투력에 맞추는 과정을 거칩니다. 최초에는 소요만 보고 할당했다가 합리적인 계산을 통해 소요에 대한 비율을 유지하면서 전체적으로 줄여서 가용전투력에 맞게 만드는 것이지요.

최초에 소요를 기준으로 전투력을 할당하는데, 모두 다 동일하게 적용할 수 있는 기준이 필요하기 때문에 최소 계획수립비율을 사용했던 것입니다. 그리고는 비율을 유지하면서 전투력을 전체적으로 조정해서 가용전투력에 맞게 했으니까 최초 계획수립비율보다는 통상 다 낮아지지요. 그러니 최소 계획수립비율은 전투력 할당을 위한 최초 시작점 역할 말고는 의미가 없는 것입니다.

전투력할당을 염두로 판단한다면 이러한 모든 과정을 머릿속으로 계산하고 다 생략할 수 있습니다. 그러면 최소 계획수립비율을 적용하고 다시 그것을 조정해서 가용전투력에 맞추는 번거로운 작업을 하지 않아도 되지요. 그냥 가용 전투력이 11이라고 처음부터 생각하고, 소요를 생각함과 동시에 11을 분배해 버리면 되는 것이니까요.

그러나 이러한 방법은 전투력 할당을 합리적, 체계적으로 하지 못하는 결과를 초래할 수도 있고, 규모가 큰 부대에서는 염두로 판단하기는 어렵다는 단점이 있다는 것을 생각해야 합니다. 이것을 적용하는 것은 여러분들의 몫이며, 여러분은 상황에 맞춰서 본래 해야 할 바를 알고, 염두로 처리할 수 있어야 합니다. 『손자병법』에 나오는 내용으로 '正을 바탕으로 奇를 발휘하여 승리한다.'는 내용과 같은 것이지요.(「兵勢병세」篇, '以正合이정합, 以奇勝이기승)

작전지역을 할당하는 것은 1단계 하급부대가 수행해야 할 과업의 성격과 역할, 통제범위, 부대 전개 공간, 작전한계점을 고려해서 합니다. 1단계 하급부대가 수행해야 할 과업의 성격과 역할이라는 것은 작전지역 때문에 예하부대가 과업을 수행하는데 방해받지 말아야 한다는 것입니다. 예하부대가 과업을 수행하는 여건을 만들어 주어야 하지요. 반대로 말하면 작전지역 내에서 예하부대가 수행할 수 있는 과업을 부여하라는 말이기도 합니다.

〈그림19〉와 같은 경우가 있다고 봅시다.

작전지역 밖에 있는 적을 고착하라고 했어요. 고착이 되겠습니까? 예하부대가 자기의 작전지역이 아닌 곳에 총을 쏘겠어요? 포를 쏘겠어요? 정보자산을 운용하겠습니까? 한 발이라도 나가겠습니까? 물론 협조를 해서 한다고 할 수도 있지만, 자기 작전지역도 아닌 곳에 어떤 전투력을 투사할 것 같아요? 어려울 겁니다.

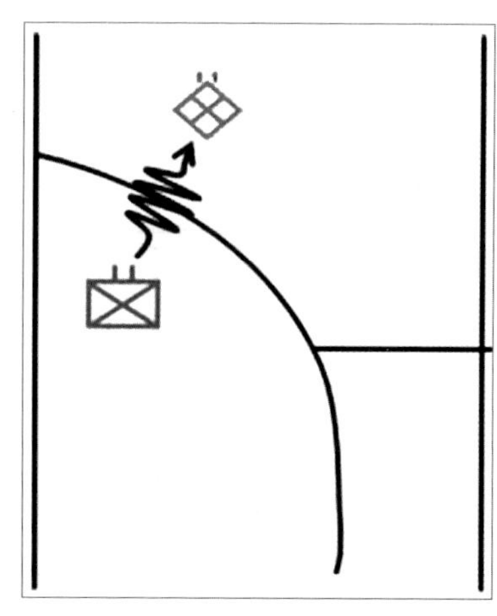

〈그림19〉 작전지역 밖 부대 고착

전투력을 투사할 수 없는 상황을 만들어 놓고 무엇을 가지고 적 부대를 고착하라고 하는 거예요? 반대로, 작전지역을 저렇게 주었으면 저런 과업을 부여하지 말아야지요. 예하부대가 수행해야 할 과업의 성격과 역할을 고려하지 않고 작전지역을 부여하니까 저런 문제가 생기는 것이지요. 작전지역과 과업이 최적화되지 않은 것입니다.

통제범위 측면에서 보겠습니다. 약간 비현실적인 이야기이지만, 이런 예를 들어 보겠습니다. 어떤 지휘관이 너무나도 훌륭해서, 상급부대에서 그 지휘관에게 신무기를 사용할 수 있는 기회를 주겠다고 했어요. 그래서 준 것이 약 100Km의 사거리를 가진 신무기라고 해봅시다. 잔뜩 기대에 부풀어서 그것을 쓰려고 하는데, 작전지역을 준 것을 보니 최대 10Km 정도의 지역을 준 것이에요. 그 지휘관이 뭐라고 하겠습니까? "나에게 100Km 사거리의 신무기를 주었으면, 그것에 적합한 작전지역을 주어야지, 신무기는 100Km, 내 작전지역은 10km이면 나보고 어쩌란 말이냐?"라고 하지 않겠어요?

작전지역을 최소한 100Km는 되도록 주어야 그 신무기를 잘 활용할 것 아니에요? 작전지역이 그렇게 넓어지면 신무기만 가지고는 또 안 되겠지요. 표적을 획득할 수 있는 능력이나 작전지속지원 등 기능별로 모든 것이 갖춰져야 하는 것입니다. 그 모든 것을 전반적으로 포함해서 통제 범위를 고려하여 작전지역을 주어야 한다는 것입니다.

다음은 작전한계점이지요. 위의 예와 반대로 할당해 준 전투력은 10Km 정도밖에 담당할 수 없는데, 작전지역은 100Km씩이나 주면 모든 지역을 다 통제할 수 없겠지요. 그것을 통제하려고 노력하다 보면 작전한계점에 도달할 것입니다. 그러니 작전한계점을 고려해서 작전지역을 부여해야 합니다. 또 공격작전에서 1단계 작전의 통제선을 어디에 선정할까? 하는 것에는 여러 가지 고려해야 할 사항들이 있지요. 그중 하나가 작전한계점입니다. 이처럼 작전지역을 부여하는 데 작전한계점이 하나의 고려요소가 되는 것입니다.

마지막으로 부대 전개 공간인데요, 부대 전개 공간이 얼마나 필요한지 정확한 데이터나 수치는 제시하기 어렵습니다. 일단 전투부대가 있는 공간 외에도 전투지원부대, 전투근무지원 부대가 모두 전개할 수 있는 공간까지 다 고려를 해야 한다는 점만 유념하기 바랍니다.

"작전지역을 왜 그렇게 부여했느냐?"라고 질문을 하면, 여러분은 위의 네 가지를 이용해서 '예하부대가 수행해야 할 과업, 통제 범위, 부대 전개 공간, 작전한계점'을 고려해서 부여했다고 설명할 수 있어야 합니다. 그에 대한 세부 사항까지도요.

자, 여기서 한 가지 질문을 하겠습니다. 전투력을 할당하고 작전지역을 부여하는 것 중에 어느 것을 먼저 할까요? 혹자는 전투력을 먼저 할당한다고 할 수 있습니다. 혹자는 작전지역을 먼저 부여한다고도 할 수 있고요. 제가 보기에는 두 가지를 동시에 연계하여 설정해야 합니다. 전투력 할당이 먼저라고 하는 의견은 작전지역 부여를 하는 논리에 통제 범위가 포함되어 있으니, 전투력이 할당되지 않고 어떻게 통제 범위가 나올 수 있겠느냐는 것이지요. 맞는 말입니다. 전투력을 많이 할당하면 통제 범위가 넓어지고, 적게 할당하면 통제 범위가 좁아집니다.

반대로 작전지역을 먼저 부여해야 한다고 하는 논리는 이렇지요. 작전지역이 할당되지 않으면 나와 맞서 싸워야 할 적 부대가 구분되지 않는 경우가 있다고요. 〈그림20〉에서 보면 ①번으로 표시한 적은 아군의 어느 부대가 담당해야 할지 애매

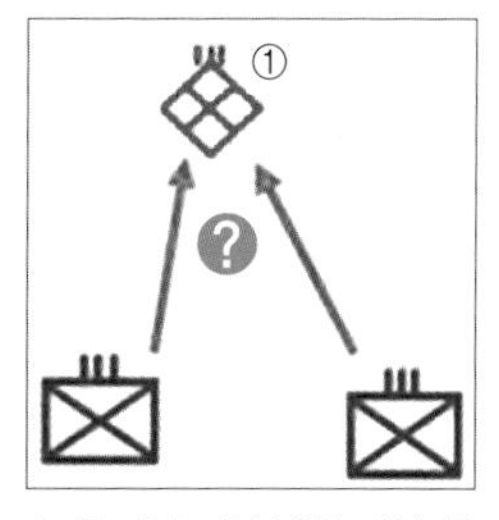

〈그림20〉 누가 상대할 것인가?

합니다. 그것이 정해져야 적 부대 규모를 상정하고 전투력을 할당할 수 있는데요.

그래서 작전지역을 대략적으로 생각하고, 어느 부대가 어떤 적을 상대할지 구분한 다음 전투력을 할당합니다. 그렇게 전투력을 할당하고 나서 작전지역을 부여하는 것이지요. 그러다 보니 전투력할당과 작전지역부여는 동시에 이루어진다고 보는 것입니다. 그리고 과업에 대한 것도 이것과 밀접한 관련이 있지요.

전투력을 할당하고 작전지역을 부여하는 것은 전술에서 매우 중요합니다. 우리가 계획수립을 하면서 중요한 것이 두 부분이라고 했지요? 무엇을 해야 하는지와 어떻게 하는지를 결정하는 것이라고 했습니다. 그중에 두 번째로 나왔던 '어떻게 하는지?'에 대한 부분이 바로 시간과 공간, 전투력, 과업을 최적의 형태로 만드는 것입니다. 직접적으로 이것을 가능하게 해 주는 기술이 바로 전투력을 할당하고 작전지역을 부여하는 논리이거든요.

이것을 잘 곱씹어 보아야 합니다. 시간과 공간, 전투력, 과업은 어떻게 최적화시키든지 상관없어요. 그것은 자기 스타일이지요. 어떻게든 최적화만 되면요. 그런데 왜 그렇게 최적화를 시켰는지는 자기가 설명할 수 있어야 합니다.

방책을 수립하면서 '내가 이것을 이렇게 해도 되나?' 하는 생각이 무척 많이 들지요? 아주 고민되는 문제입니다. 그리고 이것이 맞는지 교관이 좀 확인을 해 주면 좋겠는데, 돌아오는 답은 항상 '이렇게 할 수도 있고, 저렇게 할 수도 있지요.'라는 내용입니다. 그래서 답답해하는 학생들이 많이 있지요. 전술에는 답이 없다는 이야기도 하고요.

시간, 공간, 전투력, 과업을 최적화시키는 것은 자기만의 스타일이고 말 그대로 어떻게 하든지 상관없습니다. 주어진 상황에 따른 논리에 맞게 최선을 다해서 최적화시켰다고 하면 되는 것입니다. 자신을 가져도 됩니다. 중요한 것은 무엇이에요? 계획수립에서 언급했던 두 번째 부분이 아니라, 첫 번째 부분인 '무엇을 할 것인가?'를 결정하는 부분이었어요! 그것은 이렇게도 할 수 있고 저렇게도 할 수 있는 부분이 아니에요! 그 부분은 '다르냐? 같으냐?'의 수준이 아니라 '맞냐? 틀리냐?'의 수준이에요. 이 두 가지를 헷갈리지 말기 바랍니다. 그러니까 전술에서 답이 있다고 할 수 있는 부분은 첫 번째 부분이고요, 이렇게 하든지 저렇게 하든지 최적화시키기만 하면 되는 부분은 두 번째 부분입니다. 여러분이 방책 수립을 하면서 고민했던 것이 두 번째 부분이라면 자신감을 가지고 해도 된다는 것입니다.

전투력 할당과 작전지역 부여에 대해 배웠으니 질문을 하나 하겠습니다. 〈그림21〉과 같은 방책을 여러분이 본다면 이에 대해서 어떻게 이야기할 수 있겠습니까?

〈그림21〉을 잘 보세요. 작전지역 중앙으로 도로가 형성되어 있습니다. 그리고 그 도로를 연해서 적은 주타격 방향을 지향한다고 판단을 했습니다. 그런데 양개 부대의 전투지경선을 또 도로를 연해서 부여하고 있습니다.

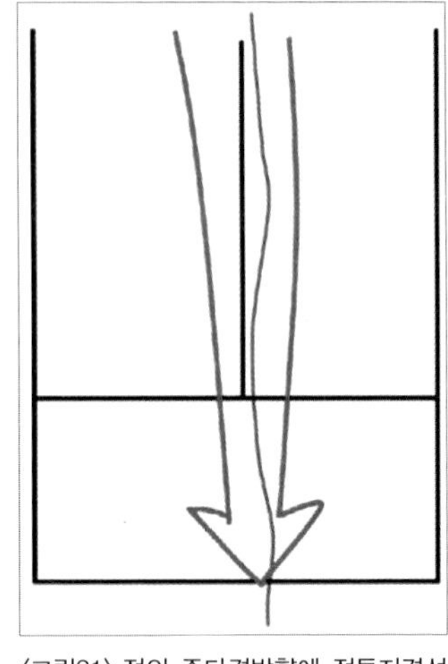

〈그림21〉 적의 주타격방향에 전투지경선 부여

적의 주타격방향은 강점입니다. 아군의 전투지경선은 약점이지요. 적은 강점으로 행동하고 있는데, 우리는 약점으로 대응하고 있나요?

저렇게 작전지역을 나누어 놓으면 공격하는 적만 좋게 하는 것입니다. 동측에 있는 부대는 서측으로 가는 적에 대해 어떤 것도 할 수 없고, 서측에 있는 부대는 동측으로 가는 적에 대해 어떤 것도 할 수 없습니다.

왜 저런 문제가 발생했을까요? 그것은 예하부대가 수행해야 할 과업의 성격과 역할을 고려하지 않고 작전지역을 부여했기 때문입니다. 예하부대가 중앙에 있는 도로로 공격하는 적을 방어하기 위해서는 도로뿐만 아니라, 도로 주변에 있는 감제고지까지 다 필요해요! 그것을 생각하지 않고, 전투력 할당과 과업에 대한 생각 없이 작전지역을 부여했기 때문에 저러한 결과가 나타나는 것이지요.

중앙 도로를 어느 쪽에 주더라도 작전지역이 넓어져요. 주노력 부대가 넓은 정면을 가지게 되더라도 괜찮습니다. 전투력을 더 주면 됩니다. 중앙 도로에 대한 과업은 단일 부대에 주고, 그 과업을 고려해서 작전지역을 부여하고, 그만큼 많이 전투력을 할당하는 것이 바람직합니다.

전투력을 그 정도 할당해서 되겠습니까?

계획수립을 하고 토의를 하다 보면 이런 질문을 하는 경우가 있습니다. "전투력을 그것밖에 주지 않았는데, 과업을 수행할 수 있겠느냐?" 하는 의구심을 표현한 질문이지요. 그런데 딱히 어떤 기준이 없으니 최소 계획수립비율이라도 거론하면서 그 부대가 과업을 잘 할 수 있겠냐는 식으로 묻기도 합니다.

답변을 하는 사람은 가능하다고 보았다고 하지요. 그러니까 그렇게 계획을 수립했다고 말이에요. 그 답변에 대놓고 안 되지 않느냐고, 아무리 따져도 결국은 우기기 싸움으로 끝나고 맙니다. 어쩌겠어요? 된다는데. 실제 그 계획을 가지고 전투를 해보지 않으면 모르는 문제이니까요. 그것도 같은 조건에 놓고 실험을 계속 반복한다고 해서 같은 결과가 나오겠습니까? 단 한 번도 같은 결과가 나오지 않을 것입니다. 전투는 전장의 불확실성과 마찰로 인해 단순한 모델링과 시뮬레이션으로 구현하기 어렵습니다. 컴퓨터 기술이 발전해서 그것을 하려고 노력을 하는 것이 지요. 그러나 완전히 전장과 동일하게 만든다는 것은 어려운 일입니다.

그러면 어쩌라는 이야기냔 말이지요. 처음에 제시한 그 질문은 기준도 없이 우기기 싸움으로 끝나고, 실제 해보지 않았으니 모르지만 해 본다고 한들, 그것이 결판이 날 것 같지도 않습니다. 어떻게 질문을 해야 할까요?

전투력 할당을 하는 것을 잘 이해한다면 그 실마리를 풀 수 있습니다. 특정 부대의 피·아 전투력 비율만 가지고 묻는 것이 아니라, 전체 속에서 따져야 하는 것이지요.

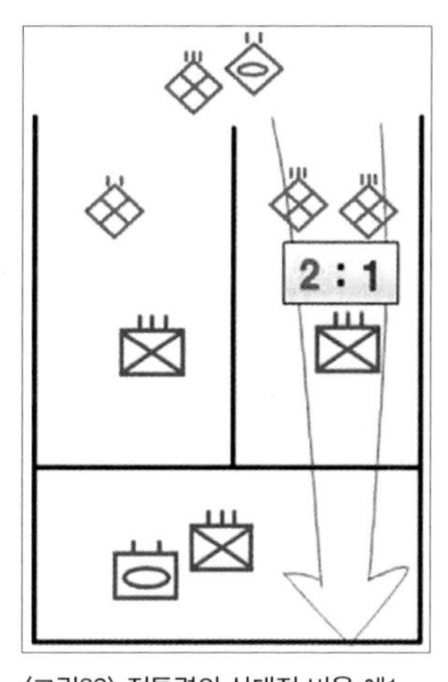

〈그림22〉 전투력의 상대적 비율 예1

〈그림22〉에서 부대별로, 축선별로, 국면별로 상대해야 할 적이 다 나누어져 있는데 각각의 피·아 전투력 비율을 가지고 따져 봐야 해요. 우선 동측에 적 주타격 방향을 상대하는 쪽 비율이 2:1로 적이 우세하다고 해 봅시다.

동측의 부대만 가지고 질문하는 사람은 2:1이나 되어서 우리가 열세한데 방어를 할 수 있겠느냐고 물을 수 있을 겁니다. 답변하는 사람은 최소 계획수립비율을 보면 3:1을 적정 비율로 보고 있지 않느냐고 답변할 겁니다. 그러나 최소 계획수립비율을 가지고 그렇게 답변 근거로 삼을 수 있는 것이 아니지요. 잘못된 질문에 잘못된 답변을 하는 겁니다. 그것 외에도 답변 논리는 많지요. 방자는 지형의 이점을 이용하니, 충분히 가능하다고요. 우기기 싸움이 되는 겁니다.

이렇게 물어보세요. 적의 주타격 방향이 지향되는 동측은 2:1의 비율로 적이 우세한데, 서측은 0.7:1로 아군이 우세하니, 축선별 상대적 전투력 비율의 균형이 맞지 않은 것 아니냐고 말입니다. 공자의 집중에 제대로 대응을 하지 못하고 있는 것 아니냐? 서측에 있는 부대는 아군이 우세한 것이 아니라 적의 견제에 유휴전투력이 되고 있지 않느냐는 말이지요.

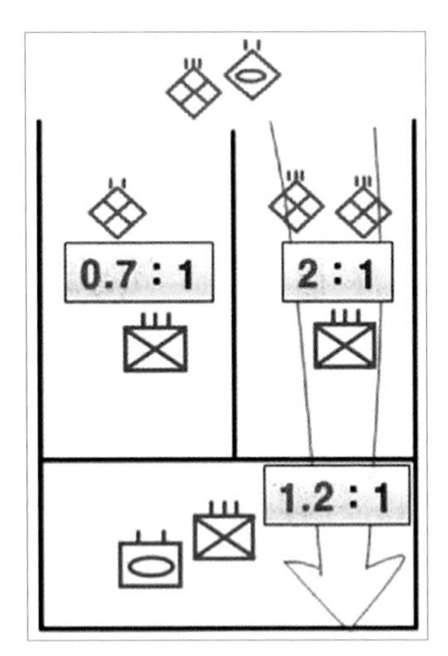

〈그림23〉 전투력의 상대적 비율 예2

그래서 전체 전투력의 상대적 비율 평균이 1.5:1이라면 전투력 할당을 조정해서 주타격 방향이 지향되는 방향도 1.6:1 정도로 비율의 격차가 좁혀지고 서측도 아군이 우세한 것이 아니라 1.4:1 정도로 아군이 열세가 되어야 하지 않느냐? 이와 같이 물어보면 정확한 질문이 됩니다.

결국 전투력 할당 논리에 따라서 적절하게 할당했는가? 묻는 것이거든요. 전투력 할당 논리가 무엇이라고 했습니까? ① 수행해야할 과업 ② 맞서 싸워야 할 적 부대 ③ 전투수행방법이라고 했지요. 과업과 맞서 싸워야 할 적 부대에 따라서 제대로 할당이 안 되었다는 점을 질문해야 하는 것입니다.

위에서 예시로 든 상황은 방어의 융통성 측면에서도 논의가 있을 수 있습니다. 융통성 때문에 저러한 모습이 되었다고 해도 충분히 논리가 되고요, 작전 실시간 적이 예시와 같이 저렇게 집중을 한다면 기민하게 대처가 필요한 상황이 되겠지요. 여하튼 그 정도 토의를 할 수 있는 능력이 된다면 전투력 할당에 대한 이해를 상당히 한 상태에서 진행되는 좋은 토의라 하겠습니다.

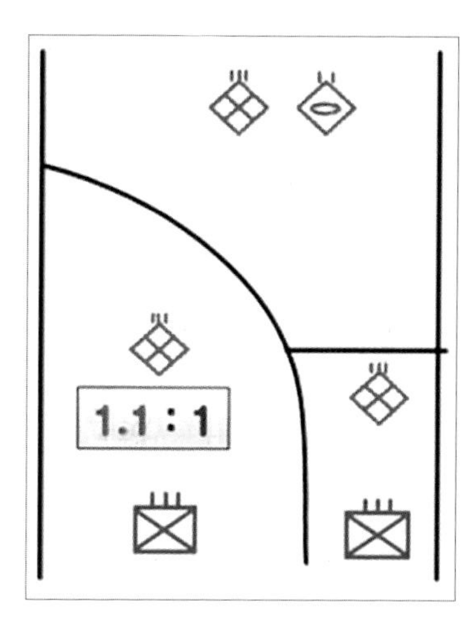

〈그림24〉 전투력의 상대적 비율 예3

이러한 예는 공격에서도 마찬가지로 나타납니다. 〈그림24〉에서처럼 조공 부대의 피·아 전투력이 1.1:1로 거의 대등한 것도 아니고 아군이 약간 열세해요. 그러면 질문 공세가 쏟아지지요. '조공도 조공부대가 받은 과업을 수행할 수 있는 최소한의 전투력은 주어야 하는 것이 아니냐?' '저렇게 전투력을 주어서 어떻게 임무수행을 하겠느냐?' 는 말입니다. '조공부대가 전투력도 적고, 적은 강하고, 작전지역도 넓은데, 어떻게 하겠느냐?' 아주 공격할 수 있는 논리가 많아서 신나게 질문을 하겠지요.

이러한 질문은 충분히 가능합니다. 일리도 있고. 거기에 대응해서 답변하는 논리가 중요하지요. 해답은 같은 방법으로 찾을 수 있습니다. 전체를 바라보아야 합니다. 전체를 놓고 바라보았을 때, 평균적인 상대적 비율은 약 1:2.3으로 볼 수 있다고 합시다. 그러한 상태에서 전투력을 할당한 결과 결정적작전에서는 1:2.5, 주공지역은 1:2로 우세 비율이 차이가 생겼습니다. 그런 상태에서 조공은 1.1:1로 열세한 것이지요. 이것을 어떻게 볼 수 있을까요?

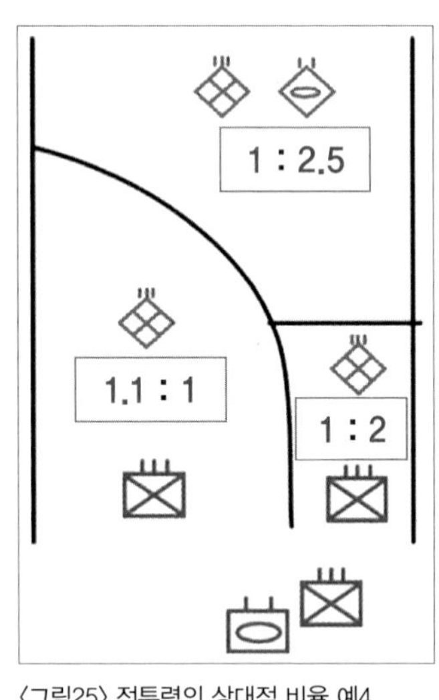

〈그림25〉 전투력의 상대적 비율 예4

전투력 할당을 아주 잘했습니다! 이렇게 싸운다면 우리가 집중하는 축선의 전투력 비율이 압도적으로 높아져서 우승열패를 달성할 수 있어요! 조공이 열세한 것이 문제가 아니에요! 아주 전투력 집중을 잘 한 계획이에요.

공격작전에서 집중을 하려면 절약을 잘 해야 합니다. 절약을 했다는 것은 절약한 전투력으로 집중할 수 있다는 것이지요.

반대로 방어작전에서는 어느 부대가 방어를 잘 한다고 안도할 일이 아닙니다. 일부 지역에서 적의 압력이 적고 방어를 잘 하고 있다고 생각하는 때에 적의 전투력이 집중되는 곳은 돌파가 되고 있는 상황일 수 있다는 것을 인식해야 합니다.

조공부대의 문제는 공격전술 이야기에서 별도로 또 이야기를 할 겁니다. 위에서 여러 가지 예를 들었지만, 잠깐 이야기한 대로 부여받은 과업을 수행할 수 있는 최소한의 전투력은 할당해야 합니다. 그러나 그것에 대한 명확한 기준을 정할 수는 없습니다. 조공은 할당받은 전투력으로 강한 적에 맞서서 넓은 작전지역에서 임무를 수행해야 합니다. 그래서 조공부대가 힘들기도 하지만, 반면에 전술의 묘미가 드러나는 것이지요. 그것은 다음에 이야기합시다.

작전개념을 어떻게 써야 하느냐?

작전개념을 쓰다 보면 전투수행기능별 전투력 운용을 계속 반복해서 써야 하는 문제에 직면하게 되지요. 그리고 얼마나 구체적으로 쓰느냐의 문제도 있습니다. 여기서는 그 두 가지 문제를 포함해서 '작전개념을 어떻게 써야 하는가?'를 이야기하겠습니다.

명령은 1단계 하급부대를 대상으로 하달하는 것임을 항상 염두에 두어야 합니다. 필요하다면 2단계 하급부대까지 언급할 수도 있지요. 그러나 임무형 지휘를 기조로 하는 우리 군의 명령은 2단계 하급부대를 언급하는 것은 최소화하는 것이 바람직합니다.

작전개념은 가용 전투력과 과업의 상관관계를 나타낸 것이라고 했지요. 어느 전투력이 어떤 과업을 하느냐는 것이지요. 우리가 청소할 때 임무분담 하잖아요? 쉽게 생각하면 전장에서 할 일을 나누어 나타낸 것이 바로 작전개념입니다. 그러한 상관관계는 무엇을 위해 조직한 것입니까? 그렇지요. 지휘관의도, 최종 상태와 작전목적을 달성하기 위해서 조직한 것입니다.

이러한 작전개념을 구체적으로 쓰라는 것이 어떻게 쓰는 것이냐? 위에서 제시한 문제를 봅시다. 구체적으로 쓴다는 것은 육하원칙의 요소에 따라 지명과 피·아 부대명칭을 정확하게 포함해야 한다는 것입니다. "어떤 과업을 누가 하는 것이냐? 하면 아군 ○○연대가 하는 것이다. 무엇을 대상으로 하는 것이냐? 하면 적 ○○연대를 대상으로 하는 것이다. 어디서 하는 것이냐? ○○동 일대에서 하는 것이다." 이런 식으로 답이 되어야 하는 것이지요. 육하원칙의 요소에 따라 위와 같이 답을 한다면 그 내용을 정확하게 이해할 수 있을 것입니다. 이렇게 작전개념을 구체적으로 작성하면 불필요한 질문을 줄일 수 있습니다. 그렇게 되어야 의사소통이 효율적으로 되는 것이지요.

중요한 것은 그렇게 구체화하는 것이 1단계 하급부대를 대상으로 하는 한도 내에서 되어야 한다는 것입니다. 구체화한다는 것을 잘못 이해한 어떤 학생장교는 작전개념을 이렇게 써 왔더라고요. ○○연대의 ○대대는 어디에 배치하고, ○대대는 어디에 배치하고, 주유는 어디서 하고, 심지어는 부대 이동 행군 간 휴식을 어디서 하고, 대휴식 때 무슨 컵라면을 먹는지까지 기술했더라고요.

앞에서 과업의 수준 이야기한 것과 잘 연계해서 생각해야 합니다. 구체화한다고 1단계 하급부대를 넘어서는 수준을 이야기해서는 안 됩니다. 또한 기본문에서 벗어나는 수준을 이야기하는 것도 아닙니다. 기본문의 수준은 지휘관 – 참모 선에서 논의할 수 있는 수준이어야 한다고 하면 좀 이해가 쉬울까요? 실무자의 수준이 아니라는 것이지요. 전체 작전에서 가장 높은 수준의 과업들과 가용 전투력의 상관관계를 나타낼 수 있게 써야 하는 것입니다. 그러한 수준에서 육하원칙의 요소를 지명과 부대명칭을 이용해서 표현할 수 있다면 그것은 구체화가 된 것입니다.

다음 문제는 어느 전투수행기능 – 예를 들어 정보기능 – 이 계속 반복해서 나오게 된다는 것입니다. 결정적작전에도 나오고, 기본문의 작전개념 끝부분에도 나오고, 부록에도 또 나온다는 것이에요.

공간구분에 의한 양식으로 작전개념을 써준다고 결정적작전를 표현해서는 안 되나요? 주방어지역 부분에서 결정적작전을 기술하면 되지, 안 된다고 할 수 없습니다. 작전개념은 의사소통을 위한 하나의 수단이에요. 전술을 배우면서 갖춰야 할 능력에 대해 첫머리에 이야기했지요. 사고력과 그것을 표현할 수 있는 능력이 필요하다고. 표현하는 방법 중에 그림, 글씨, 표가 있었는데, 글씨의 일부분이에요. 작전개념은 의사소통이 잘 되는 방법으로 쓰면 되는 것이지, 공간구분에 의한 양식이라고 결정적작전을 쓰지 말라는 법은 없습니다.

잠깐 이야기가 다른 쪽으로 갔는데, 문제로 다시 돌아오겠습니다. 작전개념에서 정보라고 하면 그것이 결정적작전에도 나오고, 작전개념 뒷부분에도 나오고, 부록에도 정보가 있다는 것이지요. 이것은 방어작전 이야기에 첫 번째로 나오는 부분, 방어 계획수립에서 중요한 것을 같이 보세요. 같은 것을 설명할 겁니다.

결정적작전의 정보 전투수행기능 내용은 결정적작전을 통해 달성해야 하는 목적과 상태를 위해 수행하는 정보 과업이나 역할을 설명하는 것입니다. 결정적작전에만 국한되는 내용이지요. 그러면 작전개념의 뒷부분에 나오는 정보 기능의 내용은 무엇일까요? 그것은 작전 전반에 걸쳐서 정보기능에 대한 지침을 제공하는 것입니다. 어떤 수준이겠어요? 쉽게 말하면 사단장과 정보참모가 이야기하는 수준인 것입니다. 정보 기능의 전투력이 인간정보자산만 있는 것은 아니지요? 또 정보자산 운용만이 정보참모의 역할이 아닙니다. 정보 전체를 포괄하는 지침을 기본문의 작전개념에 써 주는 것입니다. 필요하지 않다면 쓰지 않을 수도 있습니다.

그렇다면 부록에 나오는 정보 기능 내용은 무엇일까요? 그것은 참모 기능별로 이야기하는 수준입니다. 군단 정보참모가 사단 정보참모에게 지시를 하는 수준이지요. 또는 실무자가 될 수도 있고요. 정보를 예를 들어서 설명했는데 다른 것도 비슷합니다. 이렇게 비슷한 내용이 여러 번 반복되어 언급되지만, 그것이 있는 위치에 따라서 수준과 내용이 달라진다는 것을 인식해야 합니다.

지금까지 작전개념을 어떻게 써야 하는지에 대해서 두 가지 질문을 제시하고 그에 대한 내용을 이야기했습니다. 조금 더 추가적으로 이야기할 부분이 있습니다. 여러분이 교범이나 참고자료에 제시한 예문을 그대로 인용하는 것은 바람직하지 않다는 것입니다. 그리고 교리에 제시되는 일반적인 내용을 그대로 쓰는 것도 좋지 않아요. 지휘관의도를 어떻게 작성해야 하는지 이야기했었지요? 잘 작성한 작전개념이라고 해도 그것이 다른 작전에도 사용할 수 있는 것은 아니에요! 그렇게 전투를 할 것이면 전술을 왜 배웁니까? 머리 좋은 사람 몇 사람 시켜서 좋은 작전개념 샘플을 만들면 되지요. 다른 사람들은 그것을 갖다 쓰기만 하면 되지 않습니까? 여기서 또 『손자병법』을 잠깐 보고 갑시다.

故形兵之極, 至於無形(고형병지극, 지어무형)

無形則深間不能窺, 智者不能謀(무형즉심간불능규, 지자불능모)

因形而措勝於衆, 衆不能知(인형이조승어중, 중불능지)

人皆知我所以勝之形, 而莫知吾所以制勝之形

(인개지아소이승지형, 이막지오소이제승지형)

故其戰勝不復, 而應形於無窮(고기전승불복, 이응형어무궁)

따라서 군사력 운용의 형태가 지극하면 무형에 이르게 된다.

무형에 이르면 첩자도 그것을 규명하지 못하고

지혜로운 자도 알 수 없다.

형으로 인해 많은 무리에게 승리를 거두지만

그들은 (자신들이 왜 지는지조차도) 모른다.

사람들은 내가 승리하는 형태를 보겠지만,

내가 승리를 제어해 나아간 형태는 모른다.

그래서 전쟁의 승리는 반복되지 않으며,

형을 응용하는 것은 무궁무진하다.

내가 작전개념을 쓸 때에는 戰勝不復(전승불복)의 자세로 써야 합니다. 한 번도 똑같은 것을 쓸 때가 없어요. 당시 상황이 다 다르니까. 그 상황에 맞춰서 내가 생각한 대로, 내 스타일로 쓰는 것이지요. 잘 작성한 누구의 것을 갖다 쓴다고 잘 싸우게 되는 것이 아닙니다. 다른 것을 보지 않고, 현재 내가 인식한 상황에 맞추어서 스스로 작성하면 그것이 창의적으로 작성한 안이 되는 것이지요. 현 상황에 맞춰서 다른 자료를 보지 않고 내 스스로 작성한 것은 모두 다 창의적인 것입니다. 방책도 마찬가지예요. 창의적이라고 남과 다르게 한다는 것이 아닙니다. 여러분 스스로, 그 상황에 맞춰서 하라는 것입니다. 그러니 참고자료나 교범에 나온 것을 그대로 베껴 가져오면 교관이 그것을 보고 어떻게 생각하겠습니까? 여러분은 스스로의 작전개념을 쓸 수 있는 수준이 되도록 노력해야 합니다.

작전개념을 작성할 때 구체적인 지명과 부대명칭을 포함해서 구체화한 내용으로 작성해야 한다고 했지요? 방어 전술의 경우라면 '적 ○○연대가 ○○리 일대 설치한 장애물에 봉착하고 있을 때, 이를 ○○일대 위치한 적지종심작전팀 ○팀이 감시하고, ○○산, ○○산 일대 배치한 아군 ○○연대가 격멸 #○번 화력격멸지역을 이용해서 격퇴한다.' 이런 식으로 꼭꼭 집어서 기술해야 합니다. 그때 사용하는 특정 화력격멸지역, 특정 장애물, 특정 적지종심작전팀이 다 드러나도록 작성해야 해요. 그렇게 작성한 작전개념이 어떻게 다른 작전에 그대로 쓰일 수 있겠습니까?

방어작전을 예로 보았을 때, 어떤 국면에 대한 작전개념을 기술해야 한다면 이렇게 두 부분으로 작성할 것입니다. 가장 먼저 그 국면에서 달성해야 할 상태나 목적에 대한 내용을 먼저 기술해야 합니다. 이 국면은 어떤 것을 위한 국면이고 이번 국면을 통해 기대하는 상태는 이런 것이어야 한다는 말이 가장 먼저 나오는 것이 좋습니다. 그리고 그다음 두 번째 나오는 것이 가용전투력과 과업의 관계입니다.

할당한 전투력을 차례대로 나열하면서 그 전투력들이 어떤 과업을 수행하는지 설명하는 것이지요. 이때 전투력별로 과업을 부여하는 것을 통합해야 합니다. 통합이라는 것은 별도로 설명되어 있는 것을 참조하세요. 하나의 목적과 방향을 향해서 모든 전투력들이 그 목적과 방향을 향해 수렴하도록 작성되어야 한다는 것이지요. 그리고 중복하거나 누락하는 과업이 없어야 하고, 유휴전투력도 없어야 합니다. 이렇게 통합된 모습으로 앞서 설명한 것 같이 구체화하여 작성하면 훌륭한 작전개념이 됩니다.

정말 기본적인 것을 한 가지 더 이야기하겠습니다. 글쓰기를 잘 해야 합니다. 단문으로 자신이 하고 싶은 이야기를 정확하게 표현할 수 있어야 합니다. 복문으로 쓰는 것은 좋지 않습니다. 복문이 되어 문장이 길어지면 표현하려는 바가 불분명해질 수 있습니다. 그리고 주어와 술어가 맞지 않는 경우도 생기지요. 누구나 다 그렇습니다. 교관도 글을 써 놓고 다시 읽어보면 잘못되어 있는 경우가 많아요. 작전개념을 쓰는 것은 글쓰기를 통해 자신의 생각을 표현하는 것입니다. 여러분은 글쓰기를 부단히 연습해서 간명한 글로 여러분의 생각을 표현할 수 있어야 합니다. 그러한 연습은 좋은 작전개념을 작성하는 데 많은 도움이 될 것입니다.

작전개념의 양식은 교리에 제시된 양식을 바탕으로 여러분이 의사소통에 편한 양식으로 해서 작성하면 됩니다. 내용은 戰勝不復(전승불복)의 자세로, 창의적으로 써야 한다고 했고요, 기술요령은 지명과 부대 명칭, 장애물과 화력격멸지역 번호까지 다 언급하면서 구체적으로 작성해야 한다고 했습니다. 그리고 같은 전투수행기능이라도 기술한 위치에 따라서 표현하는 것이 다 달라야 한다는 점을 설명했지요. 작전개념을 설명하면서 '구체화', '창의적'이라는 말까지 설명했습니다.

그렇게 열심히 고민해 놓고 왜 다 빼고 내려주나요?

계획수립을 할 때 방책 초안을 수립해서 워게임을 하지요. 그래서 전투수행방법을 구체화 시킵니다. 워-게임을 할 때는 2단계 하급부대까지 고려해서 기능별 전투력 운용까지 세부적으로 따지게 됩니다.

워-게임을 거친 방책을 '조정 보완된 방책'이라고 하지요. 2~3가지의 조정 보완된 방책 중에서 최선의 방책을 선택합니다. 그리고 이것을 바탕으로 해서 계획을 작성하는데요, 그것이 기본계획이지요. 그 계획의 가정이 현실과 부합한다면 그것을 명령으로 유효화합니다.

여러분은 이런 생각 안 해 봤나요? 계획수립절차를 가만히 보면, 워-게임 할 때는 엄청나게 고민을 해 놓고, 작전투명도를 내릴 때 보면 그냥 전투지경선만 내리게 되어 있어요. 고민했던 것다 빼고 말이지요. 사단장이 계획을 수립할 때, 대대급 부대의 운용까지 다 고민해서 만듭니다. 그런데 계획을 수립하고 나서 명령으로 하달할 때에는 다 빼놓고 내린다고요. 왜 그렇게 할까요?

그 이유는 이렇습니다.

① 명령은 기본적으로 상급부대가 1단계 예하부대를 대상으로 하달하는 것이기 때문입니다.
② 우리 군은 임무형 지휘 기조를 바탕으로 하기 때문입니다.

앞에서도 누차에 걸쳐 이야기한 것처럼, 명령은 상급부대가 1단계 예하부대에 하달한다는 점을 잘 인식해야 합니다. 사단장이 연대장에게 말하는 것을 그림과 글씨와 표로 옮겨 놓은 것이라고 생각해도 됩니다. 사단장은 연대장에게 연대를 대상으로 과업을 주는 것이지요. 사단장이 연대 예하의 대대까지 일일이 다 거론하면서 과업을 주지 않습니다. 사단장이 대대에 과업을 주면 연대장은 무엇을 하겠습니까?

물론 필요하다면 2단계 하급부대까지 거론하면서 과업을 직접 줄 수도 있습니다. 공격전술에서 공중강습작전의 경우가 그렇고, 방어전술에서 필요할 때 일부 방어진지를 도식해주는 경우가 그렇지요. 그러나 그러한 경우는 가능하면 필수불가결한 경우로 국한하는 것이 좋습니다.

이러한 이야기에 공감하는 것은 우리 군은 임무형 지휘를 기조로 하고 있기 때문이라고 생각합니다. 통제형 지휘를 해서 사단장이 연대뿐만 아니라 예하 대대, 중대까지 전부 다 거론하며 과업을 주어야 한다고 생각해 보세요. 참 끔찍하겠지요. 끔찍하다고 생각하는 그런 공감대 자체가 임무형 지휘 기조를 바탕으로 한다는 반증입니다.

그러면 왜 그렇게 2단계 하급부대까지 해서 고민을 하도록 하는 것이지요? 계획수립을 할 때, 전투력 할당을 2단계 하급부대를 대상으로 하고, 워-게임도 2단계 하급부대를 대상으로 하게 되어 있습니다. 그렇게 고민해서 내려주지도 않을 것을 무엇을 위해 그렇게 하느냐는 질문이 여전히 남아 있습니다.

상급부대의 역할을 잘 생각해야 합니다. 잘 보세요. 상급부대의 역할은 단지 과업과 작전지역을 부여하고 전투력을 할당해 주는 것뿐입니다. 예하부대가 그 전투력을 가지고 어떻게 싸울 것인지, 2단계 예하부대에게 다시 또 과업을 어떻게 부여할 것인지는 상급부대에서 관여하는 것이 아닙니다. 사단장이 대대급 운용까지 고민해서 계획을 수립했지요? 그것은 연대에게 전투력을 할당하고 과업과 작전지역을 부여하는 것을 정밀하게 하려고 그랬던 것입니다. 사단장이 대대급까지 가타부타하려고 했던 것이 아니고요. 작명 5개 항의 양식도 거기에 맞춰서 만들어져 왔다고 교관은 생각합니다.

계획수립에서 상급부대의 역할을 다시 한 번 강조합니다. 1단계 예하부대에 대해서 과업을 부여하고 그에 따라서 전투력 할당과 작전지역을 최적화시켜서 부여해 주는 것뿐입니다. 그 이상도 이하도 아니지요. 그것을 잘 하기 위해서 2단계 예하부대의 부대 운용까지 고민을 했던 것입니다.

이게 왜 이러냐고요? 우리 군이 임무형 지휘를 기조로 하고 있기 때문이라고 했지요? 임무형 지휘가 뭡니까? 과업과 최종상태를 알려주고 가용한 자원과 여건을 마련해 준 다음, 그것을 하는 방법은 예하부대에 위임하는 것 아니에요? 계획수립에서 상급부대 역할이라고 했던 것과 일맥상통하지 않습니까?

물론 실제 나타나는 모습에서는 통제형 지휘도 많이 나타납니다. 그러나 예로부터 전장에서 임무형 지휘를 강조한 데에는 다 그럴 만한 이유가 있습니다. 굳이 설명하지 않아도 다 알겠지요?

『손자병법』에서도 「지승유오」 중 다섯 번째에 이런 말이 나옵니다.

'將能而君不御者勝(장능이군불어자승)'

장수가 유능하고 임금이 나서지 않아야 이긴다는 말입니다. 2,500년 전에 손무가 한 말입니다.

작전실시에서 중요한 것은 무엇인가? (1)

작전실시를 이해하기 위해서는 작전실시간 이루어지는 작전구상을 이해해야 합니다. 작전구상은 명령을 받은 때부터 그 작전을 종결할 때까지 계속하지요. 계획수립뿐만 아니라 작전실시간에도요. 그러나 통상 여러분에게 제시되는 자료는 작전구상이 계획수립 단계에서만 제시되어 있습니다.

〈그림26〉을 보세요. 작전구상의 순서는 없지만 통상 제일 처음 구상하는 것이 최종상태라고 했지요. 어디를 향해서 가야 하는지 그것부터 정해야 하니까요. 그리고 결정적지점을 구상해서 나의 衆(중, 무리)을 ① 무엇을 대상으로 ② 언제 ③ 어디서 사용할 것인지 결정합니다. 그것을 위주로 해서 시간과 공간, 전투력, 과업을 최적화시키지요. 그것이 최초 계획수립입니다.

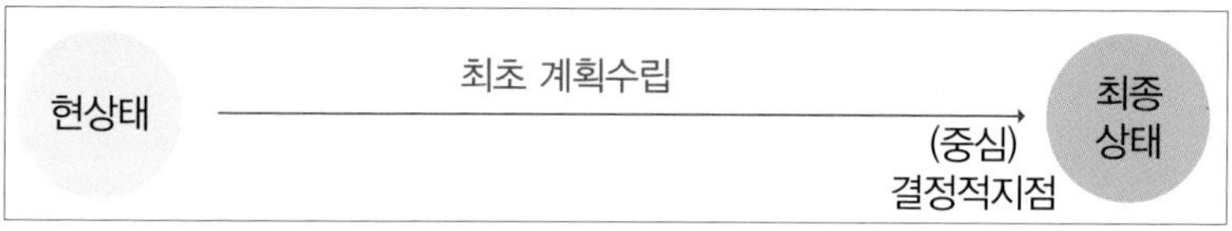

현상태
최초 계획수립
최종
상태
(중심)
결정적지점
〈그림26〉 최초 계획수립시 작전구상

계획대로 되었다면 화살표를 따라 문제없이 가겠지요. 통상 전장에서 그런 경우는 많지 않습니다. 방해를 받기 때문이지요. 그것이 바로 마찰입니다. 이러한 마찰은 여러 가지로부터 생겨나는데 대표적인 것은 적이 방해하는 것, 지형의 마찰, 내부적인 마찰 등이 있습니다. 그러한 마찰 때문에 내가 생각한 대로 가지 못해요. 그래서 엉뚱한 곳으로 가게 되지요.

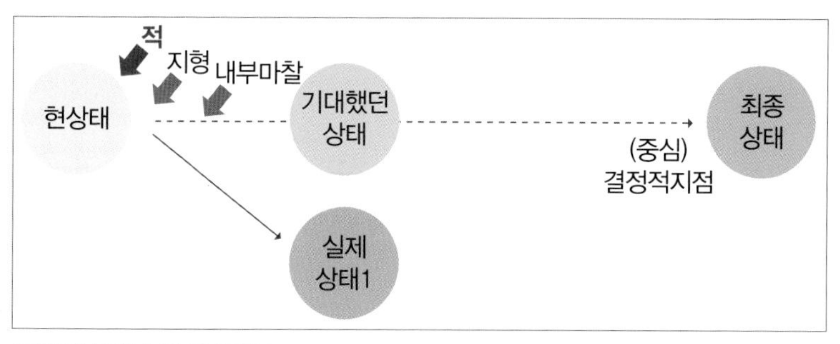

적
지형
내부마찰
현상태
기대했던
상태
최종
상태
(중심)
결정적지점
실제
상태1
〈그림27〉 작전실시간 작전구상 1

내가 기대했던 상태는 위와 같았는데 여러 가지 마찰로 인해 방해를 받아서 실제상태1로 오게 된 것입니다. 어떻게 실제상태1로 온 줄 알겠어요? 현행작전평가를 해 보면 알 수 있습니다. METT+TC 요소를 가지고 현행작전평가를 해 보니, 기대했던 대로 작전이 진행되지 않은 것이지요. 기대했던 상태대로 갔다면

그 계획이 유효할 텐데, 실제상태1로 갔으니 최초에 세웠던 계획은 변경이 필요하게 되었습니다.

그러나 지휘관은 현행작전평가를 통해 얻어진 위협과 호기를 이용해서 대응개념을 설정하고 다시 최종상태로 가기 위한 계획을 수립하지요. 〈그림28〉처럼요.

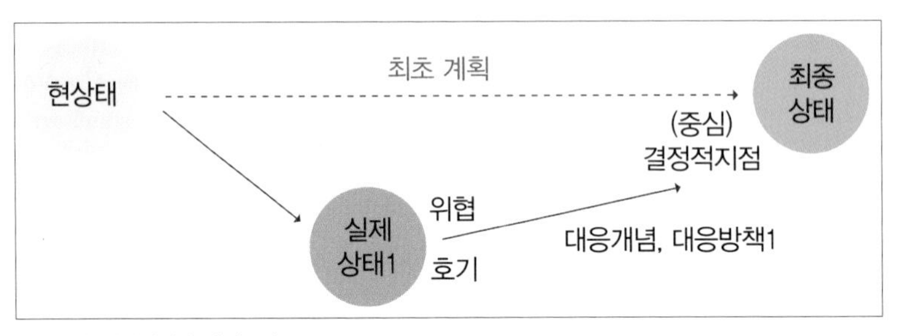

〈그림28〉 작전실시간 작전구상 2

이렇게 했는데 여전히 마찰이 방해를 합니다. 그렇게 해서 기대했던 곳으로 가지 못하고 다시 또 엉뚱한 곳으로 가지요. 기대했던 상태는 〈그림29〉와 같았는데, 방해를 받다 보니 실제상태2로 가게 된 것입니다. 마찬가지로 현행작전평가를 해 보니 알게 되었겠지요. 대응개념, 대응방책1은 다시 변경 소요가 발생했습니다.

그래도 지휘관은 다시 위협과 호기를 이용해서 최종상태에 도달하기 위한 방안을 모색합니다. 이러한 과정은 최종상태를 달성할 때까지 계속되지요. 그것이 수십 번이 될 수도 있습니다. 그러

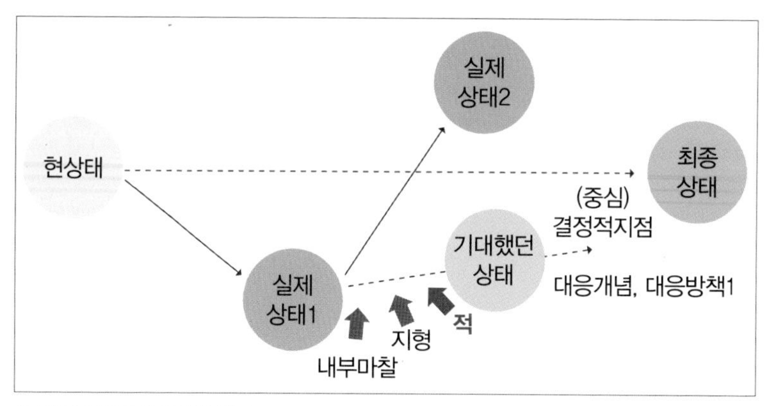

〈그림29〉 작전실시간 작전구상 3

나 어떻게든 해서 〈그림30〉과 같이 최종상태에 도달할 수 있다면 그 작전은 성공한다고 볼 수 있습니다. 우여곡절은 많이 겪었지만요.

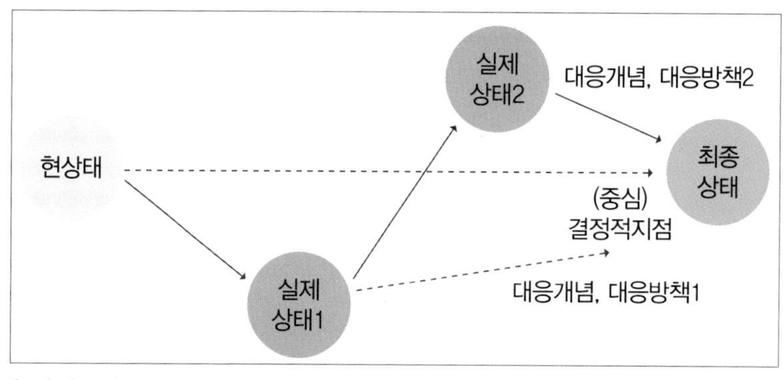

〈그림30〉 작전실시간 작전구상 4

만약 상태가 최종상태에 도달하지 못한다면 어떻게 될까요? 작전을 실패하는 겁니다! 최종상태 도달하지 못하면 작전은 실패한 것이에요. 주도권이 나에게 있으면 전장상황이 나에게 유리하게 되고, 작전을 내가 원하는 방향으로 이끌어 갈 수 있지요. 주도권을 장악하면 좀 더 수월하게 최종상태를 달성할 수 있고, 어느 정도 주도권을 유지하고 있으면 어렵더라도 최종상태를 달성할 수 있어요. 주도권이 없으면 이리 저리 끌려다니다가 작전을 실패하는 것입니다!

상황판단, 결심, 대응을 왜 합니까? 최초 수립한 계획대로 가려고 했는데, 여러 가지 방해를 받으니, 변화된 상황에서 최종상태를 달성하려고 하는 것이지요! 작전실시에서 가장 중요한 것은 '변화된 상황에서 어떻게 최종상태를 달성할 것인가?' 하는 것입니다! 그것이 상황판단, 결심, 대응이에요! 이것을 간과하고 그냥 상황판단, 결심, 대응을 기계적으로, 맹목적으로 반복하는 것은 참으로 안타까운 일입니다.

잘못 생각을 하면 전장상황에 대해 전체 흐름을 놓고 상황판단, 결심, 대응을 하는 것이 아니라, 단편적인 상황에 대한 '상황조치 식 전투지휘'를 하게 됩니다. 어떤 적을 식별하면 타격하고, 피해가 발생하면 보충하는 단편적인 조치만 하는 것이지요. 여러분은 그렇게 하지 않기를 바랍니다.

작전실시에는 또 다른 유형이 있는데 다음 편에서 설명하겠습니다.

작전실시에서 중요한 것은 무엇인가? (2)

계획수립 부분에서 계획수립절차를 크게 두 부분으로 나눌 수 있다고 했지요. 첫 번째는 '무엇을 할 것인가?'를 결정하는 부분이고 두 번째는 '어떻게 할 것인가?'를 결정하는 부분이라고 했습니다. 앞 편에서 이야기한 작전실시 유형은 두 번째 부분에 해당하는 내용을 상황에 맞게 최적화하는 것입니다. 첫 번째 결정한 '무엇을 할 것인가?'는 여전히 그대로인 상황에서 최종상태에 도달하기 위해 시간, 공간, 전투력, 과업을 최적화시키면서 전투수행방법을 조정하는 것이지요.

상급부대도 앞서 이야기한 과정을 거쳐서 작전실시간 전투지휘를 하지요. 그러다 보니 상급부대 차원에서 시간, 공간, 전투력, 과업의 조정이 이루어집니다. 이것은 예하부대에는 최초에 받았던 과업을 변경하는 것으로 나타납니다. 우리도 앞 편에서 제시한 유형의 작전실시를 하면서 예하부대 과업을 많이 조정하잖아요?

그 밑에 있던 예하부대에서는 과업이 변경되는 것이지요.

상급부대로부터 부여받은 과업을 변경하는 것은 엄청난 변화를 초래합니다. 바로 이것이 두 번째 작전실시의 유형이지요. 새로운 과업은 작전목적에 영향을 줍니다. 작전목적이 상급 지휘관의도와 명시과업을 기초로 도출한다고 했잖아요? 그러니 당연히 영향을 받지요. 그리고는 최종상태에도 영향을 줍니다. 이것은 완전히 다른 작전계획을 수립하는 것을 의미합니다. 예전 최종상태나 계획은 소용이 없어집니다.

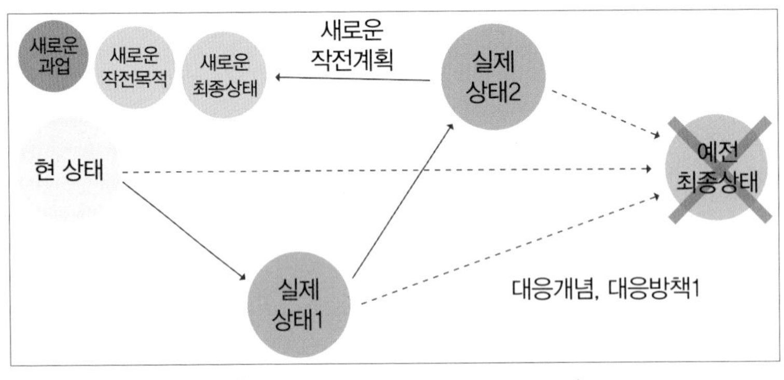

〈그림31〉 작전실시의 다른 유형

작전실시를 하는데 계획수립을 하게 생겼다고요? 상급부대로 갈수록 작전실시의 대부분이 계획수립이에요! 계획수립이나 작전실시나 따로 떨어져 있는 것이 아니에요! 작전실시간에도 계획수립을 아주 많이 합니다! 작전실시간 계획수립은 어떤 절차를 적용해서 하겠습니까? 우리가 생각하는 똑같은 절차를 적용해서 해요! 단지 상황에 맞춰서 간략하게 적용을 하지요.

이러한 유형의 작전실시는 계획수립의 첫 번째 부분, '무엇을 할 것인가?' 하는 것도 변경되는 경우입니다. 그래서 계획수립 때 거쳤던 논리적인 과정을 거쳐서 다시 무엇을 해야 할 것인지를 결정하고, 현재의 가용전투력과 적 상황 등을 고려해서 다시 시간과 공간, 전투력, 과업을 최적화하는 과정을 거치지요. 두 번째 부분인 '어떻게 할 것인가?'까지 결정을 하는 것입니다.

그래서 작전실시와 계획수립은 시간적으로 분리하기 어렵습니다. 그리고 밀접한 관계가 있지요. 겉으로 보기에 계획수립과 작전실시는 다르게 보일 수 있습니다. 계획수립은 계획수립절차를 적용하고, 작전실시는 위협과 호기를 이용해서 상황판단, 결심, 대응을 적용하지요. 별로 비슷하다고 할 수 있는 것이 없어요. 그러나 두 가지의 공통점은 같은 최종상태를 향해서 나아간다는 것이지요. 계획수립은 최초 상황에서 적의 강점과 약점을 판단해서 최종상태를 달성한다는 것이고, 작전실시는 최초 계획수립 시와는 변화된 상황에서 최종상태를 달성하는 노력을 한다는 것입니다. 그렇게 최종상태를 달성하려는 논리적 흐름을 같다고 볼 수 있는 것입니다.

작전실시의 첫 번째 유형만 배운 사람들은 이렇게 생각할 수도 있겠지요. 작전실시 때는 계획수립에서 결정하는 '무엇을 할 것인가?' 하는 부분은 다루지 않는다고 말입니다. 그러나 설명한 것처럼 작전실시는 그런 유형만 있는 것이 아니고, 새로운 과업을 부여받은 상황에서 작전실시를 할 수도 있어요. 그러한 작전실시는 계획수립과 다르지 않아요. 그리고 상황에 맞춰 계획수립절차를 적용하지요. 지금까지 작전실시에서 중요한 것이 무엇인가를 이야기하면서 계획수립과 작전실시의 관계까지 설명했습니다.

강점과 약점, 과오, 위협과 호기

작전실시를 할 때, 매우 중요한 것이 바로 위협과 호기입니다. 위협과 호기에 대한 것을 잘 이해하기 위해서 강점과 약점, 과오를 비교해서 설명합니다.

강점이나 약점은 그 부대가 가진 본연의 특성 – 편성, 장비, 물자, 교리, 무기, 리더십 등 – 이 주변의 환경과 결부되어 나타나는 것입니다. 예를 들어서 700미터 사거리를 가진 소총이 있다고 생각해보세요. 500미터 사거리의 소총보다는 훨씬 더 강력하겠지요. 그것을 강점이라고 할 수 있습니다.

그런데 야지에서야 그렇겠지만, 그 소총을 가지고 건물 내에서 전투를 한다고 생각해 봅시다. 통상적인 경우 건물 내에서 전투를 한다면 그렇게 멀지 않은 거리에서 적과 아군이 교전을 하겠지요. 그렇다면 700미터 사거리를 가진 소총이 그렇게 위력을 발휘할까요? 그렇지 않겠지요. 오히려 더 짧은 사거리의 경량화된 소총이 더 나을 것입니다. 이와 같이 강점과 약점은 그 부대가 가진 본연의 특성과 주변 환경이 결부되어 나타나며, 상황에 따라서 강점이나 약점이 될 수도 있고 안 될 수도 있지요.

과오는 작전실시 중에 전리戰理에 어긋난 행동을 하여 발생하는 취약점입니다. 전리戰理는 전투를 수행하는데 마땅한 이치를 의미하지요. 예를 들어 도하작전에서 선두 제대와 후속하는 제대의 간격이 많이 떨어지거나, 예비대를 조기에 투입하여 작전 지속성을 유지하지 못하는 것도 이에 해당됩니다. 명량해전에서 왜군이 울돌목으로 들어온 것도 과오였습니다. 이순신 장군이 적의 과오를 의도적으로 만들어 이용했던 것이지요. 이와 같이 마땅히 지켜야 할 이치를 그르쳐 발생하는 취약점이 과오입니다. 이러한 과오는 적이 스스로 자초하는 것일 수도 있고, 아군이 의도적으로 적의 과오를 만들 수도 있습니다.

위협과 호기는 적과 아군의 강·약점, 과오가 상호 결부되어 나타납니다. 일반적으로 위협은 적이 나에게 해로움을 줄 수 있는 의도와 능력을 가지고 있을 때 위협이라고 합니다. 그리고 통상 학생들을 지도하다 보면 단순히 좋지 않은 영향을 미치는 단서를 위협이라고 생각하는 경향이 있지요. 호기도 마찬가지입니다.

전술에서 사용하는 위협과 호기는 중요한 점을 고려해야 합니다. 바로 '최종상태'라는 것입니다. 위협이 왜 위협인가? 호기가 왜 호기인가? 그것은 위협이나 호기가 초래하는 결과가 최종상태와 연관되기 때문입니다! 아주 중요한 사항입니다.

그러니까 위협과 호기를 이야기할 때, 최종상태를 항상 염두에 두고 있어야 합니다.

작전실시간 작전구상이 어떻게 되는지 설명했지요? 거기에서 대응개념의 방향성을 정하는 것이 위협과 호기입니다. 상황판단, 결심, 대응을 하면서 현행작전평가 결과 위협과 호기를 판단하고 대응개념, 대응방책을 수립하는 것은 전부 다 최종상태를 달성하기 위한 것이라고 했지요!

위협과 호기는 단순하게 좋지 않은 상황, 좋은 상황이 아닙니다. 적이 강점을 가지고 나에게 무력을 행사하는데, 내가 적의 행동에 잘 대응하지 못하는 상황이에요. 그 결과가 어떻게 되느냐, 최종상태를 달성하는 데 영향을 미칠 것 같다는 말이에요. 그러니까 위협이라고 하는 것이지요!

호기도 마찬가지입니다. 단순하게 좋다고 하는 상황이 아니라, 내가 강점을 가지고 어떤 행동을 하는데, 적이 나의 행동에 대응하기 어려워요. 그 결과가 최종상태를 달성하는 데 아주 좋은 결과를 가져온다고 하는 것이지요! 그러니까 그것이 호기라고 하는 것입니다.

예를 들어서, 바닥에 깨진 유리병 조각이 있다고 합시다. 어른들은 신발을 신고 다니기 때문에 바닥에 그러한 유리 조각이 있어도 괜찮습니다. 유리조각은 어른들에게는 위협이 되지 않는 것이지요. 그러나 아이들이 맨발로 놀고 있다면 어떻게 될까요? 그 유리조각들은 매우 치명적인 위협이 될 것입니다.

이와 같이 적이 강점을 이용해서 나에게 어떤 행동을 하더라도, 내가 그것에 대응을 할 수 있고, 그 결과가 최종상태를 달성하는 데 아무런 영향도 미칠 수 없다면 그것은 나에게 위협이 되지 않는 것입니다. 그러나 그러한 적의 행동에 대해 내가 대응을 잘 할 수 없고, 그 결과가 최종상태를 달성하는 데 지장을 초래한다면 그것은 위협으로 보아야 하는 것이지요.

그래서 깨진 유리병 조각이라는 특정 단서가 어떤 상황에서는 위협으로 볼 수 있고, 어떤 상황에서는 위협이 되지 않을 수도 있지요. 위의 예에서 어른이라도 신발을 신고 있을 수도 있고, 맨발로 있을 수도 있으니까요.

이러한 위협과 호기를 기능별 전투력 운용 수준에서 판단하지 말고 지휘관 수준 – 전체 작전 수준에서 판단해야 합니다. 그래서 위협과 호기는 대응개념의 방향성에 영향을 주고, 대응개념은 대응방책으로 구체화되어 당시의 상태를 최종상태로 이끌어가는 역할을 하는 것입니다. 작전실시를 설명하면서 위협과 호기에 대한 설명까지 했습니다.

장차작전을 적용한 전투지휘

장차작전은 참 어렵지요. 개념에 대해 명쾌하게 해석되지 않는 부분도 있고, 전술제대에 적용하기가 참 어렵습니다. 그러나 오늘 교관이 이야기하는 것은 그것을 적용해서 전투지휘를 해야 한다는 것입니다.

예전에는 장차작전을 '상급부대의 다음단계 작전'이라고 했었습니다. 그렇게 하고 사용하니 문제점이 있었지요. 작전초기에는 장차작전에 대해 가늠을 할 수가 없는 것입니다. 예측을 못하니까 그렇지요. 그리고 현행작전이 끝난 다음 단계는 항상 전투력 복원하고 있거나 예비 임무를 수행하고 있겠지요.

그럼 '장차작전은 항상 전투력 복원 계획만 수립하는 것인가? 항상 작전 말기에만 하는 것인가?' 하는 의문이 드는 것이지요. 또 전술제대에서 장차작전은 적용할 수 없는 것으로 생각하게 되고, 다음 단계가 아닌 다음 국면의 작전(예를 들어 7~10시간 정도 이후의 작전이라면)은 장차작전에 속하지 않는 것입니다. 그래서 장차작전반은 효용성이 떨어지고 현행작전반에서 다음 국면의 작전까지 다 담당하게 되지요.

지금은 교리상의 장차작전의 개념이 변경되어서 예전과 같은 문제가 발생하지 않지만, '전술제대에서 어떻게 장차작전을 적용하는가?'에 대한 문제는 여전히 남아 있습니다. 교관은 이것에 대해 '장차작전을 적용한 전투지휘'를 해야 한다고 이야기합니다.

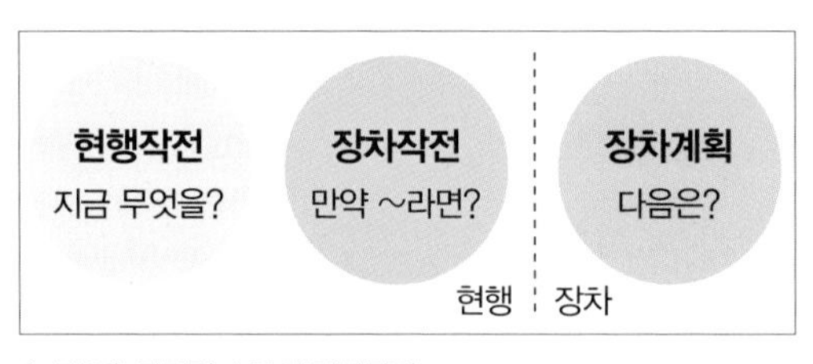

〈그림32〉 작전적 수준의 장차작전

전술제대 장차작전이 왜 문제가 되느냐? 그것은 작전적 수준의 장차작전 적용방법을 그대로 가지고 와서 적용하는 것이 어렵기 때문입니다. 장차작전과 현행작전의 우발계획 간의 경계가 모호해진다는 것이 문제이지요. 먼저 그것을 설명하겠습니다.

작전적 수준에서는 〈그림32〉와 같이 적용합니다. 현행작전과 장차작전을 현행작전반에서 처리하는 것이지요. 현재 작전단계의 장차작전이 있는데, 말은 장차작전이지만, 현행작전반의 장차작전 담당부서에서 그 일을 하는 것입니다. 그리고 장차계획은 기획을 담당하는 부서에서 처리하지요. 이런 모습이 작전적 수준에서 장차작전을 적용하는 모습입니다.

이것이 전술제대에서는 어때요? 저것을 그대로 가져와서 적용할 수 없지요? 전술제대에서는 '만약 ~라면?' 하는 것은 장차작전이 아니라 현행작전의 우발계획에 해당하는 것입니다. 그리고 장차계획이라는 것을 장차작전이라고 생각했던 것이었지요. 이 문제는 작전적 수준에서 관장하는 시간의 범위는 너무나도 넓고, 전술제대에서 관장하는 시간의 범위는 상대적으로 좁기 때문에 발생하는 것입니다. 작전적 수준에서 장차작전은 현행작전입니다. 반면에 전술제대에서 볼 때는 장차작전으로 볼 수도 있고, 현행작전의 우발계획으로 볼 수도 있는 것이지요.

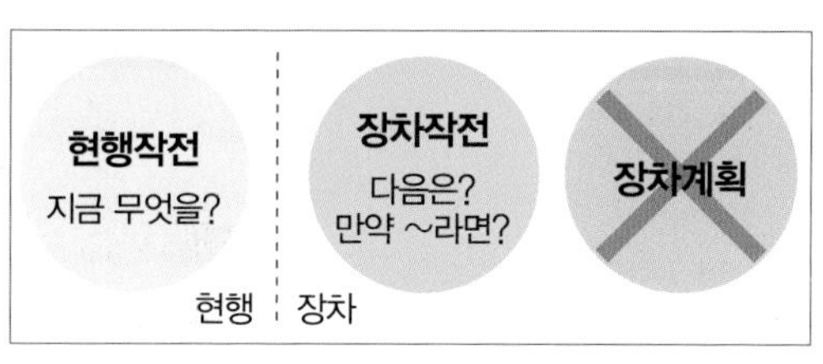

〈그림33〉 전술제대의 장차작전 적용

전술제대의 경우라면 장차작전과 현행작전을 다음과 같이 적용할 수 있습니다. 전술제대에서는 장차계획은 적용하지 않고, 현행작전과 장차작전을 〈그림33〉과 같이 나누는 것이지요. 여기서 문제가 되는 부분은 '만약 ~라면?' 하는 부분입니다. 이 부분을 현행작전에 포함해야 하겠습니까? 장차작전에 포함해야 하겠습니까? 이 부분에 대해서는 누구도 답을 할 수 없습니다. 교관 개인의 의견으로는 장차작전에 포함했으면 좋겠어요. 그러나 기본계획 외에 작성하는 우발계획이라고 해도 가능하지요. 여기까지가 현재 우리가 겪고 있는 문제입니다.

전술제대에서 계획 작성 시점을 기준으로 장차작전과 현행작전을 구분하는 것은 위에서 언급한 대로 문제가 있습니다. 이것에 대해 교관의 의견을 제시하고자 합니다. 계획이 어떻게 만들어 지느냐, INPUT과 OUTPUT을 가지고 구분하는 방법입니다.

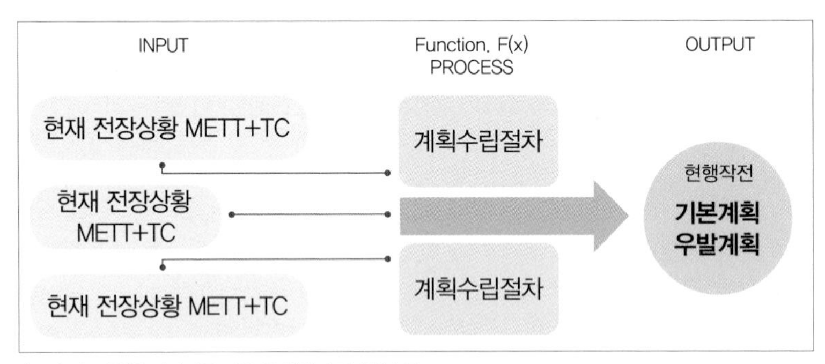

〈그림34〉 계획수립절차를 이용한 현행작전계획수립

먼저 기본계획과 우발계획의 차이를 설명하면 다음과 같습니다. 계획수립절차를 거치면서 2~3개의 계획을 발전시킵니다. 방책 분석을 하고 나면 조정 보완된 방책이 되지요. 조정 보완된 방책 중에 선택된 최선의 방책을 기초로 작성한 계획이 기본계획이고, 선택하지 않은 방책은 우발계획이 되는 것이지요. 그리고 우발계획은 전장정보분석에서 채택하지 않은 적 방책을 기초로 작성되거나 방책분석을 하면서 그 소요가 도출되어 작성합니다. 계획수립절차를 하나의 함수로 본다면 〈그림34〉와 같이 표현할 수 있습니다. 상황에 대한 재료를 넣으면 그 안에서 일정한 과정을 거친 다음에 기본계획과 우발계획이 나오는 것이지요. 현행작전에 대한 재료INPUT을 넣으면 현행작전에 대한 산물OUTPUT이 나옵니다.

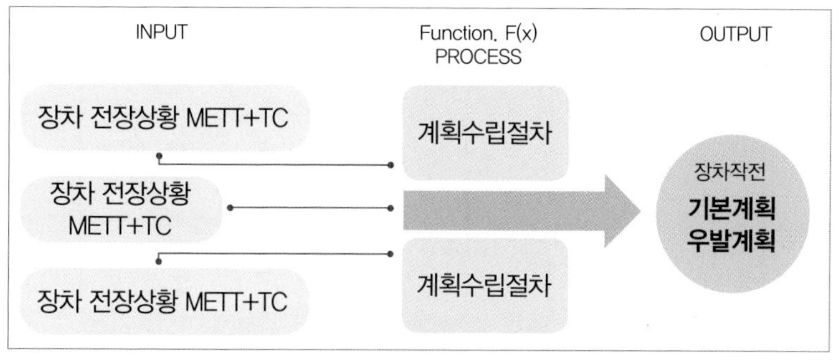

〈그림35〉 계획수립절차를 이용한 장차작전계획수립

장차작전 계획수립을 하는 것은 어떤 절차를 거칠까요? 당연히 계획수립절차를 거치겠지요. 무슨 계획수립절차요? 우리가 아는 계획수립절차입니다! 똑같아요! 장차작전 계획수립절차가 따로 있는 것이 아닙니다. 〈그림35〉와 같이 절차에 현재 전장상황이 아니라, 장차 전장상황을 넣어주면 어떻게 될까요? 그것이 바로 장차작전의 기본계획과 우발계획이 나오는 것입니다. INPUT재료만 다르지, 일어나는 변화는 똑같은 것입니다.

또한 이것이 계획수립절차가 아닐 수도 있지요. 바로 앞에서 계획수립과 작전실시의 관계에 대해 설명했지요? 작전실시간에는 장차작전에 대한 상황판단, 결심, 대응을 해서 대응개념과 대응방책을 만들어낼 수도 있는 것입니다. 지금까지 현행작전과 장차작전을 새로운 시각으로 구분해서 설명했습니다.

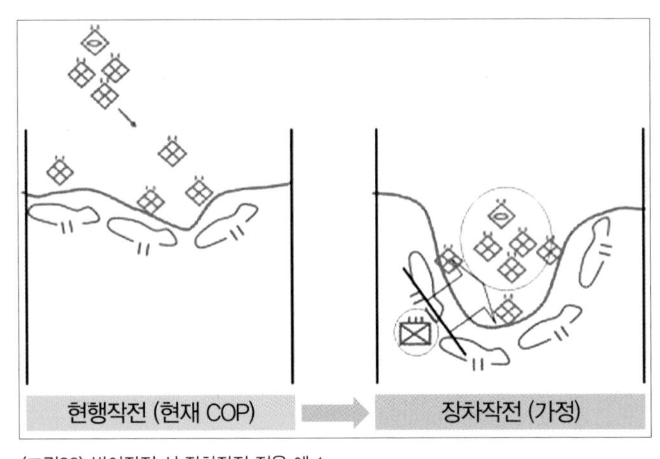

〈그림36〉 방어작전 시 장차작전 적용 예 1

이제 문제는 '장차작전의 재료가 되는 장차 전장상황을 어떻게 마련하느냐?' 입니다. 그것을 위해서는 현행작전 전장상황에서 장차작전 전장상황을 생각해 낼 수 있어야 합니다. 〈그림36〉에서 방어작전의 예를 들어보았습니다. 그림의 좌측은 현행작전이지요. 여기서는 돌파구가 형성되기 시작하는 단계에 있습니다. 방어를 하는 아군 부대들은 지속성을 유지하고 있어요. 그런데 저 위에 적 예비대가 돌파구를 이용해서 초월을 하려고 접근하고 있습니다. 현행작전은 현재의 모습에서 상황판단, 결심, 대응을 하고 있지요.

이러한 상황에서 장차작전을 적용하려면 돌파구가 훨씬 더 크게 확장되고, 적 예비대가 돌파구 안으로 들어와서 초월을 하려 하는 모습을 생각할 수 있는 것입니다. 그것을 장차 전장상황의 재료로 삼아서 역습에 대한 계획을 수립하거나 대응방책을 수립할 수 있는 것이지요.

그런데 꼭 역습이라는 보장 있습니까? 없습니다! 교관이 그렇게 예를 든 것이지, 역습만 있는 것이 아닙니다. 역습이 아니어도 앞선 시점에서 미리 조치를 할 수 있는 계획을 마련하는 것이 장차작전을 적용하는 목적이에요. 그렇게 해야 작전이 원활하게 진행될 수 있으니까요!

지휘관은 현행작전의 모습을 보고, 장차작전의 모습을 생각해야 합니다. 왜냐하면 지금 내가 보고 있는 상황도가 현재 전장상황을 나타낸 것이 아니기 때문입니다. 내 눈앞에 있는 상황도는 적게는 30분에서 1시간 이전, 길게는 수 시간 이전의 전장상황일 것입니다. 상황도 상에 적 부대가 어느 지역에 위치하고 있다고 할지라도, 현재 전장에 그 부대가 있을 것이라는 보장이 없는 것입니다.

그러한 상황도를 보고 내가 현재 상황으로 인식해서 조치를 하면 어떻겠습니까? 뒷북을 치는 지휘를 하는 것입니다! 판단해서 결심하고 명령을 작성하는 데 걸리는 시간도 있겠지요. 그리고 명령을 하달하여 전파하고 시행하는 데 또 수 시간이 필요하지요. 그렇게 뒷북치는 지휘를 하면 전투지휘가 잘 되겠습니까? 명령을 하달한 시점에 예하부대는 이미 그 상황이 아니에요! 상급부대 명령이 무용지물이 되지요.

그래서 장차작전을 적용한 전투지휘가 필요합니다. 현행작전에 어떤 국면이 진행되고 있으면 지휘관은 다음 국면을 생각해서 그것에 대한 지침을 하달해야 합니다. 그렇지 않으면 연대장, 사단장, 군단장이 모두 같은 국면에 집중하게 되는 것이지요. 제대별 노력의 통합이 되지 못하는 것입니다.

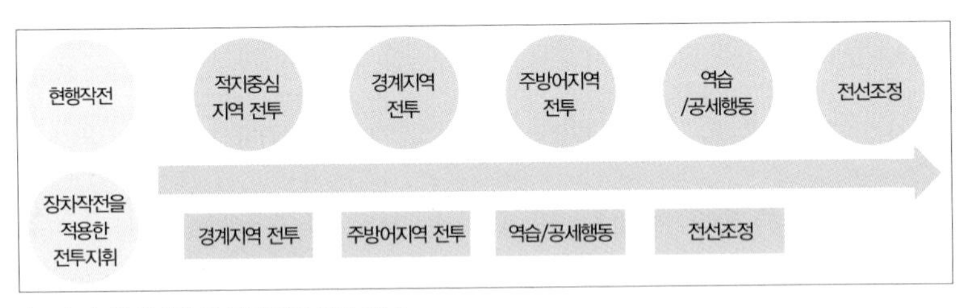

〈그림37〉 방어작전 시 장차작전 적용 예 2

방어작전 시 1제대 연대와 전투를 하고 있으면 상급부대에서는 2제대 연대가 진입했을 때의 상황을 준비해야 하고요, 그 위의 상급부대는 전술적 2제대가 유입되었을 때 상황을 준비해야 하는 것이지요. 그것을 〈그림37〉과 같이 계속 해 나아가야 해요. 한 개 국면 앞을 내다보면서 준비해야 한다는 것이지요.

공격작전 시 최초 진지 돌파를 하고 있으면 상급부대는 적 반돌격에 대응하는 준비를 해야 하고, 그 위의 상급부대는 적 반타격에 대응하는 준비를 해야 하지요. 이렇게 제대별로 내다보고 준비를 하는 범위가 달라야 하는 것입니다. 그래서 공격작전도 〈그림38〉과 같이 한 국면씩 미리 준비를 해야 합니다.

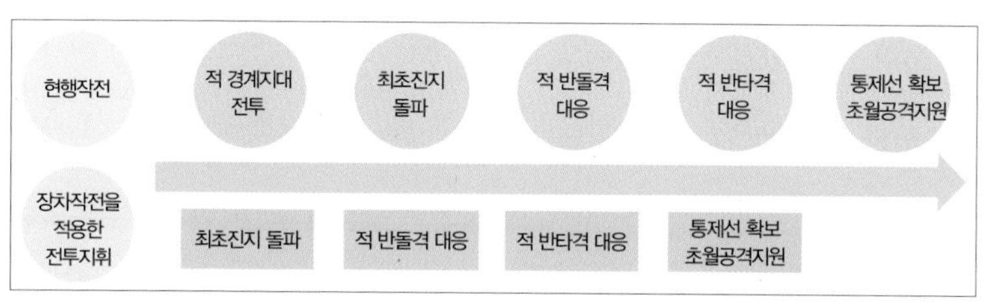

〈그림38〉 공격작전 시 장차작전 적용 예

어떤 시점의 장차작전계획을 준비할까요? 그것은 지휘관의 지침입니다. 장차작전에 대한 계획지침이지요. 장차작전 담당자는 지휘관에게 장차작전에 대한 계획지침을 받아야 합니다. 그것을 위해서 현재의 적과 아군상황을 면밀히 살피고, 약 수 시간 후 발생할 수 있는 상황을 상정해야 합니다. 그다음 지휘관과 의사소통을 통해 가장 필요하다고 생각하는 국면 – 가장 가능성이 높은 국면 중에서 준비소요가 가장 클 것 같은 국면 – 을 정해서 그 국면에 대한 장차작전 계획을 준비하는 것입니다. 이것을 하는데 제대별로 내다볼 수 있는 범위가 다르지요. 제대별 능력이 다르니까요.

다시 한번 정리하면, 장차작전계획에 대한 지휘관 지침을 받고, 그 시점에서의 적군과 아군의 상황을 상정(가정)한 다음, 그것을 바탕으로 계획수립절차를 적용하거나 상황판단, 결심, 대응을 통해서 장차작전을 준비해야 합니다. 이것은 장차작전을 담당한 사람들이 해야 할 부분입니다. 그리고는 지휘관은 작성한 계획을 확인하고 토의하면서 또 다른 계획에 대한 지침을 줍니다. 그래서 상급부대로 갈수록 장차작전을 적용한 전투지휘의 비율이 높아지는 것입니다.

그리고 지휘관은 현재 눈앞에 보이는 상황도를 현재 전장으로 인식하지 말고, 앞을 내다보고 전투지휘를 해야 합니다. 그렇게 해서 미리미리 다음 국면에 대한 계획을 준비하면 작전이 아주 효율적으로 진행되지요. 만약 장차작전 계획을 수립한 것이 현재 상황과 맞아떨어지지 않으면 어떻게 될까요? 그 계획은 우발계획이 되어 버리고, 현행작전을 하는 데 채택되지 않지요. 가급적 그렇게 되지 않고, 장차작전과 현행작전의 연계성이 높아져야 작전이 효율적으로 진행될 수 있는 것입니다.

공격작전준칙과 방어작전준칙

각 작전의 준칙은 아주 명확하게 교범에 잘 나와 있지요. 그런데 문제는 학생들이 교범에 나온 것을 일차적으로만 이해한다는 것입니다. 그렇게 이해를 해서는 준칙을 자유자재로 이용할 수가 없어요. 학생 입장에서라면 누구나 시험을 위해서 준칙을 외우는 데 전력했던 기억을 가지고 있을 것입니다.

각 작전준칙은 '작전을 어떻게 하느냐?'를 핵심적으로 나타낸 것입니다. 이것이 어디서부터 나온 것일까요? 이야기의 첫 부분에 교리는 우리가 처한 상황에 답을 주지 않는다는 것이 있었지요. 거기에 교리가 어디서 나왔는지를 다시 한번 보세요. 교리는 군사사상을 바탕으로 형성된 군사이론에서 우리가 행동화하는 데 필요한 지침을 만들어 권위 있는 기관에 의해 승인을 받은 것입니다.

육군 교리의 최고봉이 지상군 기본교리입니다. 예전에는 작전요무령이라고 부르기도 하고 명칭이 많이 바뀌어 왔지요. 거기에서 언급하는 것이 무엇이냐 하면요, 지상작전 수행개념입니다. 지상작전을 어떻게 수행하느냐는 말이지요. 그리고 구현중점이 나옵니다. 그 외에도 지상작전의 원칙도 나오고요. 이러한 것이 기초가 되어 공격작전준칙과 방어작전준칙이 나옵니다. 지상군 기본교리에서 제공되는 그러한 내용들이 공자와 방자의 입장에 따라서 각각 다르게 나타나는 것이지요. 그래서 공격작전준칙과 방어작전준칙은 따로 설명해서는 안 되고, 같이 설명해야 한다고 교관은 생각합니다.

각 준칙마다 수행방안이 여러 가지가 나오는데, 그것을 외우는 것은 중요하지 않습니다. 준칙의 본질을 정확하게 이해하는 것이 중요하지요. 그렇게 해야 전장 상황에 처해서 작전준칙대로 조치를 할 수 있으니까요. 각 준칙의 수행방안을 다 외워 두고 있다가 어떤 상황에 처하면 외운 것 중에 어떤 조치를 선택해서 전투를 수행하겠습니까? 절대 그런 일은 없습니다. 또한, 전투를 하면서 교범을 옆에 두고 보면서 전투를 수행하겠습니까? 좋은 방법이 아닙니다.

준칙을 꿰뚫어 이해하고 머릿속에 넣고 있어야 합니다. 그러한 상태에서 생각하는 대로 조치를 하는 것이지요. 그런 모습이 되기 위해서는 이렇게 하세요. 각 준칙을 접근하는 방법을 다음과 같이 해서 심도 있게 고민해야 합니다.

① 왜 이 준칙인가?

② 이 준칙의 의미가 무엇인가?

③ 그래서 무엇을 하라는 것인가?

이러한 접근방법을 사용해서 준칙을 요모조모 뜯어보고 생각을 깊게 하세요. 그러면 더 심도 있게 준칙을 이해하게 됩니다. 그렇게 되면 준칙이 신념화되어서 특별히 노력을 하지 않아도 준칙에 입각한 전투지휘를 하게 됩니다. 그리고 그것에 어긋난 것이 있으면 눈에 거슬리게 되지요. 군 생활을 어느 정도 한 사람은 자신도 모르는 사이에 그러한 능력이 이미 있습니다. 뭔가 이상한 부분이 있지만, 그것을 설명할 수 있는 논거는 부족하지요. 그런 상태라도 된다면 아주 괜찮다고 하겠습니다.

이번 이야기에서는 공격작전준칙과 방어작전준칙을 같이 엮어서 설명하겠습니다. 이런 관점이 필요한 이유는 그 두 가지가 다르지 않기 때문입니다. 앞에서 이야기한 지상작전 수행개념이나 구현중점, 지상작전의 원칙에 같은 뿌리를 두고 있어요. 그것이 공격작전준칙은 공자에게 유리하도록, 방어작전준칙은 방자에게 유리하도록 발전해 온 것입니다. 그러니 여러분들이 방어작전준칙을 공부할 때에도 그것 하나만 가지고 공부하는 것이 아니라 상대성을 유지한 상태에서, 공자의 생리와 특성을 잘 고려해서 연구를 해야 합니다. 교관이 군사평론에 '공격작전준칙 길라잡이'라는 글을 쓴 적이 있는데 같이 보면 도움이 됩니다. 그럼 이야기를 시작해보겠습니다.

공격작전준칙과 방어작전준칙에서 공통적으로 들어가 있는 것은 '전투력 집중'이 있습니다. 이 전투력 집중이라는 것이 공격과 방어에서 같을까요? 다를까요? 이것에 대한 생각을 물어보면 학생들 대부분 50:50으로 같다고 하거나 다르다고 하지요.

'전투력 집중'이라는 교리적인 정의는 같습니다. 그리고 나의 전투력은 집중하고 적의 전투력은 분산을 시키는 방법도 동일하지요. 그러나 공자와 방자의 입지가 다르기 때문에 나타나는 모습은 다릅니다.

공자는 어디에 집중을 하나요? 자기가 선택한 시간과 장소에 집중을 합니다. 방자는 어디에 집중을 합니까? 공자가 집중하는 곳에 집중을 하려고 하지요. 반면에 공자는 어디서 절약합니까? 자기가 선택하지 않은 시간과 장소에서 절약을 합니다. 방자는요? 공자의 위협이 적을 것으로 판단하는 곳에서 절약하지요. 또는 지형의 이점을 얻을 수 있는 곳에서 절약합니다. 공자와 방자의 차이가 대표적으로 나타나는 부분입니다.

공자는 자기가 선택한 시간과 장소에 집중한다고 했지요! 거기가 무엇입니까? 적의 약점이에요! 그러니까 집중을 하려면 어떻게 해야 해요? 약점을 찾아야 합니다. 그래서 적의 강·약점

탐지가 필요한 것이지요! 적의 강·약점 탐지를 해서 무엇을 하려고요? 약점에 집중을 하려고 하는 것이지요. 그럼 무엇을 하려고요? 전투력의 상대적 우세를 달성하지요. 그래서 무엇을 하려고요? 주도권을 확보하지요. 그래서 무엇을 하려고요? 상황을 나에게 유리하게 만들고 내가 원하는 방향으로 작전을 해서 최종상태와 작전목적 달성이 용이하게 됩니다!

방자는 공자가 집중하는 곳에 집중한다고 했지요. 그것을 어떻게 알아요? 잘 살펴봐야지요. 공격하는 시간과 장소를 선택하는 것은 공자가 가진 이점이니까요. 그래서 전장을 잘 살펴봐서 무얼 하느냐는 말이에요? 적기도 조기파악을 하는 것입니다. 전에는 이것을 '전장 감시'라고 했었어요. 그런데 전장을 감시하라니까 전장을 감시만 하면 되는 거냐고 하더라는 겁니다. 전장을 감시만 하는 것이 중요한 것이 아니라, 적이 어디로 집중을 하는지 보라는 것이었지요. 그래서 '적기도 조기파악'이라는 용어로 변경했지요. 전투력 집중을 설명하면서 '적기도 조기파악'과 '적 강·약점 탐지'까지 설명했습니다.

공격작전준칙에는 기습달성이 있습니다. 기습. 이것은 방자가 예상하지 못한 행동을 하라는 것입니다. 시간이나, 장소, 방법, 수단 등, 어떤 차원에서라도 방자의 예상을 뛰어넘는 행동을 하라는 것입니다. 그러면 어떻게 되겠어요? 방자가 효과적으로 대응하는 것이 어려워지겠지요. 공자의 본연의 특성을 이용한 측면의 준칙입니다. 방어준칙에 이것과 비슷한 측면의 준칙이 있습니다. 무엇일까요? 바로 '방어의 이점 최대 이용'입니다. 공자의 이점도 있지만, 분명히 방자의 이점도 있지요. 방자는 방어력 발휘가 용이한 지형을 자신이 선택해서 충분한 시간을 가지고 진지를 준비하고 방어 강도를 보강할 수 있습니다. 그리고 수많은 준비를 통해 전투력도 잘 발휘되도록 하고, 진지 안에 있으니 생존성도 보장하기 쉽지요. 그러한 이점을 최대한 이용하라는 것이지요. 공자는 공자의 이점을, 방자는 방자의 이점을 최대한 이용하려 하는 것이 자연스러운 현상 아니겠어요?

공격작전준칙에 '적 방어체계 균형 와해'가 있습니다. 참 이해하기 어려운 준칙이지요. 왜 이해하기 어려울까요? 공격전술 교리 부분에 나와 있는 것만을 가지고 이해하려고 하니까 어렵지요. 방어에는 이것과 연관시킬 수 있는 것이 무엇이 있습니까? '방어수단의 통합 및 협조'입니다. 방자에게는 '통합'이 중요합니다. 다음 이야기에 통합은 별도로 설명할 겁니다. 쉽게 이야기하면 한 방향으로 수렴시키는 것이지요. 방자는 여러 가지 수단을 잘 통합시켜야 합니다. 왜 그럴까요?

공자와 방자의 발생을 생각해 봅시다. 처음에는 둘 다 공격을 하고 있었을 수도 있지요. 그러나 한 번 부딪혀 전투를 하고 난 이후에는 계속 공세를 유지할 수 있는 쪽은 공격을 하겠지만, 그렇지 못한 쪽은 방어를 할 것입니다. 그러다 보니, 방자는 통상 열세한 전투력으로 공자와 상대하게 되지요.

게다가 공자는 자신이 가진 이점을 이용해서 방자의 약점을 탐지하고 시간과 장소를 선택해서 집중하면서 공격해 와요. 이것을 전투력이 열세한 방자가 어떻게 막을 수 있을까요? 방자는 모든 요소들을 최대한 통합시켜야 합니다. 왜요? 하나의 수단, 하나의 기능만 가지고는 공자의 그 거센 공격을 막을 수가 없잖아요!! 그러니까 통합을 해서, 전투력 승수효과를 발휘해서 공자가 집중하는 것에 모든 수단을 다 통합해서 대응해야 하는 것이지요! 그래서 방어수단의 통합 및 협조가 중요한 것입니다!

공자는요? 방자에게 그토록 절실한 그 통합! 그 통합을 못하게 하라!!! 그 말이에요! '적 방어체계 균형 와해'라는 것이 말이지요. 그러려면 어떻게 해야 하겠습니까? 먼저 방자가 어떤 식으로 통합을 하려는지, 방자의 생리를 잘 알아야 해요! 그리고 그것을 하지 못하게 하는 것입니다. 그러한 조치사항들이 수행방안에 나와 있는데, 어떤 사람들은 '적 방어체계 균형 와해'라는 본질적인 의미는 모르고 단편적으로 그 조치사항만 외우고 있다는 말이에요! 얼마나 안타까운 일입니까?

'종심 깊은'이라는 용어가 공격작전준칙에서는 '종심 깊은 적 후방 공격'으로 사용하고, 방어작전준칙에서는 '종심 깊은 전투력 운용'으로 사용합니다. 뭔가 있는 것 같지 않습니까? 당연히 뭔가 있지요.

부대는 전투부대, 전투지원부대, 전투근무지원 부대가 있습니다. 전투부대는 실제로 전투를 하는 부대이지요. 방자의 방어진지를 보면 최초 진지에 전투부대가 매우 조밀하게 배치되어 강도가 높습니다. 그 뒤에는 무엇이 있나요? 전투부대를 직접적으로 도와주는 전투지원부대가 있지요. 그 뒤에는 전투부대와 전투지원부대의 지속력을 공급해주는 전투근무지원부대가 있습니다.

공자의 '종심 깊은 적 후방 공격'은 왜 하는 것인가요? 방자의 방어지속성을 파괴하라는 의미입니다. 그럼 방자의 '종심 깊은 전투력 운용'은요? 방어의 지속성을 유지하라는 것으로 해석할 수 있지요. 왜 그럴까요?

공자는 방자의 방어지속성을 파괴해야 하지요. 방어지속성, 방어작전을 지속할 수 있는 능력이에요. 이것을 파괴하는 방법은 무엇이 있을까요? 가장 일차적인 것은 방자의 전투부대를 파괴하는 것입니다. 그러면 어떻게 되겠어요? 당장 방자가 방어를 하지 못하니까 지속성이 파괴되지요.

그런데 문제가 있습니다. 방자의 전투부대는 파괴하기가 어려워요. 쉽게 파괴되지도 않고, 그것을 위한 공자의 전투력 소모도 많습니다. 공자가 방자의 최초 진지를 돌파하면 방자의 전투지원부대를 만납니다. 전투지원부대는 공자의 전투부대에 취약하지요. 방자의 전투지원부대를 파괴하기는 쉽습니다. 그러나 전투지원부대가 파괴되면서도 방자의 지속성이 확실하게 파괴되지는 않아요.

공자가 더 종심으로 가면요? 방자의 전투근무지원부대를 만나지요. 방자의 전투근무지원부대는 공자의 전투부대에게 아주 취약합니다. 그래서 공자는 종횡무진 좌충우돌 마음껏 속도를 발휘할 수 있지요. 그리고 거기서 나타나는 효과는 당장 나타나지는 않지만 수 시간, 수 일 후에는 확실한 효과가 나타납니다. 방자의 전투부대와 전투지원부대가 식량도 없고, 탄약, 유류가 없는 상태가 되는 것이지요. 방자의 지속성은 확실하게 파괴됩니다.

방자의 방어지속성을 파괴하는 효율적인 방법을 구현하기 위해서 공자는 '종심 깊은 적 후방 공격'을 해야 합니다. 그래서 가장 강도가 높은 방자의 최초 진지를 돌파하고 더더욱 깊은 종심으로, 종심으로 뚫고 들어가려 하는 것이지요.

방자는요? 공자의 전투부대가 자신의 전투지원부대나 전투근무지원부대를 건드리면 어떻게 된다는 것을 잘 알고 있습니다. 그러니까 공자가 돌파를 하고 들어와도 거기에 또 전투부대가 있고, 더 들어와도 또 전투부대가 있게 해야 하는 것입니다. 그러니까 '종심 깊은 전투력 운용'을 해야 하지요!

그런데 여기에는 한 가지 더 이야기해야 할 부분이 있습니다. 종심은 나의 종심이 아니라, 적지종심까지도 포함된다는 것입니다. 적지종심지역에서부터 지속적으로 적을 타격하는 것이 중요하다는 것이지요. 이것은 전쟁의 변천 역사로부터 그 기원을 찾을 수 있습니다.

1·2차 세계대전을 거치면서 후티어Oskar von Hutier의 돌파전술과 꾸로Henri Joseph Gouraud의 종심방어전술이 사용되었지요. 그것이 현대 전술의 근간을 마련했습니다.

舊 소련에서는 투하체프스키Mikhail Tukhachevsky의 종심전투이론이 발전하여 핵무기의 발전과 더불어 OMGOperational Maneuver Group, 작전기동단 전법, 대담한 돌진 전법이라고도 불리는 것으로 발전했습니다. 적 핵무기 타격 거리 밖에 배치했던 부대를 돌파구 형성 즉시 투입하는 전술이지요.

1973년에는 4차 중동전쟁인 욤키푸르 전쟁이 일어났지요. 초기에 기습을 당했던 이스라엘이 전세를 역전하여 역도하를 했습니다. 당시 미국 육군 교육사령관이었던 스태리Donn A. Starry가 이것을 면밀히 관찰합니다.

스태리가 찾아낸 것은 ① 주도권이 중요하다는 것과 ② OMG를 막을 수 있는 방법은 적지종심에서부터 이것을 찾아서 지속적으로 타격을 한다는 것이었지요. 그리고 그것을 '공지전투Air Land Battle'라고 명명합니다. 종심감시-종심통제-종심타격을 할 수 있는 체계를 갖추는 것이 공지전투의 핵심이지요. 1991년 걸

프전까지 이러한 교리에 따라 전투를 수행하였습니다. 이후로도 적지종심지역에서 적의 핵심표적을 타격하는 것은 매우 중요하게 인식되고 있지요.

공자가 '공격기세유지'를 하라는 것은 무엇을 하라는 것입니까? 방자가 조직적인 대응을 하지 못하도록 하라는 것입니다. 그러면 방자가 어떻게 조직적인 대응을 하는지 알아야 하겠지요? 그것은 바로 조직적인 철수와 재편성을 하는 것이지요. 방자가 조직적으로 철수해서 다시 방어선을 편성하도록 두어서는 안 된다는 것입니다. 더 빨리 쫓아가서 방어선을 편성하기 전에 또 공격을 하라는 말이에요.

방자가 '적극적인 공세행동'을 하라는 것은 무엇이에요? 여러 가지 의미를 내포하고 있습니다.

① 수세 일변도로 하지 마라.
② 유휴화되는 전투력을 잘 활용하라.

공자가 공격작전준칙대로 공격작전을 잘 해 온다면 방자는 자칫 주도권을 빼앗긴 채로 제대로 대응을 하지 못하고 계속 패주할 수가 있지요. 그런 상황이 되면 공자는 작전을 성공하는 것이고, 방자는 작전을 실패하게 되니까요. 그래서 수세 일변도로 해서는 방어작전을 성공적으로 할 수 없습니다.

이런 측면에서 볼 수도 있어요. 모든 작전은 정적인 전투력과 동적인 전투력의 조합으로 이루어지지요. 방어작전에서 정적인 전투력은 진지에 편성한 부대를 의미하고요, 동적인 전투력은 기동력을 가지고 타격을 할 수 있는 전투력을 말합니다. 이러한 동적인 전투력을 잘 활용해야 한다는 의미로 볼 수도 있습니다. 그렇게 된다면 수세 일변도로 되지는 않겠지요.

방어작전에서는 전투력이 유휴화될 가능성이 큽니다. 왜 그러겠습니까? 공자는 자신이 선택한 시간과 장소에 집중을 하기 때문이지요. 방자의 전투력은 어디서 유휴화됩니까? 공자가 선택하지 않은 시간과 장소에서 유휴화됩니다. 방자는 유휴화되는 전투력을 잘 활용할 수 있는 조치를 해야 합니다.

그런데 딜레마가 하나 있습니다. 아까 이야기한 '정적인 전투력'이 갑자기 '동적인 전투력'이 될 수 없다는 것입니다. '정적인 전투력'은 진지에 들어가 있는 전투력입니다. 이 전투력은 방어의 이점을 극대화시키는 방향으로 준비를 해 왔지요. 엄청난 시간과 노력을 투자해서 진지를 파고, 장애물을 설치하고, 예행연습을 했을 것입니다. 그런데 그런 준비를 해 놓은 진지를 나오면 어떻게 됩니까? 방어의 이점을 다 버리는 것이에요! 교관이 마치 '껍질 벗고 나온 달팽이' 같다고 했지요!

'정적인 전투력'이 갑자기 '동적인 전투력'이 되는 것이 아니에요. 충분한 시간과 준비가 필요합니다. 그래도 어쩔 수 없을 때에는 '동적인 전투력'으로 운용을 해서 유휴화되는 전투력을 활용해야 하겠지요. 그냥 유휴화 되도록 둘 것이냐, '동적인 전투력'으로 활용할 것이냐, 그것이 참으로 결정하기 어려운 부분입니다. 가장 좋은 것은 그러한 사태를 잘 예측해서 미리 그러한 준비까지 해 놓는 것이겠지요

방어작전의 융통성은 방어작전 계획수립에서 언급한 것이 있으니 같이 보시기 바랍니다. 지금까지 공격작전준칙과 방어작전준칙을 같이 엮어서 설명했습니다. 이러한 관점은 교관의 관점이지요. 교관도 어디서 이런 이야기 들어본 적 없습니다. 이것을 가지고 맞다 틀리다 하는 의견도 있을 수 있겠지만 이런 시각이 필요하다는 것은 확실하게 이야기할 수 있습니다.

여러분들도 공격작전준칙과 방어작전준칙을 완전히 꿰뚫어서 어떤 기준에 맞춰 자신의 견해를 이야기할 수 있을 정도로 되어야 합니다. 왜냐고요? 그래야 그 준칙을 잘 활용해서 작전을 잘 할 수 있고 全勝(전승)을 보장할 수 있을 것 아닙니까? 그런 사람이 되고 싶다면 교관이 이야기한 방향으로 이것을 잘 고민해 보기 바랍니다.

통합이 무엇인가요?

통합이 무엇이냐고 물어보면 다들 교리적 정의를 가지고 답변을 하려고 합니다. 통합이라…. 쉽게 말하면 하나로 합치는 것이지요. '전투력 승수효과를 달성하기 위해서…' 하고 교리적 정의를 가지고 이야기하는 사람들에게 그래서 그것이 뭐냐고 교관은 또 물어봅니다. 처음에는 갸우뚱하지요. 교리적 정의를 정확하게 답변했는데도 그것을 또 물어보니까요.

그럼 교관이 질문을 바꿔서 물어봅니다. 당신은 지금까지 살면서 어떤 통합을 해 보았습니까? 통합의 실질적인 행위가 뭐에요? 그러면 황당하다는 표정으로 교관을 쳐다보고 있지요. 군생활 적어도 10년인데 통합 한 번 안 해 보았겠습니까? 그런데 뭘 그렇게 황당한 표정으로 쳐다보느냐는 말이지요.

거기다가 또 문제를 더 얹습니다. 어떤 상태가 되어야 통합이 되었다고 할 수 있습니까? 산 넘어 산이지요. 간단한 단어인 줄 알았던 통합이라는 것이 몇 가지 질문에 이렇게 무력화될 줄이야.

통합이라는 것이 매우 중요합니다. 공격작전준칙을 설명할 때도 언급이 되지만, 작전 전반에 걸쳐서 매우 중요한 것이 이 통합이라는 것입니다. 그래서 별도로 이야기를 하는 것이지요.

교관이 가르쳐 본 바에 의하면 통합에 대해 교리적 정의를 설명하는 것보다 실질적인 것을 설명하는 것이 더 이해하기 좋습니다. 그래서 교관의 개인 경험을 바탕으로 이야기하지요.

앞에서 제시한 두 번째 질문에 대한 대답을 먼저 하자면 이렇습니다. 통합은 다음의 세 가지 상태를 충족해야 통합이라고 할 수 있습니다. 이것은 교관이 GOP 대대 작전과장을 할 때, 23개의 작전요소를 통합하는 훈련을 매월 하면서 경험적으로 터득한 요소들입니다.

1. 작전을 어떤 목적으로 하는 것인 줄 알고 각 작전요소가 국면별로 자기의 역할을 다 알아야 합니다.
2. 작전을 수행하는 데 있어 해야 할 일, 과업을 중복하거나 누락하지 않아야 하고 또한 작전요소 중에 과업이 없는 유휴전투력이 생겨서는 안 됩니다.
3. 실시간 지휘통신을 유지하여 변화하는 피·아 상황에 대해서 각 작전요소들이 모두 다 인지를 해야 합니다.

이러한 것을 충족해야 각 작전요소의 힘이 한 곳으로 형성되는 것입니다. 지휘관이 "동쪽!"이라고 방향을 가리키면 동쪽으로 전투력이 쫙 수렴되는 것이고, 지휘관이 "서쪽!"이라고 가리키면 서쪽에 쫙 집중되어야 합니다. 그래서 작전요소들이 한눈팔지 않고 집중을 잘 하면 수렴되는 힘도 강해지는 것이고요, 지휘관이 동쪽이라고 했는데 한눈팔고 있다가 서쪽으로 힘을 쓰는 작전요소들이 있으면 그만큼 수렴되는 힘이 약해지는 것이지요.

그래서 통합을 위해서는 구심점이 가장 중요합니다. 어디로 집중할지, 그 지향점을 먼저 제시를 해 주어야 하잖아요? 그것이 무엇이겠습니까? 그렇죠! 결정적지점이에요. 결정적지점은 구상이고, 그것을 표현한 것은 지휘관의도가 되는 것입니다. 『손자병법』 문구까지 해서 앞에서 설명했지요?

그러니 통합을 위한 행위가 무엇이겠어요? 지휘관이 명확한 지침을 하달하는 것, 그 국면에 가장 중요한 것이 무엇인지 설명해 주는 것이 통합을 위한 구심점을 만들어주는 것이에요. 그것을 위주로 해서 전투력을 세팅하는 것, 시간, 공간, 전투력, 과업을 세팅해서 명령을 하달하는 것, 현재 전장상황이 이렇게 변화하니 앞으로 어떻게 대응해 가야 한다는 전투협조회의, 단편명령을 하달하는 것, 각 작전요소들의 능력과 제한사항을 알아보는 것, 작전국면을 설명해주고 각 국면에서 작전요소들이 해야 할 과업을 주는 것 등, 모든 것이 다 통합을 위한 행위의 일환이에요.

통합을 전시에만 합니까? 평시에도 하지요. 주간회의 하면서 부대 운영 중점을 하달하고 과업을 하달하는 것, 지휘관의 지시 사항을 전파하는 것, 우리가 해 왔던 모든 것이 다 통합을 위한 행위에요.

지금까지 다 그렇게 해 오고 나서 통합이 뭐냐고 하면 교리적 정의나 이야기하고, 서두에 언급한 질문하면 눈이 동그래져서 갸우뚱하고 있는 것이, '도대체 이게 무슨 꼴인가?' 하는 생각을 교관은 합니다.

통합은 멀리 있는 것이 아닙니다. 여러분은 오늘도 통합을 했을지도 모릅니다. 교리적 정의에 얽매여서 통합이라는 것이 멀리 있다고 생각하지 말기 바랍니다. 이러한 통합이 생활 속에서 이루어지는 것처럼, 우리가 전투를 할 때 항상 통합을 달성해야 합니다. 평시부터 통합이라는 것에 대한 개념을 확고하게 정립하고 있는 사람이 전시에 전투를 할 때에도 그렇게 할 수 있겠지요.

지휘관의 결심은 어떤 것들이 있는가?

지휘관이 어떤 것을 결심해야 하는지 교리적으로 제시된 것은 없습니다. 하나의 작전에서 지휘관이 몇 번을 결심해야 하는지도 제시된 것은 없지요. 교리적인 수준에서 지휘관이 결심을 잘 해야 한다는 이야기는 할 수 있습니다. 그것뿐이지요. 어떻게, 무엇을 결심하는지는 스스로 판단해야 할 몫입니다.

일부 사람들은 통합 화력을 운용하는 것이 결심이라고 생각할 수도 있겠지요. 통합 화력을 논의할 때 항상 결심지점에 대한 고민을 하게 되니까요. 교관이 보기에는 그 정도 수준이 지휘관이 결심해야 할 수준이라고 생각하지는 않습니다. 물론 지휘관이 할 수도 있겠지요. 그러나 모든 것을 지휘관이 해야 하는 것은 아닙니다.

우선 지휘관의 결심이 중요하다는 점을 강조하는 다음의 글을 한번 보세요.

> 우리가 전장에서 해야 할 일들 중에 가장 어려운 순간은 결심을 해야 하는 순간을 식별하는 것이다. 정보는 점차적으로 획득된다. 지금 결심을 해야 하는 것일까? 아니면 좀 더 기다려야 하는 것일까? 통상적으로 결심 자체를 수립하는 것보다 결심하는 시기를 정하는 것이 더 난해하다.
>
> — 아돌프 폰 셀, 『전투 리더십(Battle Leadership)』

지휘관이 무엇을, 언제 결심해야 하는지 결정하는 것이 훨씬 더 중요한 일입니다. 교관이 BCTP 훈련을 통해 본 바, 이것을 간과한 채 결심조건표만 심도 있게 작성해서 보고하는 모습을 자주 보았습니다. 결심조건표만 잘 보고해서는 모든 것을 충족시켜주지 않습니다. 왜냐면 지휘관이 결심해야 할 사항과 결심 시점을 제대로 선정하였는지에 대한 논의가 되지 않거든요. 그것을 보완하기 위해서는 먼저 결심보조도를 놓고 보고를 해야 합니다. 먼저 '어떤 결심을 언제 하는 것이 적절한가?'에 대해 논의하는 것이지요. 이것을 외면하고 결심조건에 대해서만 논하는 것은 건전한 지휘관의 결심을 보좌하지 못하는 것입니다.

일반적으로 하나의 작전에서 지휘관이 직면하는 결심은 세 가지라고 교관은 생각합니다.

첫 번째는 '수립한 계획을 시행할 것인가?'입니다.

최초에 계획을 수립할 때에는 제한된 첩보와 정보를 바탕으로 계획을 수립합니다. 그 상태에서 작전구상도 하지요. 그러다 보니 계획수립에 어려움이 많습니다. 그래서 사용하는 것이 무엇입니까? 가정이지요. 계획수립의 전제를 만들어주는 것입니다. 가정이 없다면 계획수립의 범위가 너무 넓어지고 효율적으로 업무를 진행하기 어렵지요. 그래서 가정을 이용해서 사실이 아닌 것을 사실로 간주하고 일단 계획수립을 진행합니다. 그러한 가정은 지속적으로 평가하여 사실 여부를 확인해야 하고요, 가정이 사실이 아니라고 판단되면 그 계획은 쓸모없게 될 수도 있습니다. 그러니 가정에 대해서 사실 여부를 잘 확인해야 합니다. 또한 시간 사용 계획대로 작전계획을 수립해서 하달한 뒤 작전준비를 하는 시간에는 계획을 보완하고 예행연습을 하지요. 새로운 첩보와 정보가 지속적으로 제공될수록 지휘관은 계획을 그대로 시행할지, 다시 계획을 수립해야 할지 고민합니다.

이러한 첫 번째 결심을 위해 필요한 것이 무엇입니까? 지휘관 중요정보요구이지요. 결심을 위해서 지휘관이 요구하는 것입니다. 계획지침에 나오는 것이 바로 이러한 결심을 위해서 필요한 것들이지요. 가정의 사실 여부를 밝히기 위한 것이 중점이 되어야 합니다.

작전준비를 하면서 계획도 보완할 수 있습니다. 가능하지요. 그러나 어떤 수준으로 보완할까요? 급히 작성하느라 다소 미흡했던 부록 수준이 될 것입니다. 만약 기본문에 지휘관의도 수준으로 변경을 하면 어떻게 될까요? 거의 새로운 계획을 수립하는 수준이지요? 만약 그런 일이 발생한다면 지금까지 최초 계획을 수립하면서 사용했던 시간은 무용지물이 되고 다시 원점으로 돌아가게 됩니다. 아주 비효율적이지요. 꼭 필요한 경우가 아니라면 그렇게 하는 것은 바람직하지 않습니다.

두 번째 결심은 내가 판단한 것과 적의 배치가 다를 때, '우발계획을 시행할 것인가?'입니다.

이것을 결심사항으로 인식하는 경우조차도 별로 없습니다. 필요하면 검토하고 시행하겠지만, 필요하지 않으면 언급조차 하지 않고 넘어가니까요. 그러나 미리 인식하고 결심에 대해 준비하면 아주 원활하게 결심을 할 수 있습니다.

최초에 계획수립을 한 것은 내가 판단한 적 상황을 기초로 한 것입니다. 그러나 실제로 적이 행동하는 것은 내가 판단한 대로 하는 것은 아니지요. 그것을 면밀히 잘 분석해야 합니다. 다행히 내가 판단한 것과 같다면 최초 계획을 그대로 시행하는 것이고요, 그렇지 않다면 수립해 두었던 우발계획을 시행할지 결심해야 하는 것이지요. 그러기 위해서는 이에 대한 우발계획도 미리 작성되어 있어야 하고, 결심을 위한 준비도 되어 있어야 합니다. 그러한 준비가 되어 있지 않다면 매우 당황스럽겠지요. 효율적인 전투수행을 기대하기 어렵습니다.

세 번째 결심은 '나의 예비를 투입해서 다음 단계 작전으로 전환할 것인가?'입니다.

1단계 작전을 수행한 부대장으로부터 제반 사항을 보고받고 지휘관은 고민을 하게 되지요. 1단계 작전을 수행한 부대장은 자신이 구상했던 최종상태를 기준으로 상급 지휘관에게 보고를 합니다. 그 보고를 받은 지휘관은 1단계 작전에 대한 종결과 동시에 '예비를 투입할 것인가?'와 더불어 '2단계 작전을 어떻게 할 것인가?'에 대한 세부 계획을 고민하지요. 왜냐하면 예비를 투입하는 작전은 통상 결정적작전이 되고, 결정적작전의 성공 가능성을 높이기 위해서 제반 여건이 잘 조성되었는지 면밀히 살펴보아야 하니까요.

지휘관이 그것을 결심하면 당시 작전에서 가장 중요한 결심을 하게 되는 것입니다. 예비대를 투입하는 것은 대부분 모든 작전의 성패를 결정하는 일이 되거든요. 물론 예비대가 충분히 있는 상황이라면 반드시 그런 것은 아닙니다.

결심에 대해 일반적으로 지휘관이 직면하는 세 가지 사항을 이야기했습니다. 다음에 이야기할 것은 '결심의 수준'입니다. 교관이 이런 비유를 해 보겠습니다. 점심식사로 짜장면을 먹을지 짬뽕을 먹을지 결심하는 것을 결심이라고 할 수 있나요? 어떤 사람은 그렇다고 하고, 어떤 사람은 아니라고 할 수 있겠지요. 결심, 결정 비슷하게 사용하는 우리말입니다.

그러나 군사용어로 사용하는 지휘관의 결심은 혼자 하는 결정 수준은 아닙니다. 우리가 국어로 사용하는 의미와 조금 차이가 있지요. 지휘관의 결심은 지휘관 혼자 고민해서 하는 것이 아닙니다. 조직적이고 체계적인 참모활동을 통해서 보좌를 받아 결정하는 것이 지휘관의 결심입니다. 이러한 결심을 위해서 미리 어떤 것을 언제 결심해야 하는지 검토하고 지휘관 중요정보요구를 하달해서 참모활동을 통해 그것에 대한 정보를 확인하는 것입니다. 우리가 말을 하다 보면 단편적인 보고서에 대한 결재를 받는 것도 지휘관의 결심을 득했다고 볼 수도 있습니다. 그러나 그렇게 해석하다 보면 지휘관이 해야 하는 결심의 범위와 수준, 횟수 등에서 혼란이 많이 생길 겁니다.

지휘관이 전장의 모든 결심을 혼자서 다 하는 것은 아닙니다. 지휘관도 휴식을 해야 하지요. 어떤 결심은 참모장이나 참모에게 위임할 수도 있습니다. 지휘관이 모든 수준의 결심을 다 해야 한다면 어떤 문제가 발생할까요? 지휘관이 작전기간 내내 잠시도 자리를 비울 수 없겠지요. 그러나 그러한 일은 가능하지 않습니다. 어쩔 수 없이 휴식을 해야 합니다. 전투휴식도 전투를 지속할 수 있는 중요한 방법이기 때문에 간과할 수 없습니다. 만약 지휘관이 전투휴식을 하고 있을 때, 결심해야 할 상황이 발생했다면 어떻게 할까요? 참 고민되겠지요.

어떤 결심사항에 대해서는 참모장이나 참모가 해야 합니다. 정말 중요한 사항이라고 하면 지휘관을 깨워서라도 결심하도록 해야겠지요. 그러한 것을 잘 하기 위해서는 평시부터 그 지휘관과 생각을 공유하는 것이 필요합니다. 평시 훈련부터 지휘관 결심에 대한 충분한 논의를 통해 준비를 해야 하지요. 지휘관의 결심이 잘 진행된다면 일단 작전도 매우 효율적으로 진행된다고 할 수 있습니다.

21 지휘통제체계를 어떻게 해야 효율적으로 구성할 수 있는가?

지휘관이 전투지휘를 잘 할 수 있도록 보좌해주는 것이 지휘통제체계입니다. 이 지휘통제체계를 지휘관의 입맛에 맞게 잘 구성해야 지휘관이 전투를 지휘하는 데 불필요한 노력의 낭비 없이 잘 할 수 있지요. 지휘통제체계를 구성하는 것은 '지휘소 내에서 꼭 필요한 정보를 어떻게 잘 유통시킬 것이냐?' 하는 것이 중점입니다.

이 내용은 교관이 수십 차례에 걸친 BCTP훈련을 보면서 터득한 내용이지만, 전투를 준비하면서도 동일한 내용을 적용할 수 있다고 생각합니다. 지휘통제체계를 이렇게 구성해야 효율적으로 할 수 있습니다. 논리적인 판단 순서를 표현하면 다음과 같습니다.

1. 지휘관의 전투지휘를 위한 정보나 첩보가 무엇인지 소요를 판단
2. 정보나 첩보를 제공해 줄 수 있는 방법과 수단이 무엇인지 판단
3. 지휘관에게 제공해 줄 정보나 첩보를 수단에 따라 분류하고 주기를 설정
4. 각 정보나 첩보를 제공하는 담당자를 지정하고 담당자의 보고 양식과 문구를 확인

1) 지휘관의 전투지휘를 위한 정보나 첩보가 무엇인지 소요를 판단

전장에는 수만 가지, 수 억 가지의 단편적인 정보 및 첩보들이 있습니다. 사회 현상과도 같지요. 서울과 같은 대도시에서 일어나는 단편적인 일들을 우리가 다 알 수 있겠습니까? 전장도 마찬가지입니다. 문제는 전장에 그렇게 많은 정보 및 첩보들이 있는데 '지휘관은 어떤 것을 보고 전투지휘를 하는가?'라는 것이지요.

지휘관은 스스로 이것과 관련한 지침을 줄 수 있어야 합니다. '내가 전투지휘를 하는데 꼭 필요한 사항은 이런 것들이야!'라는 것이지요. 그것이 익숙하지 않다면 참모들이 우선적으로 제공을 하고, 여러 차례 보완하는 과정을 거쳐서 소요를 최적화 시켜야 합니다.

이것이 제대로 되지 않으면 참모들이 열심히 구성한 지휘통제 체계를 적용한다고 해도 '누가 이렇게 하래?'라고 하는 안타까운

상황이 되지요. 효율적인 지휘통제체계를 구성하기 위해서 첫 번째로 필요한 것은 지휘관이 필요한 정보 및 첩보 소요를 판단하는 것입니다. 지휘관은 선택적으로 꼭 필요한 정보 및 첩보를 제공받아야 합니다. 필요하지 않은 정보나 잘못된 정보는 지휘관의 전투지휘를 방해하지요.

지휘관이 필요한 정보나 첩보의 단편적인 예를 들어 보면 다음과 같은 것들입니다. 이러한 예는 전투지휘의 스타일이나 개인과 부대의 성향에 따라서 다 달라지지요. 여기 언급한 것들이 상황에 따라서는 부적절하거나 누락한 것도 있을 수 있습니다.

작전실	1. 상급 및 인접부대 상황 3. 후방지역 작전 현황 5. 장차작전 7. 아 전투력 수준	2. 핵심표적 현황 4. 현행작전평가 6. 축선별 상대적 전투력 비율
작전지속 지원실	1. 작전지속지원 우선권 3. 탄약 사용 현황	2. 보충 및 보급 현황
정보 종합실	1. 고가치 표적(위치, 전투력) 3. 적기도 및 능력	2. 첩보수집 및 분석결과 4. 정보자산 운용 및 제한사항
통합 화력실	1. 화력운용의 우선권 및 작전주안 2. 통합화력 운용 결과	 3. 가용 화력자산 현황
기 타	1. 예하부대 지휘보고	

2) 정보나 첩보를 제공해 줄 수 있는 방법과 수단이 무엇인지 판단

지휘관은 주로 시각과 청각을 이용해서 참모들이 제공하는 정보와 첩보를 받아들이게 됩니다. 후각, 촉각, 미각을 이용한 방법도 먼 훗날엔 개발될지 모르겠지만, 현재는 아니지요. 시각적인 방법을 다시 내용으로 분류하면 그림을 이용하는 방법, 도표를 이용하는 방법, 글씨를 이용하는 방법이 있겠지요. 전달하는 매개체를 기준으로 분류하면 빔프로젝터 영상, 컴퓨터 모니터, PDP 화면, 종이 출력물 형태가 있겠고요. 청각적인 방법을 다시 분류하면 마이크 방송, 대면 구두보고 정도가 있겠습니다.

화상회의 컴퓨터가 있는데, 이것은 시각적인 방법과 청각적인 방법을 모두 충족시켜 줄 수 있습니다. 사용하기에 따라 달라지지요. 지금까지는 주로 청각적인 방법으로 많이 사용해 왔습니다. ATCIS는 시각적인 분류 중에서 컴퓨터 모니터에 들어간다고 봐야겠지요.

1번 항에서 도출한 정보 및 첩보 제공 소요를 2번 항을 판단한 결과를 토대로 어떤 방법과 수단으로 제공할 것인지 다음과 같이 판단합니다. 물론 이것도 예시입니다.

작전실	1. 상급 및 인접부대 상황: 상황도 2. 핵심표적 현황: ATCIS 3. 후방지역 작전 현황: 상황도 + 양식 4. 현행작전평가: 상황도 + 양식 5. 장차작전: 상황도 + 양식 6. 축선별 상대적 전투력 비율: PDP 7. 아 전투력 수준: PDP 또는 출력물
작전지속 지원실	1. 작전지속지원 우선권: 구두보고 2. 보충 및 보급 현황: 상황도 + 양식 3. 탄약 사용 현황: 별도 양식
정보 종합실	1. 고가치 표적(위치, 전투력): 상황도 ※ 긴급시 CCC내 방송 2. 첩보수집 및 분석결과: 상황도 + 양식 3. 적 기도 및 능력: 상황도 + 구두 보고 4. 정보자산 운용 및 제한사항: 구두보고
통합 화력실	1. 화력운용의 우선권 및 작전주안: 상황도 2. 통합화력 운용 결과: 구두보고 3. 가용 화력자산 현황: PDP
기 타	1. 예하부대의 적시적인 지휘보고: 화상회의

3) 지휘관에게 제공해줄 정보나 첩보를 수단에 따라 분류하고 주기를 설정

1번에서 소요를 판단하고, 2번에서 가용한 수단을 무엇을 이용할 것인지 결정하였으면 방법 별로 그 주기를 선정해야 합니다. 예를 들어 빔프로젝터의 화면이 3개라고 한다면 어떤 정보는 상시 보이도록 띄워 놓을 것도 있고, 어떤 정보는 필요시 보고할 때만 띄울 수도 있겠지요. 이렇게 선정하는 주기는 배틀리

등이나 PDE 사이클로 표현하여 모두가 공유합니다.

작전실	1. 상급 및 인접부대 상황: 2시간 2. 핵심표적 현황: 1시간(매시 정각) 3. 후방지역 작전 현황: 1시간(매시 30분) 4. 현행작전평가: 정기 4시간, 필요시 수시 5. 장차작전: 12시간 6. 축선별 상대적 전투력 비율: 2시간 7. 아 전투력 수준: 1시간(매시 15분)
작전지속 지원실	1. 작전지속지원 우선권: 4시간 2. 보충 및 보급 현황: 4시간 3. 탄약 사용 현황: 4시간
정보 종합실	1. 고가치 표적(위치, 전투력): 1시간(매시 45분) ※ 긴급시 CCC내 방송: 수시 2. 첩보수집 및 분석결과: 2시간 3. 적 기도 및 능력: 2시간 4. 정보자산 운용 및 제한사항: 2시간
통합 화력실	1. 화력운용의 우선권 및 작전주안: 2시간 2. 통합화력 운용 결과: 수시 3. 가용 화력자산 현황: 2시간
기 타	1. 예하부대의 적시적인 지휘보고: 수시

실제로 이것을 주기대로 적용해 보면 너무 짧은 주기로 했을 때에는 제대로 적용되지 않습니다. 아주 짧은 주기로 계속하려고 하면 지휘관과 참모사이에 그만큼 숙달되고 정확한 의사소통이 필요한 것이지요. 위의 예만 해도 자주 하는 것은 1시간 단위로 해야 하는데 쉬운 일이 아닙니다. 부대의 상황과 훈련 정도 등에 따라서 최적화하는 것이 중요합니다.

4) 각 정보나 첩보를 제공하는 담당자를 지정하고 담당자의 보고 양식과 문구를 확인

이렇게 하고 나면 마지막 남은 단계는 실무자를 훈련시키는 것입니다. 1번에서 소요를 정하고, 2번에서 가용 수단을, 3번에서는 주기를 선정했지요. 남은 것은 실무자가 어떤 양식을 가지고 어떤 문구로 보고하느냐? 하는 것입니다.

혹자는 '문구까지 지정해주어야 하는가?' 할 수 있겠지만, 여러 사람이 힘을 합쳐 전투지휘를 하다 보니 뜻대로 되지가 않습니다. 그래서 그 문구까지 마음에 쏙 들게 잘 규명해놓아야 제한된 시간 내에 정확한 의사소통이 될 수 있지요.

핵심표적을 어느 실무자가 담당했다고 하겠습니다. 그러면 양식은 ATCIS의 메뉴를 그대로 사용하는 것이 좋습니다. 그리고 시간 단위로 이러한 멘트를 하도록 훈련을 시키지요.

핵심표적 최신화 결과입니다.

1. 지난 보고 이후 ○번, ○번 표적에 대한 타격이 이루어졌습니다. 타격 결과 ○번 표적은 전투력이 ○○%에서 ○○%로, ○번 표적은 전투력이 ○○%에서 ○○%로 감소되었습니다. ○번 표적은 핵심표적에서 삭제할 것을 건의드립니다.
2. 군단에서 관리하고 있던 1개 표적이 남하하면서 사단으로 인계되었습니다. ○○사단 전차대대로 전투력은 ○○%, 현재 위치는 ○○동 일대입

니다. 사단 핵심표적 ㅇ번으로 추가하였습니다.

3. 약 30분 전에 수색 ㅇ팀에 의해 새롭게 식별한 ㅇㅇ포병부대가 있습니다. 핵심표적 ㅇ번으로 추가하였습니다. 추가 의견을 주시면 토의를 거쳐 확정하겠습니다.
4. 현재까지 핵심표적은 계획대비 ㅇㅇ%를 식별하였습니다. 식별 노력을 지속하겠습니다.

후방지역작전을 어느 실무자가 담당한다면 어떤 양식에 맞춰서 이런 문구로 보고를 하도록 할 수 있습니다.

후방지역작전 현황입니다.

1. 사단지역 내 침투가 예상되는 적은 총 ㅇㅇ개 중대 규모입니다. (생략 가능)
2. 현재 식별한 적은 총 ㅇㅇ개 팀으로 전 시간 대비 ㅇ개 팀을 더 식별하였습니다. 식별한 적은 이미 보고 드린 ㅇㅇ산, ㅇㅇ산, ㅇㅇ산에 각 ㅇ개 팀이며, 추가 식별한 것은 ㅇㅇ일대입니다.
3. 현재 ㅇㅇ산 일대의 적은 ㅇㅇ부대가, ㅇㅇ산 일대의 적은 ㅇㅇ부대가 교전 중이며 ㅇㅇ산 일대의 적은 접촉이 단절되었습니다. 새로 식별한 ㅇㅇ일대의 적은 ㅇㅇ부대가 교전 중입니다. ㅇㅇ일대 적은 격멸하였습니다.
4. 현재 식별하지 못한 적을 찾기 위해 적 예상 은거지인 ㅇㅇ산, ㅇㅇ산 일대에서 ㅇㅇ부대가 활동하고 있습니다. 이상입니다.

위의 예에서 언급하지는 않았지만, 결심조건표와 결심보조도를 보고하는 담당자는 이런 문구로 보고를 할 수 있습니다.

결심사항 관련 보고드리겠습니다.

1. 현재시간은 개전 후 ○○시간이 경과했습니다. 사단장님께서 결심하실 사항은 1번, 우발계획 시행에 대한 것입니다.
2. 이를 위해 결심조건을 검토한 결과입니다. 먼저 PIR 보고드리겠습니다. (PIR 담당자) PIR 1번은 이러한 이유로 G로 판단하였고, 2번은 이러한 이유로 A, 3번은 R로 판단하였습니다.
3. 다음은 FFIR입니다. 1번은 이러한 이유로 G로 판단하였고, 2번은 이러한 이유로 A, 3번은 이러한 이유로 R로 판단하였습니다.
4. 이 결심사항은 약 2시간 후 결심시점이 도래할 것으로 판단되며 1시간이 경과한 시점에서 재평가하여 보고드리겠습니다.
5. 기타 앞으로 결심하실 사항은 2번이며 이에 대한 결심조건표는 이러한 결심조건들을 준비하여 평가하고 있습니다. 이상입니다.

이런 것을 언제 하겠습니까? 훈련이나 전쟁이 일어나기 전에 해야지요. 실제 상황이 발생하거나 훈련 중에는 바쁘고 정신없어서 바로잡아 주지도 못하고 답답한 마음에 자칫하면 고성이 오갈 수 있습니다. 그러나 전투지휘를 하는데 고성이 오가는 것은 전혀 도움이 되지 않지요.

실무자들의 보고 양식은 ATCIS를 최대한 이용해야 합니다. 필요하다면 별도의 양식을 만들 수도 있지요. 그러나 실무자가 모든 정보와 첩보를 ATCIS에만 입력하고 별도의 보고를 하지 않으면 좋다고만 할 수는 없습니다. 지휘관이 모든 것을 클릭해 보아야 한다면 어떤 정보는 제대로 보지 못할 수도 있거든요. 우리가 인터넷 웹페이지의 모든 정보를 다 볼 수 있는 것은 아니잖아요? 개인이 받아들일 수 있는 정보와 첩보의 양에 한계가 있기 때문에 지휘관의 입맛에 최적화 한 형태로 꼭 필요한 정보나 첩보가 제공되어야 합니다.

ATCIS는 수 백 개의 메뉴로 구성이 되어 있는데, 그 메뉴를 다 쓰지 않아도 됩니다. 자기에게 꼭 필요한 메뉴를 선택해서 내실 있게 운영해야 하지요. 왜냐하면 제대별로 지휘통제체계를 구성하는 구성원의 수와 훈련 정도가 다르니까요. 구성원의 수에 따라 운영할 수 있는 메뉴의 수도 한정되어 있지요. 그래서 1번에서 제기한 지휘관의 소요를 면밀히 검토해서 필요한 메뉴를 선택하고 내실 있게 운영하는 것이 중요합니다.

지금까지 언급한 것 외에 중요한 것이 있습니다. 각 기능실이 해야 할 본연의 과업을 잘 해야 한다는 것입니다. 기능실의 활동은 대부분 CCC의 활동을 뒷받침해 주기 위한 것이지만 직접적으로 연관되지 않는 것들도 있거든요. 그래서 기능실이 수행하는 본연의 과업과 그 담당자별로 프로세스를 설정해 주는 것이 중요합니다. 그러나 여기에서는 CCC와 직접적으로 관련되는 기능실의 활동에 관점을 두고 이야기했습니다. 이것을 유념하기 바랍니다.

지휘관과 참모의 의사소통에 대해 조금 더 이야기할 것이 있습니다. 바로 '협력적 의사소통'이라는 것입니다. 지휘관은 지휘계통으로 보고를 받고 참모는 참모계통으로 보고를 받고 의사소통을 하지요. 그러니 정보의 범위와 양, 속도와 정확성 등에 있어서 차이가 날 수밖에 없습니다. 그러다 보니 지휘관이 알고 있는 정보가 다르고, 참모가 알고 있는 정보가 다르지요. 그 다른 부분을 서로 알려주고 공유해야 합니다. 그것을 '협력적 의사소통'이라고 이야기합니다.

예전에 훈련을 하면서 보니, 어떤 지휘관이 예하 지휘관으로부터 보고를 받고 '나는 아는데 너는 왜 몰라?'라는 식으로 이야기하더라고요. 지휘계통은 가장 빠르고 정확한 보고 계통입니다. 그러한 보고를 받았으면 'ㅇ부대장으로부터 보고를 받았는데, 내용이 이렇다더라.' 하고 알려주어야 하지요. 그러면 참모는 나름대로 알아보고 그것을 또 공유하지요. 그렇게 해서 합리적인 의사결정을 할 수 있도록 하는 것이 '협력적 의사소통'입니다. 아무리 좋은 지휘통제체계를 마련해도 이것이 되지 않으면 원활한 전투지휘를 기대하기 어렵지요. 여러분들은 '협력적 의사소통'을 할 수 있는 사람이 되기를 바랍니다.

상대적 전투력 분석을 어떻게 활용하는가?

상대적 전투력 분석은 적과 아군의 전투력 비율을 알아보는 것입니다. 그것을 왜 알아볼까요? 상대적 전투력 분석 자체가 목적은 아닙니다. 하나의 수단입니다.

방법도 다양하지요. 부대 수에 의한 방법, 전투력 지수를 이용한 방법 등등 여러 가지 방법이 있습니다. 그러나 그것은 별로 중요하지 않다고 생각합니다. 어떤 방법으로 하든지, '이것을 어떻게 활용하느냐?'가 중요한 것이지요.

전투력이라는 것은 개념을 정의하고 측정하는 방법에 따라 너무나도 다양하게 측정할 수 있습니다. 그래서 절대적인 기준이라고 할 수 없지요. 어떤 컴퓨터 모델이나 세부적인 측정방법을 사용해도 정확하게 측정하기 어렵습니다. 그러니 야전 부대에서 상대적 전투력 분석을 정확하게 하려는 노력은 한계가 있지요.

한때는 상대적 전투력 분석이 방책 수립의 첫 단계였던 적도 있습니다. 방책 수립 전에 적과 아군의 전투력 비율을 알아보고 방책 수립에 미치는 영향을 알아보기 위해 사용했습니다. 그러나 많은 사람이 그 취지를 이해하지 못하고 분석을 세밀하게 하는 것에만 집착했었습니다. 정확한 분석을 위해 너무 많은 시간과 노력을 사용하다가 주객이 전도되었지요.

계획수립 시 상대적 전투력 분석은 방책 수립에 미치는 영향을 알아보기 위해 필요합니다. 그것이 계획수립 단계 중 하나일 수도 있고, 참모가 판단해서 제공하는 것일 수도 있습니다. 계획수립 전에 상황평가를 하는 것이지요. 그러나 규모가 크지 않은 부대에서는 상대적 전투력 분석을 하지 않고도 직관적으로 판단을 할 수 있습니다.

계획수립 시 전투력 할당을 하는 데에도 상대적 전투력 분석을 활용합니다. 형태가 약간 다르게 활용되지요. 최소계획수립 비율을 적용해서 각 축선 또는 과업에 대해 전투력을 할당합니다. 그리고 교관이 총론 이야기에서 전투력 할당이 제대로 검증되었는지를 보기 위해서는 각 부대별 상대적 전투력 분석 비율을 보아야 한다고 했었지요.

작전실시간 상대적 전투력 분석을 하는 것은 '적의 변화에 내가 잘 대응하고 있는가?'를 알아보기 위한 수단으로 사용합니다.

〈그림39〉에 제시된 방어작전의 경우를 봅시다. 적의 주타격 방향이 지향하고 있는 서측 축선에서 적과 아군의 비율이 1:0.9입니다. 그런데 동측 축선에서의 비율은 1:1.3에요. 어떻습니까?

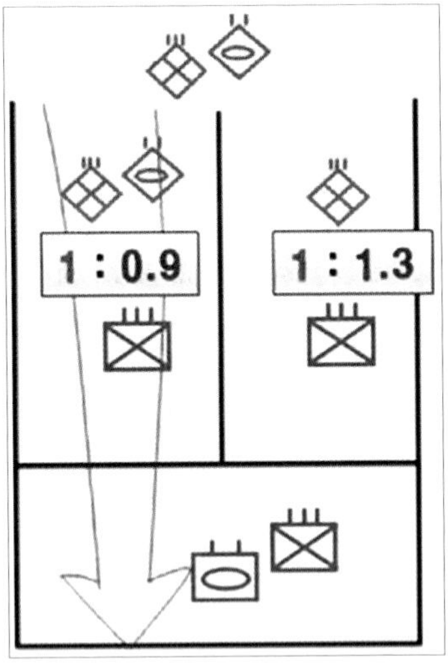

〈그림39〉 방어작전 시 상대적전투력 분석 (예)

적이 서측으로 집중을 하고 있는데 아군은 대응을 잘못하고 있는 것입니다! 동측에서는 적의 압력이 강하지 않다고 좋아하고 있겠지요! 좋은 것 아닙니다! 적의 압력이 별로 없어서 방자가 우세하다는 것은 다른 어느 지역에서 공자가 집중을 하고 있다는 것입니다! 자기 부대가 담당한 정면에서만 잘 지키면 되고, 돌파를 당하는 부대를 지켜보고 있겠습니까? 방자가 불리한 점을 극복하지 못하고 있는 것입니다.

만약 상대적 전투력 분석이 저렇게 나왔다면 전투력을 전환시키는 조치를 해서 상대적 전투력 비율의 격차를 줄여야 합니다. 또는 예비대를 어느 방향으로 투입할 것인지 고려해 보아야 합니다.

공격작전의 경우는 어떻습니까? 〈그림40〉을 한 번 살펴봅시다. 아군의 주공방향인 동측 축선은 적과 아군의 전투력 비율이 1:2.1입니다. 조공 방향인 서측은 1:0.9이지요. 주공방향에 상대적 전투력 비율 격차가 큽니다. 아주 좋은 모습입니다.

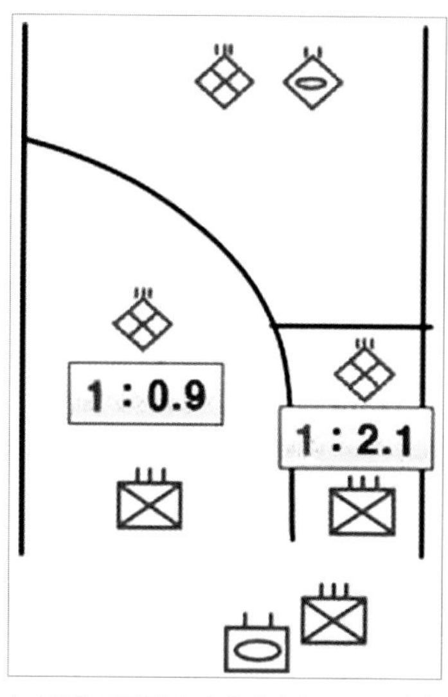

〈그림40〉 공격작전 시 상대적전투력 분석 (예)

조공 방향 비율은 1:0.9이지요. 조공 부대를 지휘하는 지휘관이 어려운 상황이겠지요. 그러나 전체적으로 작전은 매우 집중이 잘 되고, 임무 달성 가능성이 높다고 볼 수 있습니다. 적이 방어를 준비하고 있는 주요방향에 아군의 전투력을 집중하면 저런 상대적 전투력 비율이 나올 수 없지요.

작전실시간 상대적 전투력 분석은 축선별 분석을 통해서 내가 상황에 맞춰 전투력을 잘 운용하고 있는지 알려주는 참고자료로 활용합니다. 유용하게 활용할 수 있습니다.

단, 한 가지 유의할 점이 있지요. 실제 전투에서는 상대적 전투력 분석을 하는 재료인 적 부대가 저렇게 명확하게 나타나지 않는다는 것입니다. 그러니 상대적 전투력 분석 또한 부정확한 데이터가 나올 수 있습니다. 그래서 참고를 하되, 그것을 활용하는 것은 사용자의 판단과 직관이 필요하지요. 지휘통제체계에서 제공되는 모든 자료가 그렇습니다. 그러한 점을 유의해서 상대적 전투력 분석을 잘 활용하기 바랍니다.

II

공격전술 이야기

1 전술가의 정신

여러분들이 전술가로서 가져야 할 덕목이 있습니다. 교관이 생각한 것이지요. '상황을 정확하게 인식하여 본질을 파악하고, 어떤 어려움이 있더라도 대책을 강구하여 담대하게 나아가는 것' 입니다. 교관은 이것을 공격정신이라고 불렀었습니다. 그런데 누가 그러더군요. 그럼 '방어정신은 없냐?'

그 질문에 한참 웃었습니다. 그리고 그런 질문이 나올 수 있다는 것에 교관은 공감했습니다. 그래서 여기서는 공격정신이라고 부르지 않고 전술가의 정신이라고 부르겠습니다.

계획을 수립해서 시행을 하거나, 작전 실시간 조치하는 여러가지 사항들은 작전의 승패와 직접적으로 연관될 수 있습니다. 그리고 수많은 인명피해를 수반할 수도 있습니다. 군 지휘관으로서, 전술가로서 매우 막중한 책임을 느껴야 하는 부분입니다.

전술을 배우는 사람들을 보면, 충분히 할 수 있는 것임에도 불구하고 '내가 이렇게 해도 될까? 이게 맞는 것인가?' 하는 의구심을 갖는 경우가 많습니다. 교관은 항상 격려를 해주고 강조하지요. 충분히 가능하며 할 수 있다고요. 그러나 많은 사람이 그런 자신감을 가지고 있는 것 같지 않습니다.

공격전술에서 이것이 더욱 필요한 이유가 있습니다. 그것은 공격할 시간과 장소를 공자가 결정하기 때문입니다. 결정을 한다는 것은 매우 부담스러운 일입니다. 점심을 먹을 때에도 다른 사람이 선택한 메뉴가 있으면 부담 없이 편하게 나도 선택할 수 있습니다. 그러나 내가 선택한 것으로 다른 사람들이 다 같이 점심을 먹어야 한다면 매우 부담이 크겠지요. 많은 사람이 좋아할 메뉴를 선택해야 하니까요. 자신의 결정에 책임이 따르기 때문에 더욱 그렇습니다.

어떻게 공격할지 계획을 수립해서 시행에 옮기는 데에는 큰 용기가 필요합니다. 대담성이 필요하지요. 그러기 위해서는 사태의 본질이 무엇인지 정확하게 꿰뚫어야 합니다. 엉뚱한 헛발질을 하는 것은 전술가의 자질이 없는 것입니다. 본질을 정확하게 바라볼 수 있는 능력이 결정적지점을 적절하게 구상할 수 있는 사고력이며, 그것을 위해 혜안을 갖추어야 하지요.

문제의 본질을 정확하게 간파했다고 합시다. 그래도 수많은 방해요인들이 있습니다. 그것이 또 고민되지요. '혹시 이렇게 했다가 저것 때문에 잘못되면 어쩌지?' 이러한 걱정이 전술가의 머릿속에는 항상 맴돌고 있습니다. 그리고 수립한 계획을 하달한 뒤 시행할 때가 되면 머릿속 고민이 극에 달하겠지요. 강단과 대담성이 필요한 이유입니다.

어떤 위험요소가 있더라도 그것에 대한 대책을 강구하고 대담하게 나아가야 합니다. 그리고 냉철한 판단으로 작전실시간 조치를 통해서 그것을 완수해야 하지요. 그 결정에 대한 책임은 고스란히 지휘관이 지는 것입니다. 그것을 기꺼이 감수하겠다는 용기가 전술가에게 필요합니다.

용기라는 것은 겉으로 허세를 부리며 주먹다짐을 하는 것이 아닙니다. 옳은 것을 실천할 수 있는 용기를 말하는 것이지요. 『맹자』「양혜왕」 편에 이런 말이 나옵니다.

王請無好小勇(왕청무호소용)

夫撫劍疾視曰(부무검질시왈)

彼惡敢當我哉(피오감당아재)

此는 匹夫之勇(필부지용)이라

敵一人者也(적일인자야)니

王請大之(왕청대지)

왕은 청컨대 소용(작은 용기)을 좋아하지 마십시오.
무릇 검을 어루만지며 쏘아보고 이야기하기를
네가 나를 어찌 이기겠느냐 하니,
그것은 필부지용(평범한 사람의 용기)입니다.
한 명의 적만을 대적할 뿐이니,
왕은 그것을 크게 보십시오.

『논어』「술이」 편에는 이런 말이 나오지요.

子路曰 子行三軍이면 則誰與시리잇고(자로왈 자행삼군)이면 (즉수여)시리잇고
子曰 暴虎馮河하여 死而無悔者를(자왈 폭호빙하)하여 (사이무회자)를
吾不與也니 必也臨事而懼하며(오불여야)니 (필야임사이구)하며
好謀而成者也니라(호모이성자야)니라

자로가 묻기를
공자께서는 군대를 출정하시려면 누구를 데려가시겠습니까?
공자가 말하기를, 맨손으로 호랑이를 때려잡고
강을 건너다가 죽어도 후회가 없는 자를 데려가지는 않겠다.
반드시 일을 할 때 두려움으로 하고
고민을 많이 해서 일을 성공시키는 자를 데려갈 것이다.

『손자병법』「구변」 편에는 이런 말이 나옵니다.

是故智者之慮(시고지자지려)

必雜於利害(필잡어리해)

雜於利而務可信也(잡어리이무가신야)

雜於害而患可解也(잡어해이환가해야)

예로부터 지혜로운 자의 생각에는

반드시 이익과 해로움이 섞여 있다.

이익을 생각하는 것은 그것을 통해서 더욱 믿음을 확고히 하는 것이고

해로움을 생각하는 것은 걱정이 되는 것을 해결하기 위한 것이다.

교관이 전술가의 정신을 앞서 이야기한 바와 같이 정의한 것은 지금까지의 경험으로 이루어진 바탕과 이런 글들을 보고 받은 영감 때문입니다. 여러분이 생각하는 전술가의 정신은 어떤 것입니까? 교관의 이야기와 똑같을 필요는 없습니다. 그러나 여러분 스스로 주장은 있어야겠지요.

공격작전의 첫 번째 단추, 작전목적

작전목적은 상급지휘관 의도와 명시과업에서 도출합니다. 작전목적을 제대로 도출하는 단서는 명시과업이지요. 상급부대에서 나에게 왜 그런 과업을 주었는지 정확하게 이해해야 합니다. 그것을 잘 이해하기 위해서 작전개념을 이해하는 것도 필요하고 2단계 상급지휘관의 의도를 아는 것도 도움이 됩니다.

선생님 지시로 교실 청소를 한다고 해 봅시다. 청소하는 것은 선생님 수준에서의 과업이지요. 공부를 위해 쾌적한 환경을 조성하는 것이 선생님 수준에서 작전목적이 될 수 있습니다. 최종상태는 바닥에 흙먼지가 없고 책상과 창틀에 작은 먼지도 없는 상태 정도로 표현해 보겠습니다.

그리고 가용능력에 맞춰서 전투력별로 과업을 부여하지요. 교실에 준비된 대걸레, 빗자루, 손걸레 등 청소 도구의 수량과 학생 수를 생각할 것입니다. 청소도구의 수와 학생 수에 따라서 선생님은 누구는 빗자루, 누구는 대걸레 등등 과업을 부여하지요. 그리고 어느 지역을 담당해서 청소를 하라는 것도 이야기할 것입니다.

빗자루나 대걸레의 과업을 받은 학생은 그 나름대로의 작전목적을 도출할 겁니다. 선생님이 생각한 작전목적과 최종상태를 바탕으로, 자기가 받은 과업이 빗자루라면 어떨까요? 바닥의 흙먼지를 쓸어내는 것이 작전목적이 되겠지요. 그것을 위해서 어느 구역부터 어떻게 쓸 것인지 등등 전투력 운용을 생각할 것입니다.

그 학생이 만약 자기의 작전목적을 청소라고 하면 어떨까요? 자신에게 최적화한 작전목적이 아니지요. 그냥 두루뭉술하게 표현한 작전목적일 뿐입니다. 작전목적과 최종상태가 뭐라고 했습니까? 지휘관의 목소리라고 했잖아요! 지휘관이 자기 부대원들에게 '이번 작전은 왜 하는 것이다!'라고 이야기해주는 것입니다! 그것을 그렇게 대충 표현해서 되겠습니까?

만약 이런 경우가 있다면 어떨까요? 청소를 하는 동안 의자와 책상을 다 가지고 나가서 관리하다가 청소가 끝나면 가지고 들어오라고 과업을 받은 경우라면? 그때에도 그 과업을 받은 학생의 작전목적이 청소겠습니까?

공격작전에서 내 부대가 받는 과업은 대단히 다양합니다. 그래서 상급부대로부터 받은 과업이 어떤 의미인지 정확하게 잘 이해할 수 있어야 합니다. 그리고 그것에 따라서 작전목적을 잘 도출해야 하지요. 첫 단추를 제대로 끼워야합니다.

공격작전 방책을 가져와서 지도해 달라고 하면 첫마디 질문이 그것이 되어야 합니다. '작전목적이 무엇입니까?', '상급부대로부터 받은 과업이 무엇인데 그렇게 판단했습니까?' 이런 질문을 하지 않고 여기 선을 좀 잘못 그렸다거나 뭐가 크기가 어떻다거나 하는 지엽적인 강평을 하는 것은 방책을 전체적으로 보는 시각이 부적절한 것입니다.

공격작전에서 모든 것은 상급지휘관 의도와 명시과업을 바탕으로 적절한 작전목적을 도출해 내는 것으로부터 시작합니다. 그것이 주공부대의 경우에는 통상 '초월공격 지원을 위한 중요지역확보'인 경우가 많지요. 야전부대에서도 그런 훈련을 많이 합니다. 그러나 주공부대가 반드시 그것만을 하는 것은 아닙니다. 상황에 따라 다른 작전목적을 다양하게 도출할 수 있습니다. 상급부대에서 주는 과업에 따라 달라지는 것이지요.

조공부대의 경우 과업은 더욱 다양해집니다. 그래서 조공부대의 작전목적과 전투력 운용은 더욱 세밀하게 통제해야 할 필요가 있는 것입니다. 여러분은 주공부대나 조공부대 중에 어떤 역할을 하더라도 정확한 작전목적을 도출하고, 그것에 적합한 전투력 운용을 할 수 있는 능력을 갖춰야 합니다.

공격작전은 작전목적을 어떻게 도출하느냐에 따라서 방책의 각 부분에 연쇄적으로 영향을 주게 됩니다. 계획수립의 첫 번째 부분 '무엇을 할 것인가?'에서는 전투수행방법에 대한 내용을 포함하지 않는다고 했지요. 원칙적으로는 그렇습니다만 공격작전의 경우에는 작전목적에 따라서 전투수행방법 부분에 미치는 영향이 일부 있습니다. 적 부대를 격멸하는 작전목적의 경우에는 통상 적의 퇴로를 차단하고 각 부대가 협격하여 격멸해야 하기 때문에 포위의 기동형태를 선택하게 되는 것이지요. 앞으로 이런 것에 대해 차차 이야기를 풀어 가겠습니다.

공격작전의 두 번째 단추, 결정적목표

공격작전 투명도를 그려본 사람 중에서 결정적목표를 그려보지 않은 사람은 없을 것입니다. 누구나 다 해 보았지요. 한두 번도 아니고 여러 차례 그려 보고 토의를 했을 것입니다. 문제는 결정적목표를 왜 이렇게 선정하였냐고 질문하면, 그것에 대한 답을 정확하게 하지 못한다는 것입니다. 참으로 안타까운 일입니다.

예전에는 결정적지점과 목표가 작전구상 요소 중 하나였던 적이 있습니다. 그 당시 결정적목표는 지휘관이 구상하는 것이었습니다. 그러다가 지금의 교리에는 결정적지점만 남고 결정적목표가 삭제되었습니다. 앞으로도 어떤 모습으로든 계속 바뀌겠지요. 그러나 표현만 다를 뿐, 전투를 하는 지휘관은 비슷한 모습의 사고를 통해 작전을 구상할 것입니다.

지휘관의 작전구상 요소에서 결정적목표가 제외되면서 결정적목표가 어떻게 선정되는지 설명하기 애매해졌습니다. 그러나 조금만 생각해보면 그리 어려운 문제는 아닙니다. 우선 결정적지점을 어떻게 도출하는 것인지는 앞에 총론에서 설명했던 부분을 다시 한번 상기해야 합니다. 다음과 같이 된다고 했었지요.

상급지휘관 의도 명시과업 → 작전목적 → 최종상태 → 중심 결정적지점

〈그림41〉 결정적지점을 구상하는 논리흐름

상급부대의 지휘관의도와 부여받은 명시과업을 바탕으로 작전목적을 도출해 냅니다. 그리고 그것은 지휘관이 구상하는 최종상태에 영향을 미치고, 중심과 결정적지점을 구상하는 것으로 연결됩니다. 이것은 지금 지휘관의 머릿속에서 이루어지고 있는 사고과정입니다.

계획수립절차가 이것과 동시에 진행됩니다. 임무분석을 통해서 무엇을 할 것인지를 규명하고 방책수립 단계가 진행되고 있다고 합시다. 여기서 한 가지 질문을 하겠습니다. 목표를 어떻게 선정하나요? 이 질문도 많은 사람이 눈을 동그랗게 뜨고 보던데, 뭘 그렇게 보나요? 목표를 어떻게 선정하는지 물어보았잖아요?

이 질문에 당황스러움이 느껴지는 것은 계획수립절차를 정확하게 이해하지 않고 단편적으로 이해했기 때문입니다. 어디서 목표를 선정하는지 현재 교리에는 제시되어 있지 않지요. 그러나 생각해 보면 간단한 문제입니다.

방책수립 단계는 방책분석 이전에 워게임에 필요한 방책 도식과 서식부분 초안을 만드는 역할을 합니다. 그 단계에서 어떻게 하면 도식에 목표로 그려지게 되느냐는 말이지요. 이런 과정을 거칩니다.

계획수립은 백지 상태에서 시작합니다. 처음에 시작을 하기 위해 개략적인 방향을 잡을 수 있는 것이 필요하지요. 그것은 간단한 그림이나 메모의 형태일 것입니다. 예전에는 그것을 '개략안'이라고 불렀고, '방책수립방향(안)'이라고 부르기도 했습니다. 그것을 이용해서 발전시킬 방책의 개략적인 모습, 방향을 정리합니다. 여러 가지 안案 중에서 참모장이나 작전참모가 이것과 이것만 발전시키자고 정리를 하는 것입니다.

발전시키고자 하는 안을 선정하면 각 국면에 필요한 과업을 세부적으로 선정하는 것부터 시작합니다. 그 과업들은 앞서 임무분석단계에서 식별하고 염출한 모든 과업들을 다 포함해서 선정하겠지요. 이후에 그 과업별로 전투력을 할당하고, 전투력에 대한 지휘 및 지원 관계를 설정합니다. 그렇게 된 상태에서 작전지역을 부여하면서 방책의 도식과 서식부분 모습을 갖추게 됩니다.

이 정도가 교리에서 제시한 내용입니다. 여기에서 목표는 어디에서 선정하겠습니까? 과업 중에서 '○○일대를 확보'하는 과업이 있었겠지요? 그 과업에 대해서 방책 도식부분에 동그라미로 표시를 하는데, 그것이 바로 목표입니다! 국면별로 세부적으로 선정했던 과업이 있지요. 그 과업 중에 도식부분에서 동그라미로 표현하는 것이 목표라고요!

그렇게 목표를 선정하지요. 여러 개를 선정할 수 있습니다. 그렇게 선정한 목표 중에서 지휘관이 구상했던 결정적지점과 일치하는 것! 그것이 결정적목표가 됩니다. 전장에 결정적지점은 여러 개가 있다고 했지요. 그러나 해당 제대의 상황을 고려하면 결정적지점은 하나를 선택해서 사용하는 것이 효율적이라고 했습니다. 그렇게 구상한 결정적지점과, 계획수립절차의 방책수립에서 선정하고 도식에 동그라미로 표시한 과업이 일치할 때, 그것이 결정적목표가 되는 것입니다!

결정적목표는 작전목적에 따라서 달라집니다. 이것은 매우 중요합니다. 작전목적이 최종상태, 중심, 결정적지점에 연쇄적으로 영향을 주기 때문에 작전목적에 따라서 결정적목표가 달라지는 것입니다. 그러니까 초월공격지원을 위한 중요지역 확보를 하거나 측방을 방호하거나 적 부대를 격멸할 때, 결정적목표가 다 다른 것입니다!

공격작전에서 결정적목표를 선정하는 의미는 무엇일까요? 앞서 이야기한 대로 나의 주력을 ① 무엇을 대상으로 ② 언제 ③ 어디서 사용할지 결정하는 것입니다. 공격작전에서 내 핵심 주력을 사용하는 것과 연계된다는 것입니다. 그러니 당연히 결정적목표를 선정했으면 나의 주력을 투입해서 결정적작전을 하지요!

그리고 결정적작전을 할 때는 다른 어떤 작전보다 확고하게 전투력의 상대적 우세를 달성할 수 있는 여건이 마련되어야 합니다. 그리고 다른 어떤 작전보다 성공가능성이 높다는 것을 보장할 수 있도록 해야 합니다.

그것을 위해서 결정적작전을 중심으로 여건조성작전과 전투력 지속작전을 다 조직하는 것입니다. 공격작전은 제대별 전장이 가시적으로 드러나기 때문에 많은 설명을 하지 않아도 이해하기 용이할 것이라 생각합니다.

그러니까 작전목적과 연계해서 선정하는 결정적목표가 그 공격작전에서 가장 큰 기준점이 되는 것입니다. 어찌 그것을 대충 선정할 수 있겠습니까?

교관이 특별히 다른 교리를 말한 것도 아니고, 기존의 교리를 좀 더 들여다보는 해석을 했을 뿐입니다. 그것을 이용해서 결정적목표를 선정하는 과정을 설명했지요. 교리의 행간의 의미를 읽고 이해할 수 있도록 많은 고민을 하기 바랍니다.

4 목표의 사용

공격작전에서 목표를 잘 사용하는 것은 매우 중요합니다. 목표의 사용이라는 용어는 교리에 나오는 용어가 아닙니다. 교관이 사용하는 용어이지요. 말 그대로 '목표를 어떻게 사용하느냐?'를 의미합니다. 그것에는 다음 사항이 포함됩니다.

① 목표를 왜 그리느냐? 한 기동계획 당 목표를 몇 개나 그릴 수 있는가?

② 목표의 위치와 포함지역, 크기(목표의 위치를 왜 그렇게 선정했는가? 목표를 그릴 때 어느 지역은 포함하고, 어느 지역은 포함하지 않는가? 목표의 크기를 얼마나 하는가?)

③ 목표 분할 문제

④ 목표를 왜 동그랗게 그려야 하는가?

펜을 들고 공격작전 투명도를 그리는 사람은 목표와 관련하여 앞에서 언급한 문제에 직면합니다. 고민에 고민을 거듭하면서 어떻게든 그리지요. 그럼에도 불구하고 그러한 것에 대해 일언반구 언급이 없는 교리나 교관이 야속하지요. 모든 것은 스스로에게 주어진 고민의 몫입니다.

계획수립에서 중요한 것이 계획수립절차만이라고 생각하지 말라고 총론에서 이야기했지요. 바로 이런 부분이 계획수립절차에서 정성적으로 접근해야 할 부분입니다. 그러나 교리에 제시되어 있지 않으니 행간의 의미를 잘 이해하고 합리적인 추론을 통해 스스로 답을 얻어야 하는 부분입니다. 그럼 설명을 시작해 보겠습니다.

1) 목표를 왜 그리느냐?
한 기동계획당 목표를 몇 개나 그릴 수 있는가?

목표는 과업입니다. 목표가 왜 과업이냐고요? 결정적 목표에서 조금 설명했지요. 개략 안이나 방책수립방향(안)에서 과업을 세분화시켜서 선정할 때, 도식부분에 동그라미로 표현하는 것이 목표라고요. ㅇㅇ지역을 확보한다는 과업, 그것이 그림으로도 표현할 때 투명도 상에 목표가 된다고 했습니다. 그러니 목표를 과업이라고 하지요.

따라서 목표를 그리는 이유는 과업을 선정하는 이유와 관련이 있습니다. 과업을 왜 선정할까요? 한마디로 이야기를 하면 필요하니까 선정하는 것입니다. 당연히 목표도 필요하니까 선정하는 것입니다!

상급부대에서 하달한 명령 중 명시과업을 식별하는 과정에서, 또는 추정과업을 염출하는 과정에서, 필요하다고 판단하니까 과업을 선정하는 것입니다. 그리고 그것을 바탕으로 방책수립을 하면서 도식, 서식을 작성할 때 필요에 따라서 목표도 정해지는 것입니다.

앞의 이야기를 요약하면 목표가 필요하니까 그리는 것이라는 말입니다. 좋습니다. 아주 평범한 명제이지요. 그 명제를 뒤집어 질문해 보겠습니다. 당신이 그린 목표는 왜 그렸습니까? ㅇㅇ지역에는 목표를 왜 그리지 않았습니까? 필요하다는 것이 어떤 필요를 의미하는 것입니까? 더는 평범한 명제가 아니지요? 공격작전 계획을 검토하면서 꼭 짚어 보아야 할 요소입니다.

목표를 선정했으면 왜 선정했는지 스스로 설명할 수 있어야 합니다. 이 목표가 하는 역할과 기능이 어떤 것인지 설명할 수 있어야 한다는 말입니다. 그렇지 않고 목표를 통제선 밑에 습관적으로 그렸다면 그것은 바람직한 것이 아닙니다.

한 기동계획당 목표를 몇 개나 그릴까요? 앞의 명제와 일관성을 생각한다면 '필요한 만큼' 그릴 수 있습니다. 맞는 말입니다. 그러나 좀 더 고려해야 할 사항들이 있습니다. 필요한 만큼 그리는 것은 맞지만, 그것을 확보할 수 있는 가용전투력을 고려해야 합니다. 필요하다고 해서 가용전투력을 초과해서 목표를 그릴 수는 없습니다.

명령은 일반적으로 1단계 하급부대를 대상으로 하달합니다. 그래서 가용전투력이라는 것은 1단계 하급부대를 기준으로 생각합니다. 물론 상황에 따라서는 2단계 하급부대까지 언급할 수도 있지요. 그러나 통상 보병 사단에서 보았을 때, 1단계 하급부대인 연대나 여단이 3개라면 목표를 2개 선정할 수 있습니다. 2개 연대나 여단에서 각각 하나씩 확보하고, 1개 연대나 여단은 예비로 보유를 하기 때문입니다.

교관도 예전에 목표의 수가 1~2개인 것을 주로 보아 왔습니다. 그리고는 육군대학에서 공부를 하는데, 목표를 4개나 선정해야 하는 상황이 주어졌습니다. 무척 고민이 되었습니다. 목표를 몇 개나 그릴 수 있는지 모르겠고, 그때까지 평생 보아온 작전투명도는 목표가 1~2개밖에 없었기 때문입니다.

그래서 잔머리를 썼지요. 2개 목표를 하나로 묶어서 찐빵같이 크게 그려 놓았습니다. 그리고 1개의 목표는 지도를 제대로 보지 못해서 누락했고요. 결국 그래서 보통 크기 목표 1개와 찐빵같이 큰 목표 1개를 해서 답안을 제출했던 기억이 있습니다. 어떻게 되었겠습니까? 당연히 목표 크기가 적절하지 않다는 이유로 감점을 당했지요.

그러나 그 감점의 폭은 0.5점이었습니다. 크지 않은 것이지요. 목표를 선정해야 하는 곳에 선정하지 않고 누락한 것은 얼마나 감점을 받았겠습니까? 당시에 최소 3~5점, 많게는 10점씩 감점을 받았습니다.

목표가 필요한 곳에 목표를 선정하지 않고 누락하는 것은 과업을 누락하는 것과 같습니다. 과업을 누락하면 전투력이 제대로 조직되지 않으니 그 작전의 작전목적과 최종상태를 달성하기 어렵지요. 그래서 목표를 선정하는 것이 중요합니다. 한 기동계획당 목표는 필요한 대로 그릴 수 있습니다. 단, 선정한 목표를 확보할 수 있는 가용 전투력을 고려해서요. 가용 전투력이 많다면 목표도 많이 그릴 수 있습니다.

앞서 이야기했던 그 상황 - 교관이 학생 때 목표를 4개 그려야 했던 상황에는 한 개의 기갑여단이 추가 할당되었다는 상황이 있었습니다. 그렇게 많은 전투력을 주었으니 목표를 더 많이 선정할 수 있는 것이었지요. 거꾸로 이야기해서 상급부대에서 그러한 전투력을 주는 것은 과업이 많고, 과업을 수행하면서 맞서 싸워야 할 적 부대가 많았기 때문이지요. 뭔가 좀 통하지요?

상급부대에서 전투력을 주는 것도 전투력 할당 논리에 따라서 주는 것입니다. 공짜로 주는 전투력은 없습니다. 그러니 전투력이 다른 때보다 많이 왔다고 하면 무언가 추가적인 과업이 있다는 의미로 보아야 합니다.

2) 목표의 위치와 포함지역, 크기

(목표의 위치를 왜 그렇게 선정했는가? 목표를 그릴 때 어느 지역은 포함하고, 어느 지역은 포함하지 않는가? 목표의 크기를 얼마나 하는가?)

목표는 작전의 최종상태를 생각해서 선정해야 합니다. 위치와 크기, 포함지역도 그것과 관련이 있습니다. 어느 부대가 목표를 확보하면 진지 강화 및 재편성을 하고 적의 역습에 대비합니다. 〈그림42〉와 같은 경우가 있었습니다.

통제선 '승리'가 전투이양선이라면 목표를 확보하는 부대는 초월공격을 지원하는 과업을 부여받은 것이지요. 그런데 목표의 위치를 저렇게 선정을 했다면 어떻게 되겠습니까?

목표를 확보해서 진지강화 및 재편성을 했다고 하더라도 목표를 통해서 얻고자 하는 상태는 얻을 수 없습니다. 목표에서 통제선 '승리'까지 거리가 너무 많이 떨어져 있거든요. 더욱이 목표

북방에 있는 고지들 때문에 목표에서는 통제선 '승리'(전투이양선) 지역을 관측할 수도 없습니다. 초월공격지원을 할 수 없지요.

목표를 열심히 확보했는데도 그 목표가 요구되는 역할이나 기능을 하지 못한다면 어떻게 된 것입니까? 목표를 잘못 선정한 것입니다! 1차 상급지휘관이 명령을 하달하면서 목표를 잘못 선정해주면, 부하들이 피를 흘려 확보한 목표가 아무 쓸모가 없는 목표라는 말입니다. 얼마나 안타까운 일입니까?

〈그림42〉 목표 위치 선정 (예)

도시를 포함해서 목표를 선정하는 것도 매우 심각하게 고민할 사항입니다. 목표를 확보하면서 그 과업을 부여받은 지휘관이 도시를 어떻게 해야 한다고 판단할까요? 과업을 부여한 상급지휘관 의도를 고민하게 될 것입니다. 아마도 도시를 전부 소탕하거나 내부의 주민을 잘 통제해야 한다고 판단하겠지요. 위의 상황에서는 가급적 도시를 포함하지 않는 것이 효율적인 작전을 하는데 도움이 됩니다.

목표를 〈그림42〉의 예처럼 선정하여 하달해도 그 명령을 받는 예하부대는 충분히 상황을 이해하고 액면 그대로 시행하지는 않을 것이라고 하는 의견도 있습니다. 당연히 그래야 한다고 생각합니다. 그러나 명령을 하달하는 사람의 입장에서 목표를 대충 그려놓고 예하부대에서 알아서 판단하라고 하면 안 되겠지요. 목표를 분할하는 문제도 다음에 언급하는데, 거기서 더 설명하겠습니다. 통상 목표를 분할은 하지만, 주어진 지역보다 목표를 더 크게 하면서 분할하지는 않거든요.

목표가 포함해야 하는 지역을 선정하는 것은 목표를 확보했을 때의 최종상태를 연계하여 생각해야 합니다. 앞서 제시한 〈그림 42〉에서 목표 북방에 있는 고지들을 확보해야 초월공격지원을 할 수 있겠지요. 초월공격지원을 하는 모습은 공격작전에서 방어를 하는 모습입니다. 그 진지에 들어가서 방어를 하면서 초월공격을 하는 아군을 엄호합니다. 목표가 포함하는 지역은 최종상태를 달성하는데 필요한 지역을 포함해야 합니다.

위의 상황에서 목표를 확보하면 목표 선상에 병력을 배치할까요? 북방 고지까지 병력을 배치할까요? 여러분이 목표를 부여받은 지휘관이라면 어떻게 하겠습니까? 일차적으로는 목표 선상을 고려하여 병력을 배치할 것입니다. 통상 목표보다 더 멀리 앞으로 나간다고 생각하지 않잖아요.

그런데 최종상태를 달성하고자 하면 최초 배치한 지역에서 더 북쪽으로 이동해야 하겠지요. 무슨 이야기가 나오겠습니까? 최초 위치에서 다시 이동을 할 것이면 차라리 최초부터 위치를 그렇게 정해주지, 왜 한 번 점령했다가 다시 이동해서 진지를 구축하게 하느냐는 것이지요. 비효율적인 부대 운영이 되는 것입니다.

〈그림43〉과 같이 어떤 목표의 기능이 남쪽으로는 적의 퇴로를 차단하여 도주를 막고, 북쪽으로는 추가적인 적의 증원을 차단하는 역할을 한다고 했을 때에도 각각의 방어에 유리한 지형을 고려하여 목표의 포함지역을 판단해야 합니다. 남쪽과 북쪽을 보고 각각 방어를 하는 것이지요. 목표의 역할과 기능에 따라서 그것을 할 수 있는 지역을 포함해야 합니다. 그것은 곧 최종상태를 고려하는 것이지요.

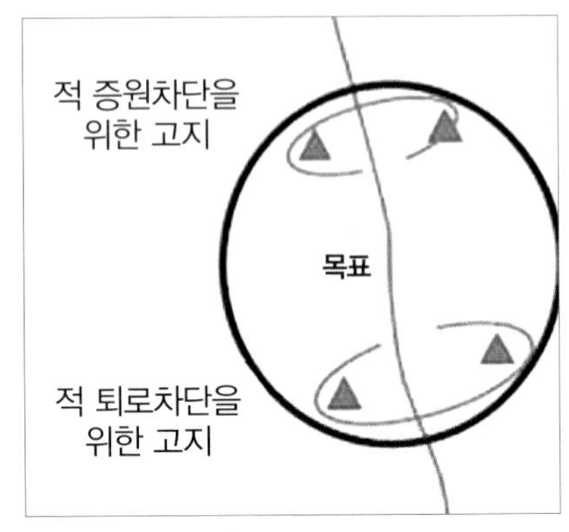

〈그림43〉 목표 포함지역

여기서 한 가지 생각해 보지요. 공격부대가 공격선/접촉선을 통과할 때, 초월공격을 지원해주는 부대는 어떤 모습일까요? 〈그림44〉에서 제시한 것처럼, 두 가지 모양이 가능합니다. 좌측 그림처럼 통제선에 전 지역을 연속적으로 점령하고 있는 모습이거나 우측 그림처럼 일부분만 점령하고 있는 모습이지요.

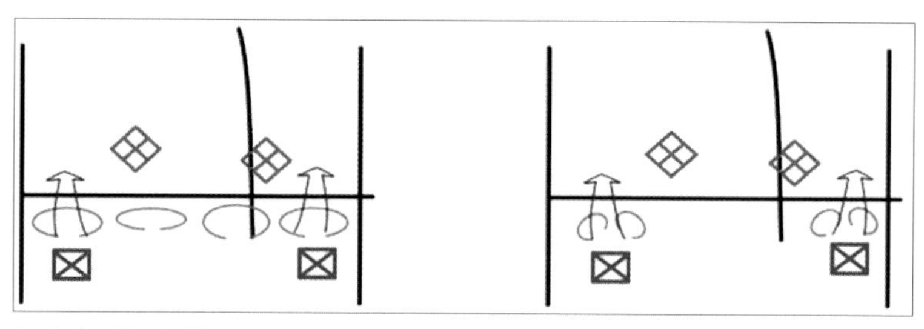
〈그림44〉 초월공격지원 모습

우리가 방어작전을 하다가 공격작전으로 전환하는 당시의 상황에서는 〈그림44〉처럼 통제선의 전 지역에 방어배치를 하고 있는 모습일 겁니다. 그러나 공격작전이 진행되는 과정에서는 우측과 같이 일부 지역만을 확보한 모습이 될 가능성이 큽니다. 목표 포함지역 만큼이지요.

그럼 궁금증이 생기지요. 통제선을 확보한다는 과업을 받았잖아요. 그런 상황에서 1~2개의 목표를 선정해서 확보한 후 일부 지역만을 저렇게 점령한 것이 통제선을 다 확보한 것이냐는 말이지요. 그래서 좌측 그림처럼 점령해야 한다고 주장합니다.

어떤 사람들은 그에 대해 반대 의견을 이야기할 수도 있습니다. 목표를 확보하고 나서 진지강화 및 재편성을 한 다음, 또 단편명령을 하달해서 통제선 전 지역을 점령해야 하느냐는 말이지요. 필요도 없는데.

그 문제에 대한 교관 생각은 이렇습니다. 목표를 선정해서 일부지역만 확보를 해도 공격작전에서는 그 통제선을 확보한 것으로 봅니다. 왜냐하면, 작전목적과 최종상태를 달성하기 때문에요. 왜 그것이 가능하냐고요? 공격작전이 그렇습니다. 내가 필요한 시간과 장소를 선택할 수 있는 특성이 있지요. 공자는 내가 부여받은 모든 지역에 가용부대를 전개시켜서 다 통제해야 할 필요가 없어요. 작전목적과 최종상태를 달성한다면 내가 필요한 시간과 지역을 선택하면 되는 것입니다. 그것이 공자와 방자의 근본적인 차이이기도 합니다.

목표의 크기는 작전지역 할당논리와 연관이 있습니다. 작전지역을 할당하는 것은 1단계 하급부대가 수행해야 할 과업의 성격과 역할, 통제범위, 부대 전개 공간, 작전한계점을 고려해서 할당한다고 했지요.

교리적으로 정의된 것은 아니지만, 대대와 연대의 점령지역에 대한 연구가 있었습니다. 개인 호 거리로부터 분대, 소대, 중대의 작전지역을 추론하다 보면 대대는 약 3~4Km, 연대는 6~8Km의 지역을 담당할 수 있다는 것이지요. 합리적인 추론입니다. 그러나 실제 전투의 다양한 상황에서 그것은 얼마든지 달라질 수 있습니다.

전투를 마치고 전투력을 소진한 상태에서 〈그림45〉와 같이 목표를 확보한다면 위의 수치보다 약간 적은 지역을 담당할 수 있겠지요. 이러한 데이터는 통제범위와 관련됩니다. 목표를 확보했을 때, 부대배치와 통제범위를 고려하면 대략적인 목표의 크기를 가늠해 볼 수 있는 것입니다.

〈그림45〉 목표 확보 후 일반적인 부대배치

목표의 크기는 통제범위만을 고려한 것은 아닙니다. 필요한 지역이 있으면 다 포함을 해야 하지요. 포함지역에 대한 설명은 앞서 한 바와 같고요, 포함지역을 잘 선정해야 1단계 하급부대가 수행해야 할 과업의 성격과 역할을 잘 고려해서 목표를 선정한 것입니다. 부대 전개공간이나 작전한계점에 대한 설명은 생략하겠습니다.

3) 목표 분할 문제

1단계 상급부대로부터 부여받은 목표를 예하부대는 분할할 수 있습니다. 목표의 명칭은 통상 목표를 확보하는 부대의 명칭을 사용하지요. 그래서 상급부대에서 부여한 목표와 명칭이 같은 경우는 별로 없습니다.

목표를 분할하는 것은 제대에 맞춰서 가용 능력대로 과업을 분할하는 것과 같은 원리입니다. 한꺼번에 다 하기 어렵고, 누가 무엇을 할지 교통정리가 필요하니 전체 과업을 부대별 능력에 맞춰 배분하는 것입니다. 통상 상급부대에서 부여한 목표보다 분할한 목표의 크기는 작아지겠지요.

전에 했던 이야기 중에, 군단의 결정적작전을 결국은 중대가 하는 것 아니냐고 묻는 사람이 있었다고 했지요? 공격전술에서 목표의 분할 문제와 제대별 결정적작전의 관계를 이해한다면 그런 말이 나오겠습니까? 군단의 목표를 분할해서 중대까지 갔다고 하더라도, 중대 목표가 군단 목표와 같겠냐고요. 또 중대가 목표를 확보했다고 군단이 목표확보를 완료했다고 할 수 있겠습니까?

목표를 분할할 때, 내가 부여받지 않은 지역에 대해서도 더 포함할 수 있습니다. 앞에서 잠깐 언급했었지요. 통상 그렇게 판단하지 않는 것이 문제지요. 받은 동그라미 도형을 그대로 지형에 맞춰 자르는 것에만 신경 씁니다.

그러나 교관 생각에는 필요하면 추가적으로 판단한 지역을 포함하는 것도 가능합니다. 왜 가능하겠어요? 목표는 과업 중에서 명시과업입니다. 추정과업도 목표가 될 수 있어요. 그래서 상급부대에서 주어지지 않은 목표도 내가 스스로 선정할 수 있고, 명시과업으로 받은 목표도 추가적인 포함지역을 넣어서 더 크게 할 수도 있습니다. 그 정도 판단할 수 있는 예하부대가 있다면 상급부대는 마음을 놓을 수 있겠지요. 의사소통 수단이 일부 잘못되더라도 잘 새겨서 듣고 그 과업을 잘 수행할 테니까요.

4) 목표를 왜 동그랗게 그려야 하는가?

목표를 동그랗게 그리는 이유는 단일 지역을 확보하는 방법 중에서 가장 효율적인 방법이기 때문입니다. 동그라미라는 것이 어느 지역을 점령하는 병력 소요를 가장 최소화시켜주잖아요.

그러나 반드시 가로 세로가 똑같은 반듯한 동그라미를 의미하는 것은 아닙니다. 교관이 앞서 이야기한 포함 지역과 현지 지형, 여러 가지 상황들을 고려하다 보면, 목표가 반드시 그렇게 그려지지는 않거든요.

목표를 네모나 세모꼴로 그릴 수도 있지 않습니까? 교관은 가능하다고 합니다. 가능하지요. 그렇게 하려면 그렇게 하세요. 그러나 목표를 확보하고 진지 강화 및 재편성을 하여 적의 역습에 대비할 때, 네모나 세모꼴이라면 아무래도 효율성이 떨어질 겁니다.

지금까지 목표의 사용에 대해 설명했습니다. 목표 하나 그리는 데에도 무척 신경 쓸 것이 많지요. 공격작전에서 목표는 그만큼 중요합니다. 목표를 누락 없이 적절하게 선정해야 시간과 공간, 전투력, 과업을 최적화시킬 수 있습니다.

여러분은 깊이 고민해서 목표를 잘 사용해야 합니다. 여러분이 계획을 수립해서 명령을 하달하고 그 명령에 대해 브리핑을 한다고 해보세요. 그 브리핑에서 여러분은 이 목표가 어떤 의미인지, 이 목표가 어떤 기능을 하는지, 왜 필요한지, 왜 이렇게 그렸는지를 이야기할 수 있어야 합니다. 그래서 교관이 목표에 대한 이야기를 이렇게 많이 하고 있는 것입니다.

5 창의적인 방책을 바라십니까?

공격전술을 배울 때 특히 더 강조합니다. 창의적인 안을 높게 평가한다고 하지요. 그러다 보니 학생들은 창의적인 방책을 그리려고 많은 고민을 하게 됩니다. 그 결과 다른 사람들이 잘 하지 않는 독특한 모습의 방책을 준비해서 오는 사람들이 더러 있습니다.

그렇게 해서 창의적이라고 그려오는 안을 보면 색다르기는 합니다. 양쪽을 폐쇄하는 안, 폐쇄하지 않고 통제선까지 한 부대가 공격해가는 안, 전진축을 불가사리 모양으로 여러 개를 사용하는 안 등 별별 모습이 다 나오지요. 좋은 평가를 받을까요?

안타깝게도 그렇지 않습니다. 아무리 유별난 안을 그려온다고 해도 따지기 시작하는 것은 이야기한 대로거든요.

① 작전목적이 무엇입니까?

② 그에 따라 결정적목표가 무엇이고 다른 목표들은 어떻게 선정했습니까?

③ 어디에 집중을 하고 시간, 공간, 전투력, 과업은 어떻게 최적화했습니까?

④ 공격작전준칙이 잘 적용되었습니까?

독특하다고 그려 와서 의기양양하게 제시를 하다가 몇 마디 질문하면 그다음부터 답변이 궁색해지지요. 무엇이 문제일까요? 상황에 맞춰서 계획을 수립하거나 조치를 한 것이 아니라는 점이 문제입니다.

상황과 상관없이 그냥 독특하게 보이려고 하는 것은 잘못된 것입니다. 방책의 구비요건을 기본적으로 갖추고, 논리적으로 작전목적을 제대로 도출해야 합니다. 그리고 그것에 따라 결정적목표와 기타 목표들을 제대로 선정해야 합니다. 시간과 공간, 전투력, 과업이 최적화되어야 합니다. 공격작전준칙이 잘 적용되어야 합니다.

그럼 창의적이라는 것이 무엇인가요? 지금까지 앞에 이야기한 것을 다 지키면서 내가 다른 안을 보지 않고 스스로 했다면 창의적인 것입니다. 자신의 안이 좌 폐쇄나 우 폐쇄라서 다른 사람과 똑같이 보인다고요? 괜찮아요! 비슷하게 보이는 것은 여러 가지 상황이 그렇게 밖에 나올 수 없는 상황이기 때문에 비슷하게 나오는 것입니다.

그러나 내가 스스로 고민을 했던 사람의 안은 다른 점이 있습니다. 폐쇄를 예를 들어보겠습니다. 폐쇄를 어디까지 했는지, 왜 폐쇄를 했는지, ○○○일대 있는 적 예비대는 어떻게 처리를 하려고 했는지, 전투수행방법이 다 다른 것입니다. 폐쇄 하나 그리는 것도 작전지역을 부여하는 논리에 따라서 많은 고민을 해야 합니다. 그냥 대충 그리는 것이 아닙니다.

좌 폐쇄면 좌 폐쇄 다 똑같은 방책이라고 생각합니까? 그것이 참으로 안타까운 일이지요. 폐쇄에 대한 전술적 식견이 없는 것입니다. 그러니 학생들이 좌 폐쇄나 우 폐쇄가 될 수밖에 없는 상황에서 맹목적으로 남들과 다른 방책을 그리기 위해 노력하다가 낭패를 보는 안타까운 일이 있는 것입니다. 교관이 가르치는 공격전술은 그런 정도의 수준이 아닙니다. 폐쇄에 대해서는 나중에 별도로 설명하겠습니다.

앞서 예를 든 학생의 경우는 창의적이라고 하는 것의 의미를 잘 이해하지 못한 것이지요. 창의적이라는 것이 단지 남과 다른 것을 의미하는 것이 아닙니다. 상황에 맞춰서 내가 계획을 수립하고 조치를 하는데, 다른 것을 보지 않고 스스로 하면 그것이 창의적인 것입니다.

총론 전술이야기에서 언급했습니다. 戰勝不復(전승불복)의 자세로 해야 한다고요. 왜 전승불복이 가능합니까?

人皆知我所以勝之形, 而莫知吾所以制勝之形

(인개지아소이승지형, 이막지오소이제승지형)

사람들은 내가 승리하는 형태를 보겠지만,

내가 승리를 만들어가는 과정은 모른다.

내가 무형의 경지에 도달할 정도로 연구와 고민을 해서 항상 전투에서 이깁니다. 매번 사용하는 형形이 달라요. 같은 것을 사용하지 않습니다. 그런 상태에서 사람들이 내가 승리하는 것을 항상 보지만, 내가 승리를 제어해 나아간 과정은 몰라요. 그것을 모르기 때문에 전승불복이라는 거예요! 단 한 번도 같은 것을 사용하지 않는다는 것입니다!

공격작전에서 공세적이고 대담한 전투력 운용을 하라고 강조합니다. 여러분은 그것을 무모한 전투력 운용과 혼동해서는 안 됩니다. 상황에 맞춰 조치하는데 그렇게 창의적으로, 대담하게 하라는 것입니다. 전술가의 정신을 갖추고, 본질을 명확하게 파악하고 그것을 해결해 나아가는 전투수행방법을 본인 스스로 착안하세요!

그렇게 할 때 창의적인 안, 공세적인 전투력 운용, 대담하게 공격하는 방책은 저절로 따라옵니다.

6 얼마나 집중하는가?

공격작전의 집중은 방어작전의 집중과 다릅니다. 공격작전준칙과 방어작전준칙을 설명할 때 언급했었지요. 교리적인 정의와 방법은 같습니다만, 공격과 방어의 특성에 따라서 나타나는 모습은 다릅니다.

공자의 전투력 집중은 자신이 선택한 시간과 장소에서 집중한다고 했습니다. 그리고 그것이 결정적인 시간과 장소가 될 때는 결정적지점 구상과 연계된다고 했습니다. 방자의 전투력 집중은 공자가 집중하는 장소에 집중한다고 했었지요.

전투력을 집중하기 위해서는 다른 지역에서 절약하는 것이 필요합니다. 공자는 자신이 선택하지 않은 시간과 장소에서 전투력을 절약합니다. 그래서 공자는 자신이 부여받은 작전지역 전 범위를 부대를 배치해서 확보하거나 통제할 필요가 없는 것이지요. 자기가 의도한 작전목적과 최종상태에 필요한 시간과 장소만 선택할 수 있는 것입니다.

방자가 전투력을 절약하는 것은 공자의 위협이 적을 것으로 판단하는 시간과 장소에서 절약합니다. 지형의 이점을 얻을 수 있는 곳에서도 절약하지요. 그러나 그렇게 절약을 한다고 해도 화력과 장애물 등 최소한의 통제대책을 세워 혹시 모르는 사태에 대비해야 한다고 합니다. 융통성을 위한 것이지요.

바로 이런 것이 공격작전과 방어작전의 집중에 있어 차이를 만들어냅니다. 방자는 집중하더라도 융통성 측면의 대비를 하지 않을 수 없기 때문에 대략 5:5, 6:4의 집중을 하게 됩니다. 공자는요? 공자가 방자처럼 전투력 집중을 해서는 안 됩니다. 공자가 하는 전투력 집중은 9:1, 8:2수준입니다.

그렇게 집중했다가 낭패를 보면 어떻게 하느냐고요? 교관에게 무슨 이야기를 듣고 싶습니까? 공격전술 이야기를 시작할 때 전술가의 정신을 이야기했지요. 작전목적을 달성하기 위해서 본질을 정확하게 꿰뚫고 어떤 위협이 있더라도 대책을 세워서 대담하게 나아가라고요!

초고밀도로 집중해서 그것을 성공으로 이끌 생각은 하지 않고, 집중했다가 낭패를 당하면 어쩌냐고요? 도대체 지금 공격전술을 하자는 거예요? 말자는 거예요? 그럼 공격작전도 융통성을 대비하는 측면에서 5:5, 6:4로 가자는 말입니까?

공격작전은 그렇게 하는 것이 아닙니다. 확실하게 내가 심지를 가지고 '바로 여기다!' 결정하면 그것을 한 방향으로 쫙 밀고 나아가는 것입니다. 내 판단이 틀리지 않았다고 할 수 있는 주도면밀함과 대담성을 가지고 거침없이 밀어붙이는 거예요!

물론 아군이 한 곳으로 집중하면 적도 기능별로 대응하기 용이하지요. 용이하겠지만, 전투력의 상대적 우세를 압도적으로 달성한 바에야 방자가 어쩌겠습니까? 그것 무서워서 전투력 집중을 못합니까? 속담에 구더기 무서워서 장 못 담근다고 하지요. 전투력 집중을 못하는 사람은 전투 지휘관 하지 마세요! 전술가의 자질이 없는 것입니다! 『손자병법』에 이런 말이 나옵니다.

故形人而我無形(고형인이아무형)

則我專而敵分(즉아전이적분)

我專爲一, 敵分爲十(아전위일, 적분위십)

是以十攻其一也(시이십공기일야)

則我衆敵寡, 能以衆擊寡(즉아중적과, 능이중격과)

則吾之所與戰者 約矣(즉오지소여전자 약의)

〈……〉

越人之兵雖多(월인지병수다)

亦奚益於勝哉(역해익어승재)

故曰, 勝可爲也(고왈 승가위야)

敵雖衆 可使無鬪(적수중 가사무투)

남을 나타내고 나를 나타내지 않으면

나는 하나가 되고 적은 나누어진다.

나는 하나가 되고, 적은 열로 나눈다면

열이 하나를 공격하는 것이다.

따라서 나는 많고 적은 적은 수이니, 능히 무리로 적음을 치는 것이다.

그래서 내가 싸우는 것은 간략한 것이다.

〈……〉

월나라 병사가 비록 많다고 하더라도

어찌 그것이 승리를 하는 데 도움이 되겠는가?

그래서 이야기하는 것이니, 승리가 가능하다.

적이 아무리 많아도 가히 싸울 수 없게 만드는 것이다.

'전투력을 얼마나 집중하는가?'의 상한선에 대한 연구는 좀 필요합니다. 얼마나 많이 집중할 수 있느냐는 것이지요. 집중하는 수준을 넘어서 부대가 전투대형이 유지되지 않고 너무 밀집되는 것은 좋지 않으니까요. 교관이 생각하기에는 각 제대의 편제화기 사거리의 1/2 또는 1/3 정도 거리를 고려해 연구해 볼 수 있다고 생각합니다. 그러나 한국전쟁 전례에서 보면 현리전투에서 중공군 1개 사단이 1~2Km 폭 이내로 기동한 사례가 있습니다.

이러한 점을 모두 다 고려해야 할 것입니다.

공자의 전투력 집중을 방자처럼 하지 마십시오. 확실하게 9:1, 8:2 이상 집중하세요. 적의 화력이 우려된다면 그것에 대한 확고한 대책을 세워놓고 집중하세요. 어정쩡하게 5:5, 6:4 집중해 놓고 집중이라고 하면 교관에게 크게 혼날 각오를 해야 할 겁니다.

7 피실격허? 피실격허!

교관이 학생이었을 때에도 이 이야기를 귀가 따갑게 들었던 기억이 납니다. 금과옥조라 할 정도로 중요하다는 사항이었지요. 두말할 여지가 없어 보이는데, 이것도 그렇게 당연하지가 않습니다. 이런 문제들 때문이지요.

① 교리나 학교 측 안처럼 꼭 약점을 공격해야 하느냐?
② 강점을 공격해야 하는 경우가 있지 않냐?

옛날에는 학교 측 안이라는 것이 있었습니다. 해당 상황에 대해 교관들이 토의해서 만든 방책을 이르는 말이지요. 그것을 마치 모범답안이라고 생각했었습니다. 학교 측 안과 다른 방책은 좋은 점수를 받지 못한다고 생각했었습니다. 그래서 학교 측 안이라는 것에 대해 부정적인 인식이 많았지요.

여러 가지 상황에 내가 대처하는 방법이 다른데, 특정 방책만이 맞는다고 하는 것은 잘못된 생각이지요. 지금은 그렇게 하지 않습니다. 교관의 안도 하나의 방안일 뿐입니다. 그런데 앞서 이야기한 것과 피실격허는 무슨 상관일까요?

교리? 교리에 나온 것과 다르게 할 수도 있습니다. 전투현장에서는 지휘관이 판단한 대로 싸운다고 했지요? 그렇다면 피실격허도 내가 판단한 대로 할 수 있는 것 아니냐는 이야기지요? 교관이 본 바로, 생각보다 많은 사람이 그런 의견입니다.

적 강·약점 탐지에서 언급했던 것처럼 적의 약점을 공격하는 것은 우승열패의 원리를 구현하는 것입니다. 적의 대비가 미약한 약점을 공격해야 전투력의 상대적 우세를 달성할 수 있습니다. 그래야 주도권을 장악할 수 있고 내가 원하는 대로 작전을 이끌어 효율적으로 작전목적과 최종상태를 달성할 수 있지요.

『손자병법』에 나오는 「피실격허」 원문부터 보고 갑시다.

兵形象水, 水之形, 避高而趨下(병형상수, 수지형, 피고이추하)

兵之形, 避實而擊虛(병지형, 피실이격허)

水因地而制流, 兵因敵而制勝(수인지이제류, 병인적이제승)

故兵無常勢, 水無常形(고병무상세, 수무상형)

군사력을 운용하는 형태는 물의 형태와 같다.
물은 높은 곳을 피하고 낮은 곳으로 흐른다.
군사력 운용의 형태도 실한 곳을 피하고 허한 곳을 친다.
물은 지형으로 인해 흐름을 제어하고,
군사력은 적으로 인해 승리를 제어한다.
따라서 군사력 운용도 정해진 세가 없고,
물의 모양도 정해진 형태가 없다.

『손자병법』에서 언급하는 이러한 내용은 군사사상과 이론 수준에 속합니다. 교리에는 이러한 내용이 원리, 원칙 수준에서 포함하고 있지요. 원리는 필연적인 이치, 이러하면 반드시 이렇게 된다는 것입니다. 원칙은 개연적인 이치, 이러하면 이렇게 될 가능성이 커진다는 것입니다.

교리에 명시한 다른 부분들 – 전술, 전기, 절차, 용어와 부호 등은 기술적인 수준의 내용도 있습니다. 그것은 따르지 않을 수도 있어요. 내 판단대로 해서 교리와 다르게 할 수도 있습니다.

그러나 원리, 원칙 부분은 그렇지 않습니다. 적의 약점을 공격하는 것은 효율적인 공격작전을 위해서 선택의 여지가 없는 것입니다. 그것을 내가 판단해서 따르거나 따르지 않을 수 있는 수준이 아니라는 것입니다! 그리고 학교 측 안과 피실격허는 아무런 상관도 없습니다! 전혀 상관없는 곳에 엉뚱한 논리를 갖다 붙인 것이지요.

다음 문제는 좀 고민이 됩니다. 주로 주공부대만 실습을 하던 때에는 고민이 없었지요. 항상 적의 약점인 차요 방향 부대를 공격했으니까요. 조공부대를 실습해 보세요. 조공부대는 대부분 적의 강점인 주요 방향 부대를 공격하지 않습니까?

공격작전을 하다 보면 적의 강점에 공격하는 경우도 있습니다. ① 상급지휘관의 의도가 그러할 때 ② 전투력의 격차가 극명해서 강, 약점을 따지지 않아도 될 때이지요. ①번의 경우를 예를 들면 이렇습니다.

〈그림46〉을 보면 동측으로 주공 연대가 공격을 하고 있습니다. 그런데 조공 연대가 근접한 도로로 공격을 하려고 한다면 어떨까요? 적의 예비대가 반돌격을 하는 것이 훨씬 더 용이할 것입니다. 삼거리에서 기다리고 있다가 우선 위협이 되는 쪽으로 역습을 하겠지요.

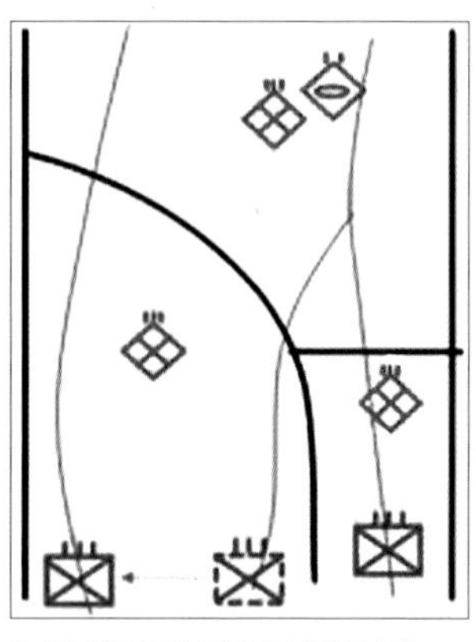

〈그림46〉 조공부대의 공격방향 (예)

이러한 지형이라면 지휘관은 조공부대를 서측 도로를 이용하여 공격하도록 이야기할 수 있습니다. 그렇게 이야기하면 조공

연대장은 그것을 제한사항으로 인식해서 계획을 수립해야 하겠지요. 그래서 적의 주요방향으로 공격을 합니다.

약점을 공격하는 것이 조금이라도 더 효율적으로 작전을 수행하기 위해서 하는 것입니다. 그러나 그 차이가 미미할 정도라면 적의 강점과 약점을 따지지 않고 공격하는 것도 가능하다고 생각합니다.

이러한 논리가 아니라면, 웬만해서는 피실격허를 하지 않을 수 있는 논리는 없습니다. 그리고 어쩔 수 없이 적의 강점에 대해 공격을 할 경우가 있어요. 그렇게 해서 적 주요 방향 연대를 공격한다고 해도 주요방향 대대를 공격하는 것이 아니라 차요방향 대대를 공격해야 하는 것이지요.

『손자병법』에도 이런 말이 당연히 언급되겠지요? 「지형」 편에 나오는 말입니다.

將不能料敵, 以少合衆(장불능료적, 이소합중)

以弱擊强, 兵無選鋒曰北(이약격강, 병무선봉, 왈배)

凡此六者, 敗之道也(범차육자, 패지도야)

將之至任, 不可不察也(장지지임, 불가불찰야)

장수가 적의 기도를 알지 못하고, 적은 수로 많은 적군과 싸우며 약한 병력으로 강한 적군을 공격하며 병사들 중에서 선발된 정예병이 없는 군대를 '배병'이라고 한다.

무릇 이 여섯 가지는 패배하는 길이며

장수의 임무이니, 살피지 않을 수 없다.

맨 밑줄에 나오는 여섯 가지란 지형 때문에 발생할 수 있는 군사력 운용의 병폐를 나타낸 것입니다. 여섯 가지를 제시했는데, 그중 마지막이 北(배), 즉 달아나는 군대에 관해서 설명하는 것이지요.

약점이 없는 경우는 일부러 그것을 조성할 수도 있습니다. 약점이 없다기보다는 식별하지 못한 것이지요. 그러나 공자의 입장에서 약점이 식별하지 못한 것은 어디를 공격해야 할지 모르는 난감한 상황입니다. 그런 경우 일시적인 화력집중 등 여러 가지 방법을 이용해서 약점을 조성할 수 있지요. 적의 최초 진지가 될 수도 있고, 적 체계상의 약점이 될 수도 있습니다.

조금 전에 피실격허 원문을 설명했습니다. 원문에서 피실격허 바로 뒤에 무슨 말이 나오는지 꼭 소개해 주고 싶네요.

能因敵變化而取勝者, 謂之神(능인적변화이취승자, 위지신).

적의 변화, 약점을 잘 파악해서

전장의 승리를 얻어내는 자는 신의 경지다.

『손자병법』 전편에 걸쳐서 가장 극찬을 하는 표현입니다. 다른 어떤 곳을 보아도 이런 극찬이 없어요.

正(정)을 바탕으로 奇(기)를 발휘하여 승리합니다. 준비를 철저히 해서 形(형)을 갖춰놓고요. 작전을 시작하면 勢(세)를 발휘하지요. 正(정)과 奇(기)를 운용한 결과가 虛(허)와 實(실)로 나타납니다. 그것도 정형적인 모습이 아니라 시시각각 변하는 모습으로 나타나지요. 적에게 잠깐 나타나는 虛(허)를 포착해서 나의 實(실)로 타격하는 능력은 전술가에게 매우 중요한 능력입니다. 그러니 손무가 신의 경지라고 하지요. 여러분도 그러한 수준에 도달하게 되기를 바랍니다.

2단계 vs 3단계 작전?
2개 사단 vs 3개 사단?

작전을 단계화하는 것은 작전을 효율적으로 수행하기 위한 것입니다. 통상 2단계 작전을 하지요. 상황에 따라서는 3단계 작전도 합니다. 어느 때 3단계 작전을 할까요? 아무리 찾아도 그 기준을 찾아보기 어렵습니다.

3단계 작전을 하는 것은 몇 가지 상황을 충족한다면 얼마든지 가능합니다. 일단 작전지역 종심이 길어야 하겠지요. 작전지역 종심이 길지 않으면 너무 짧게 단계화를 하게 됩니다. 짧게 단계화를 하는 것은 불필요한 초월소요를 증가시키지요. 여기서 짧게 단계화를 시켰다는 표현은 통상적인 연대와 사단의 종심을 고려해서 그보다 짧게 단계화를 했다는 의미입니다.

초월 횟수는 최소화하는 것이 가장 좋습니다. 그럼에도 불구하고 3단계를 한다는 것은 작전지역 종심이 길어서 2단계로 하는 것보다는 3단계가 효율적이라고 판단했기 때문입니다.

3단계 작전을 위해서는 적절한 가용부대가 있어야 합니다. 가용 부대가 없어서 1단계 작전 시 사용했던 부대를 다시 3단계에 사용해야 합니까? 가용 전투력이 부족하여 과업을 부여하기 어렵습니까? 그렇다면 그것은 가용부대 측면에서 3단계 작전에 적합하지 않은 것입니다. 그 외에도 적의 방어 배치와 기도 측면에서 3단계를 하는 것이 적절한지 따져보아야 하고요, 기타 전술적 고려요소를 보아서 3단계 작전을 할 수 있습니다.

반면에 3단계 작전을 해야 하는 상황에서 2단계 작전을 한다고 틀렸다고 할 수 없습니다. 작전한계점과 같은 제한사항이 있으면 그것을 연장하는 조치를 하면 되지요. '작전을 단계화하는 것이 작전한계점을 의미하는 것인가?'에 대해서는 다음 이야기에서 별도로 언급하겠습니다.

적 최초 진지 공격 시 2개 사단을 사용할까요? 3개 사단을 사용할까요? 이것은 전투력할당 논리와 연관이 있습니다. 수행해야 할 과업과 그 과업을 수행하면서 싸워야 할 적 부대 규모, 전투수행 방법을 고려한다고 했지요.

적이 최초진지를 견고하게 구성하고 종심에는 성기게 배치를 했다면, 최초 진지를 돌파하는 데 맞서 싸울 적 부대가 많지요.

그러면 3개 사단을 이용합니다. 만약 적 최초 진지가 성기게 배치되고, 종심을 더 보강한 형태라면 우리가 공격을 할 때에도 최초 진지에 2개 사단을 사용하고 종심에서 더 많은 전력을 사용할 수 있겠지요. 생각보다 간단한 문제입니다. 그런 방향으로 생각하지 않아서 막연했지요.

이 이야기에서 제시한 두 가지 문제는 계획수립의 두 번째 부분에 해당합니다. 시간, 공간, 전투력, 과업을 어떻게 최적화하느냐는 문제이지요. 교관이 뭐라고 했습니까? 최적화하는 방법은 아주 많다고 했지요. 어떻게 해도 상관없습니다!

작전지역 넓게 부여했어요? 전투력 더 주세요! 과업이 많을 것 같아요? 전투력 더 많이 주세요! 전투력이 충분하지 않습니까? 작전지역과 과업을 줄여서 상대적 우세를 달성할 수 있게 하세요!

계획수립의 첫 번째 부분, '무엇을 할 것인가?'의 문제는 상급 지휘관 의도와 명시과업으로부터 도출한 작전목적으로부터 최종상태, 결정적목표로 연결됩니다. 그 부분에서 잘못되면 안 된다고 했지요. 그것은 '같다, 다르다'를 따지는 수준이 아니라고 했습니다. '맞다, 틀리다'의 수준이지요.

그러나 계획수립의 두 번째 부분인 '어떻게 할 것인가?'는 자기 스타일대로 어떻게든 할 수 있는 부분이라고 했습니다. 이것은 '같다, 다르다'의 문제입니다. 어떻게 해도 최적화만 시키면 상관없거든요. 누가 물어보면 내가 생각한 논리대로 답변하면 됩니다.

교관이 하는 이야기도 일반적으로 그렇다는 것입니다. 전투력 할당과 작전지역 부여 논리를 바탕으로 자기가 다른 생각과 주장이 있다면 그대로 해도 됩니다. 자신감을 가지세요.

전투력을 할당하는 것과 운용하는 것

계획수립절차의 방책 수립단계에서 전투력을 할당할 때에는 통상 적이 최초 배치한 상태를 놓고 할당합니다. 종심에 있는 적 예비대가 역습을 들어온 상황을 가정하지 않는다는 것이지요. 그런데 작전을 하다 보면, 적은 통상 역습을 하니까 그것이 계획수립 시 전투력 할당과 작전실시와의 일관성이 없다는 의견이 있습니다.

교리상 그렇게 되어 있는 것이 사실입니다. 왜 그렇게 되었을까요? 교관은 계획수립의 편의를 위한 것이라고 생각합니다. 만약 적의 움직임을 예상해서 역습을 들어오는 상황에서 전투력 할당한다면 어떨까요? 그것도 어떻게든 가능하겠지요. 적 예비대가 역습을 하면 종심에는 적이 없지 않냐고요? 상급부대의 역습이 또 있다고 판단을 할 수 있습니다.

교리에서 최초 적 배치를 판단한 것을 놓고 전투력을 할당하는 것으로 한 것은 단지 편리한 기준, 시작점이 필요했기 때문입니다. 어떤 것이든지 효율적으로 계획수립을 할 수 있는 시작점 말이지요. 어차피 방책수립 단계는 초안 수준이고, 그것을 워게임을 거쳐 검증하니까요.

그런데 문제는 이것입니다. 원래 이 과업을 하려고 받은 전투력인데, 작전을 실시하다 보면 그 과업에 쓰지 않게 된다는 것이지요. 여기서 전투력을 할당하는 것과 운용하는 것의 차이를 인식해야 합니다. 방어전술에서도 똑같은 이야기가 있어요. 같은 제목이지만 조금 다른 이야기입니다.

전투력을 할당하는 것은 적의 최초 배치를 바탕으로 판단합니다. 그런데 그 전투력을 다른 곳에 사용하는 것은 당시 상황에 맞춰 운용하는 것입니다. 할당하는 것과 운용하는 것이 다를 수 있다는 점을 알아야 합니다.

우리가 3일 전에 ATO 표적건의를 하잖아요? 전술제대가 3일 뒤에 어떻게 될 줄 알고 표적을 건의하겠습니까? 너무 뜬구름 잡는 이야기 같지요. 그러나 합리적인 추론을 통해서 뭐라도 해야 합니다. 그래야 전력이 할당됩니다. 실제 그것을 운용할 때는요? 그 표적에 사용하지 못할 수도 있어요! 그 표적에 사용하지 않는다고 누가 뭐라고 하지 않습니다. 물론 사용할 수 있으면 좋겠지만, 상황이 변해서 그 표적에 사용하지 못하게 되었는데 그럼 어쩌겠냐고요!

계획하는 단계에서 최선의 노력을 해서 합리적인 판단으로 전투력을 할당했지요. 작전실시에서 그 운용이 달라지는 것은 충분히 가능한 일입니다. 잘못된 것 아닙니다. 상황이 계속 변하니까 작전을 하면서 상황을 꾸준히 평가해서 시간, 공간, 전투력, 과업을 조정하고 최적화하는 노력을 하는 것이지요.

조공부대에 고착만 할 수 있는 전투력을 주고 고착 과업을 부여했습니다. 그런데 적 예비대가 조공부대 방향으로 역습을 했습니다. 그러면 조공부대는 고착 과업을 위해 할당받은 전투력을 운용해서 적 역습부대를 고착하고 격멸까지 하는 것이지요! 고착 과업만 생각하고 할당한 전투력이 부족할 것 같으니까 상급부대서는 추가 전투력을 할당한다는 것입니다.

여전히 뭔가 찜찜한 느낌이 들 수도 있겠지요. 그러나 실제 그렇습니다. 혹자는 그것을 일관성 있게 맞춘다고 노력할 수도 있을 겁니다. 전투력 할당 시 적 최초 배치만 따지는 것이 아니라 적의 움직임을 더 세부적으로 판단할 겁니다. 또는 고지식하게 3일 뒤에 어떤 표적이 나타날지 판단할 수 없으니 우리는 건의를 못하겠다고 할 수도 있겠지요.

그럼 어떻게 되겠습니까? 방책수립 단계에서 초안 수준으로 최초 전투력을 할당하는 것이 복잡해지고 시간이 더 오래 걸리겠지요. 그리고 표적을 건의하지 않으면 전력을 할당받지 못합니다. 장차작전을 판단하는 것도 이것과 비슷합니다. 뜬구름 잡는 것 같이 무척 막연하지요. 그렇다고 그것을 안 하면 어떻게 됩니까? 현행 작전실에서 발등에 떨어진 사태에 대해 계획을 수립하느라 매우 어려운 상황이 될 겁니다.

전투력을 할당받는 것과 운용하는 것은 다릅니다. 계획수립을 하면서 '작전실시에서 이대로 되지 않으면 어떻게 하지?' 이런 생각 하지 않아도 됩니다. 계획수립 단계에서는 최선을 다해서 계획수립을 효율적으로 진행하세요. 작전 실시간 달라진 상황에서는 달라진 상황에 맞게 운용하면 되니까요.

작전한계점과 작전단계화

작전한계점과 작전단계화는 작전구상 요소 중 하나입니다. 사람들에게 작전단계화를 왜 그렇게 했냐고 질문을 해봅니다. 그러면 대부분 그 지점에서 작전한계점에 도달할 것 같아서 작전단계화를 그렇게 했다고 합니다.

작전한계점이 작전단계화를 구상하는 데 영향을 주는 것은 분명합니다. 반대로 작전을 단계화하는 것도 작전한계점을 극복하는 것과 연관이 있지요. 그렇다고 해서 '작전한계점=작전단계화'라고 인식하는 것은 적절하지 않습니다. 교관이 여기서 하려는 이야기는 그것입니다.

작전한계점은 계측가능하거나 눈으로 볼 수 있는 것이 아닙니다. 작전구상 요소로서 작전한계점은 이런 역할을 합니다. 부대가 작전한계점에 도달하기 전에 지휘관이 미리 조치를 하도록 하는 역할입니다. 그래서 그것이 작전구상 요소인 것입니다.

'작전한계점=작전단계화'라고 하면 중간 통제선을 그은 곳이 작전한계점에 도달하는 장소인가요? 작전한계점은 계측가능하거나 눈으로 볼 수 있는 것이 아니라고 했지요.

또한 작전을 단계화했다면 부대가 그곳에서 반드시 작전한계점에 도달하고, 초월을 해야 하는 곳이 되나요? 그렇지 않다는 것입니다. 작전을 단계화했다고 해서 그곳에서 부대가 반드시 작전한계점에 도달하라는 법은 없습니다.

통제선에 도달했는데 부대가 작전을 계속할 수 있는 상태라면 초월을 하지 않고 공격할 수 있습니다. 또는 초월을 할 수도 있겠지요. 그 판단을 어떻게 하겠어요?

초월을 하는 것은 2개 부대가 중복되거나 밀집되어 전투력 발휘가 어려워지는 상황을 의미합니다. 많은 제한사항과 취약점이 있지요. 그럼에도 불구하고 초월을 하는 것은 초월을 하는 것이 작전을 더 효율적으로 하는 방안이라고 판단했기 때문입니다.

당장은 부대가 좀 더 갈 수 있더라도 초월을 하지 않으면 2단계 작전이 어렵다는 것이지요. 그리고 계획수립 시 초월을 하는 제반 여건이 가장 잘 갖춰진 곳에 통제선을 선정했다는 것입니다. 그러니 미리 초월을 시키는 것이지요.

초월을 하지 않는 것은 그 반대의 경우이겠지요. 초월을 하지 않아도 전투력 보충만 해주면 2단계 작전을 그 부대가 할 수 있다는 것입니다. 작전한계점과 작전단계화가 서로 상관은 있지만 그 자체가 같다고 보기는 어렵습니다.

작전을 단계화하면서 통제선을 어디에 긋느냐? 이 문제도 고민되는 부분이지요. 여러 가지 접근 방법이 있습니다. 우선 작전지역을 부여하는 논리에 맞춰 생각해봅시다. 상급부대는 예하부대에 초월 지원 과업을 부여했을 때, 그 과업을 수행하는 데 필요한 지형을 포함하여 작전지역으로 부여해주어야 합니다. 통제선을 긋는 것도 그 부대의 작전지역을 나타내는 것이 되지요.

비슷한 논리이지만, 조금 다른 접근을 해보겠습니다. 통제선을 선정할 때에는 앨 알라메인 전투의 교훈으로 얻어진 깔때기 효과를 고려해야 합니다. 앨 알라메인 전투는 1942년 롬멜과 몽고메리가 싸웠던 전투입니다. 여기서 몽고메리가 승리하지요. 승리는 했지만 앨 알라메인 전투에서 영국군의 초월작전은 매우 어렵게 진행됐습니다. 그에 대한 전훈 분석이 이루어진 자료가 있

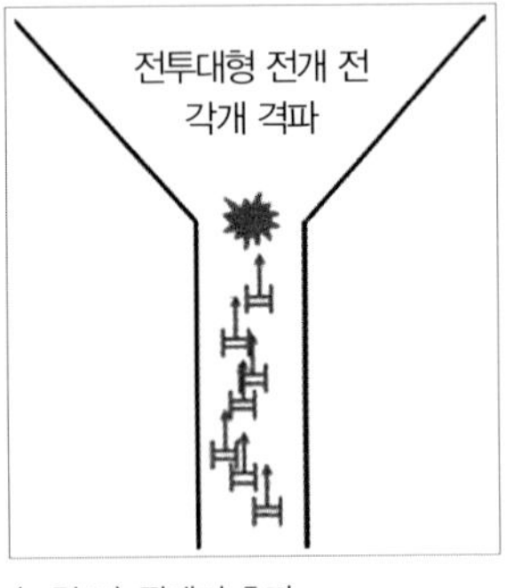

〈그림47〉 깔때기 효과

었지요. 여러 가지 전훈 중에 깔때기 효과라는 것이 있었습니다. 〈그림47〉에서 보면 좁은 통로를 이용해서 초월을 하는 부대는 선두에 있는 일부 부대만이 전투력을 발휘할 수 있지요. 또한 전투 대형을 갖추기 전에 각개 격파 당하는 상황에 처하고 맙니다. 앨 알라메인 전투에서 이러한 부분을 교훈으로 도출했었지요.

따라서 지형을 고려해서 초월부대가 충분히 전투력을 발휘할 수 있는 준비가 될 때까지 피초월 부대가 초월 지원을 해야 합니다. 상급부대에서는 그것이 가능하도록 상황을 고려해서 통제선을 선정해야 하지요.

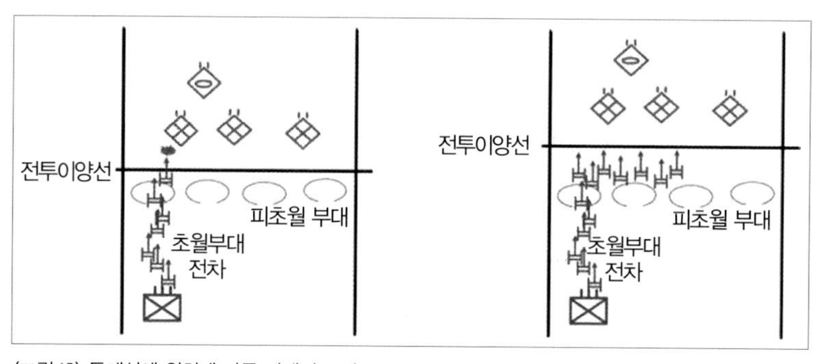

〈그림48〉 통제선에 위치에 따른 깔때기 효과

〈그림48〉에서 보면 좌측의 그림은 좁은 통로로 전차가 초월을 한 뒤, 적과 바로 전투를 해야 하는 상황입니다. 뒤따라가는 전차들은 전투력을 발휘하기 어렵지요. 비효율적입니다. 우측 그림을 보면 좁은 통로로 초월한 전차들이 전투대형을 갖출 동안 피초월부대에서 엄호를 해 줄 수 있는 상황입니다. 이러한 점을

고려해서 깔때기 효과가 발생하지 않도록 통제선을 선정해 주는 것이 좋습니다.

상급부대에서 부여받은 통제선이 현장에서 적절하지 않다면 그것을 다시 건의해서 초월에 대한 사항을 조정 및 협조할 수 있는 안목도 여러분은 갖춰야 합니다. 현장에 위치한 지휘관이 당연히 해야 할 일이기 때문이지요.

폐쇄를 하는 경우와 이유

폐쇄를 하는 것은 많은 의미를 담고 있습니다. 경우의 수도 많습니다. 학생들이 가장 고민하는 것 중에 하나이지요. 폐쇄를 어느 때는 하고, 어느 때는 안 하느냐? 폐쇄를 높게 하느냐, 낮게 하느냐? 어떤 것을 고려해서 해야 하느냐? 작전투명도를 작성할 때 이런 문제들이 괴롭힙니다.

현재 상황에서 폐쇄를 한다고 실습을 했어도 학생들은 불안합니다. 근원적으로 어느 때 폐쇄를 하는지 안 하는지 알아야 다른 상황에서도 그것을 써먹지요. 지금 상황에 대한 계획수립 답안을 알았다고 해도 다른 상황에 적용하는 방법을 모르면 소용이 없잖아요. 고기 낚는 법을 알아야 다른 곳에 가서도 고기를 낚을 것 아닙니까?

앞서 창의적인 방책 이야기를 하면서 언급한 적 있지요. 좌,

우 폐쇄 했다고 그것이 다 똑같은 폐쇄인줄 아느냐고요. 폐쇄는 아무렇게나 막 하는 것이 아닙니다. 여기서 이제 그 이야기를 해 보겠습니다. 어느 때는 전투지경선으로 폐쇄를 하고, 어느 때는 통제선을 부여하나요? 어떤 차이가 있습니까?

폐쇄를 하는 경우는 다음과 같은 것이 있습니다. ① 적이 강점(주요 방향)일 경우 ② 지형적으로 폐쇄를 할 수밖에 없는 경우 ③ 측방위협에 대비할 경우이지요. 이 외에도 다른 경우가 있을 수 있습니다만, 여기서는 이것만 설명하겠습니다.

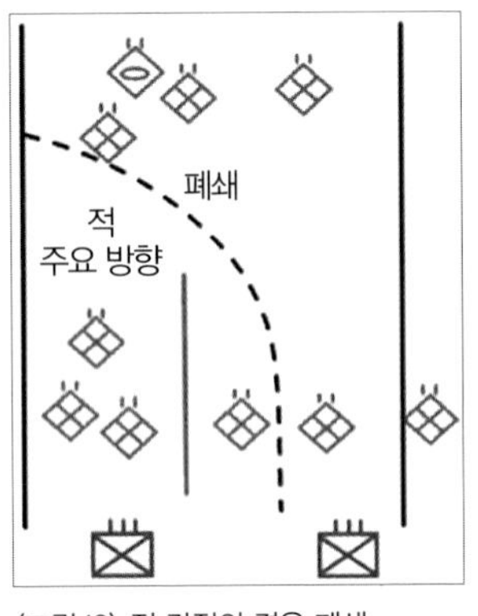

〈그림49〉 적 강점의 경우 폐쇄

〈그림49〉와 같이 적이 강점인 경우는 조공부대의 경우가 대부분일겁니다. 주공은 통상 적의 차요 방향에 공격을 하니까요. 조공은 주요 방향 부대를 공격하게 됩니다. 어떤 과업을 받을지는 상황에 따라 다르지요. 그러나 분명한 것은 조공부대가 쉽지 않은 상황이라는 것입니다. 전투력은 적은데 주요 방향의 적을 상대로 공격작전을 하는 것이지요. 물론, 조공은 그 와중에서도 약점을 찾아서 공격합니다. 상급부대에서는 이런 경우에 폐쇄를 이용하여 조공부대의 작전지역을 부여합니다.

지형적으로 격실이 형성되어 있는 경우에도 폐쇄를 할 수 있습니다. 산맥과 능선 때문에 다른 곳으로 통하지 못하는 독립된 공간일 경우가 있지요. 그러한 지형은 통상 전술적으로 가치가 적은 곳이라고 볼 수 있습니다. 그렇다면 그것을 폐쇄를 해서 최소 규모의 부대만 배치할 수 있습니다. 이런 경우가 많지는 않습니다.

측방위협이 있는 경우에도 폐쇄를 할 수 있습니다. 〈그림50〉에서 보면 아군 부대는 북쪽으로 공격을 하고 있습니다. 그런데 공격하고 있는 부대의 서측에서 적 기갑/기계화 부대가 접근하고 있습니다. 계획수립 시 이러한 위협을 이미 예상했었지요.

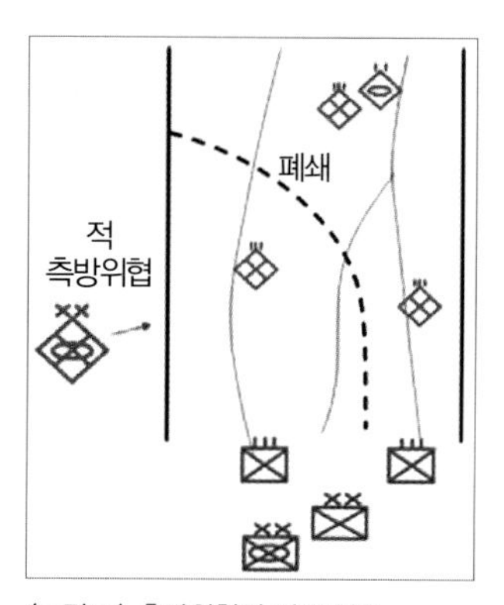

〈그림50〉 측방위협의 경우 폐쇄

이러한 경우 적이 접근하지 못하도록 기동장애물을 하나 설치하는 것은 매우 단편적인 조치입니다. 특정 전투수행기능 단독으로는 많은 능력을 발휘하지 못하지요. 적은 어렵지 않게 장애물을 해체하고 계속 접근해 올 것입니다.

조금 더 보강을 한다면 장애물과 일부 기동, 정보, 화력 전투력을 할당할 수 있겠지요. 그러나 가장 공고하게 적 측방위협에 대비할 수 있는 방법은 폐쇄를 하는 것입니다. 이것이 세 번째 경우이지요.

폐쇄를 하는 세 가지 경우에 대해 살펴보았습니다. 이제는 폐쇄를 하는 이유에 대해 따져 보겠습니다. 각각의 경우에 대해 앞서 교관이 설명한 것은 그냥 그렇게 한다는 것이지, 왜 한다는 이유에 대한 설명은 없었지요.

폐쇄를 하는 이유는 여러 가지가 있겠지만, 가장 중요한 것은 초월 공격 지원에 대한 과업을 부여하지 않으려 하는 의도가 큽니다. 첫 번째 경우에서 조공이 전투력도 충분하지 않은데 적의 주요 방향 부대를 공격하잖아요? 그 부대에 〈그림 51〉과 같이 초월 공격을 지원하라는 과업을 준다면 어떻겠습니까?

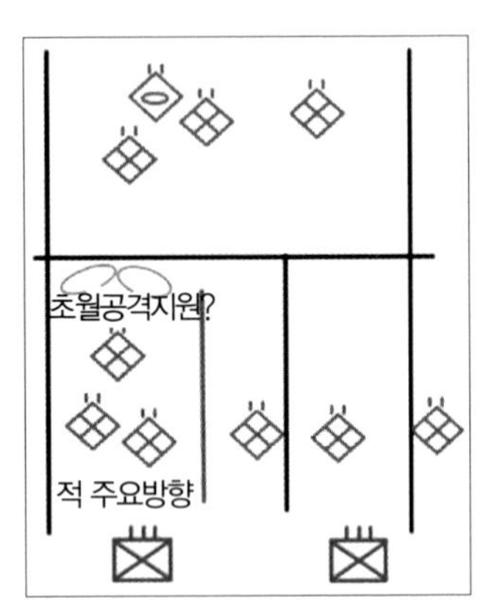

〈그림51〉 조공부대의 초월공격지원1

조공부대가 적 주요방향을 공격하는 것도 상대적으로 보아서는 벅찬 일이지요. 그런데 부대가 통제선까지 진격을 해서 초월 공격에 유리한 지형을 확보한 다음 그림과 같이 배치해야 할 것 아닙니까? 쉽지 않은 상황이 될 것입니다. 물론 임무를 받은 조공부대장은 그것을 어떻게든 해내겠지요. 그것이 조공의 묘미라고 말씀드렸어요. 그러나 상급부대 입장에서 볼 때에는 조공부대에 작전지역과 과업을 그렇게까지 주는 것은 시간, 공간, 전투력, 과업이 최적화된 형태가 아니라고 보는 것이지요. 계획 수립 시 상급부대의 역할이 작전지역과 전투력을 할당하고 과업을 최적화해서 부여하는 것이라고 했잖아요.

물론 이러한 경우는 하나의 예입니다. 상황에 따라 그렇지 않을 수도 있습니다. 사단급 이상 부대는 전투력이 상대적으로 많고, 조공부대라도 작전지역 내에 초월에 사용할 수 있는 기동로가 많습니다. 그래서 조공이 주요 방향 부대를 공격한다고 해도 초월공격 지원 과업을 수행하는 경우가 있지요. 그리고 연대급 이하의 조공부대라고 하더라도 전투력을 충분히 주었거나, 초월 공격 지원 과업을 주었다면 폐쇄를 하지 않을 수도 있습니다. 지금 교관이 여기서 설명하는 것은 폐쇄를 하는 하나의 이유를 설명하는 것이지요.

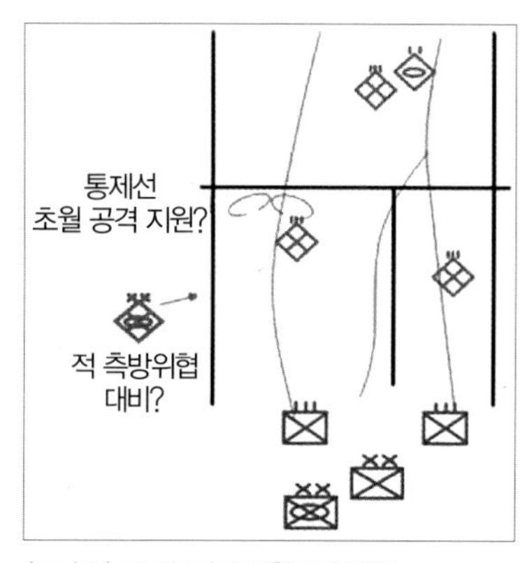

〈그림52〉 조공부대의 초월공격지원2

앞에서 제시한 세 번째의 경우도 비슷합니다. 〈그림52〉의 예를 보았을 때, 측방위협에 대비해야 하는 부대에게 가장 중요한 것은 서측에서 접근하는 부대를 막는 것이지요. 그런데 그 부대에게 북쪽으로 올라가서 통제선 일대의 지형을 확보하고 초월 공격 지원을 하라고 하면 어떻겠습니까? 측방 위협을 막는 것과 초월 공격 지원을 하는 것 중에 도대체 무엇이 중요한 것인지, 해당 부대장은 고민을 하게 될 것입니다.

고민을 안 하더라도, 측방 위협을 막는 전력을 일부 전환하여 초월 공격지원을 하는 방안을 찾겠지요. 그렇게 고민하지 않도록 상급부대에서는 폐쇄를 해서 측방 위협에 대비하는 과업에만 충실하게 계획하는 것이 좋습니다. 두 번째 특별한 지형의 경우에는 초월 공격 지원 과업 자체가 필요하지 않은 것이니까 폐쇄를 하지요.

또 고민이 되는 것이 있습니다. 폐쇄를 할 때 어떤 지역을 포함하는지, 하지 않는지 말이지요. 달리 표현하면 '폐쇄를 높게 하느냐? 낮게 하느냐?', '폐쇄를 넓게 하느냐? 좁게 하느냐?'에 대한 문제입니다. 이 문제는 작전지역 할당 논리와 연계해서 생각해야 합니다. 그리고 조공의 운용과 관련해서도 설명이 해야 하지요. 그래서 다음 이야기로 넘기겠습니다.

마지막으로 전투지경선으로 폐쇄하는 것과 통제선을 부여하는 것의 차이에 대해 언급을 하고 맺겠습니다. 전투지경선과 통제선은 다른 것입니다. 그러나 비슷한 성격을 가지고 있지요.

기동과 화력 등 전투력 운용을 통제하고 협조하는 점, 작전지역을 규명한다는 점이 비슷합니다. 반면에 다른 점도 있습니다. 전투지경선은 좀 더 영속적이고 융통성이 없어요. 통제선은 다소 융통성이 있다고 인식하지요. 그래서 통제선을 부여해서 용도를 전투이양선으로 두면 그것은 그 통제선을 이용해서 초월공격을 한다는 의미로 인식합니다. 통제선이 있지만 그것을 넘어서 전투력 운용을 할 수 있다는 것입니다.

전투지경선은 그렇지 않습니다. 전투지경선이 있으면 그것을 넘어서 전투력을 운용한다고 인식하지 않거든요. 물론 특별한 경우에 상급부대의 승인과 인접부대 협조를 하면 가능하지요. 그런 것이 없는 통상적인 경우에요.

그래서 현재 우리가 공격작전에서 사용하는 것을 보면, 세로로 그려진 선, 측방 경계를 나타내는 것은 전투지경선을 사용합니다. 그리고 횡으로 그려진 선, 전방과 후방의 경계를 나타내는 것은 통제선을 사용하지요. 이러한 것이 현재 교리에 설명은 없습니다만, 일반적으로 인식하고 있는 모습입니다.

통상 초월 공격 지원을 위한 중요지역 확보를 작전목적으로 계획을 수립하면 통제선 바로 밑에 지형을 보아 목표를 선정합니다. 그런데 전투지경선으로 폐쇄한 조공부대의 경우 전투지경선에 근접하여 목표를 선정하는 경우가 있지요. 교관도 육군 대학 공부를 하기 전에 그렇게 했던 기억이 있습니다. 〈그림53〉과 같이 말이지요. 지금 생각해보면 초월 공격을 하는 것과 헷갈려서 그랬지요. 목표는 다 그렇게 그리는 것인 줄 알았습니다.

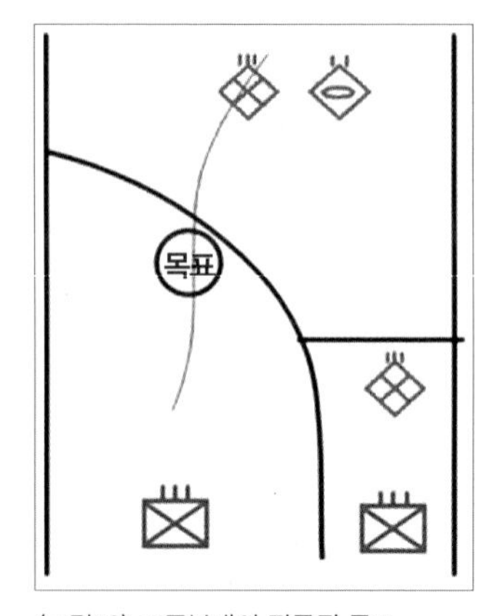

〈그림53〉 조공부대의 잘못된 목표

목표를 그리면 목표를 왜 그렸는지 설명할 수 있어야 한다고 했지요. 그리고 그 과업을 수행할 수 있도록 작전지역을 부여해야 한다고 했습니다. 전투지경선과 통제선의 구분, 폐쇄의 의미와 과업의 차이 등을 생각하지 못하다 보니 저런 목표가 나오는 것이지요. 다음 이야기에서 조공에 대한 설명과 같이해서 더 이야기하겠습니다.

상급부대 입장에서 조공부대를 어떻게 운용할 것인가?

조공부대가 수행하는 과업은 다음과 같은 것들이 교리에 제시되어 있습니다.

① 적 2제대 투입 강요
② 주공방향 기만
③ 적 부대 고착
④ 주공지역 적 증원 차단
⑤ 중요지형 통제

얼마 전부터 육군대학에서 조공부대에 대한 실습 토의를 반영하면서 조공부대에 대한 관심이 증가한 것은 매우 고무적인 일입니다. 그 전에는 주공부대에 대한 실습 토의만 했었지요. 그런데 우리가 야전에서 임무를 수행하는 것을 보더라도 주공부대는 하나의 부대일 뿐입니다. 나머지 부대는 조공부대이지요.

조공부대가 역할을 잘 해주어야 합니다. 예전에 협조된 공격이라는 작전형태가 있었습니다. 지금은 정밀공격이라고 부르고 있지요. 협조된 공격에서 뭐가 협조되었다는 것인가요? 주공과 조공이 협조되었다는 의미입니다.

주공과 조공이 협조되지 않을 때도 있냐고 질문이 나오겠지요. 그렇습니다. 공격작전에서는 협조되지 않을 때도 있습니다. 공격작전에서는 균형이 중요하지 않습니다. 왼손과 오른손에 각각 칼을 들고 싸우는 것에 비교하면 방어작전은 똑같은 크기의 칼을 각각 나누어 들고 싸웁니다. 공격작전은 한 손에 두 개의 칼을 붙여서 더 길게 만들고, 나머지 한 손에는 아주 짧은 칼만 들지요. 공격작전에서는 어느 공격부대가 상급 및 인접부대와 반드시 보조를 맞춰서 공격해야 할 필요가 없습니다.

그런데 협조된 공격에서는 어떻다는 것입니까? 주공과 조공이 잘 협조를 해야 한다는 것입니다. 왜요? 적이 견고하게 방어 태세를 갖추고 있으니까 그렇지요! 특정 부대 하나의 역량으로는 안 된다는 것입니다. 그러니까 주공부대가 공격을 하는데 조공부대가 잘 도와주어야 하지요! 그래서 협조된 공격 시 조공부대를 운용하는 것이 매우 중요합니다!

그런데 조공부대에게는 전투력을 조금밖에 주지 않잖아요? 작전지역도 넓고, 적은 강하잖아요? 그런 상황에서 어떻게 임무를 수행합니까? 적의 약점을 더 잘 찾아서, 더 집중해서 전투력의 상대적 우세를 달성해야 하지요! 그렇지 않으면 임무수행이 안 되잖아요? 그러니 조공부대를 잘 운용하는 것이 공격전술의 포인트라는 것이지요.

주공부대는 전투력을 많이 할당해주고, 임무를 수행하는 것을 충분히 위임해주어도 됩니다. 그런데 조공부대는 전투력도 상대적으로 적게 할당해주고, 세부적인 지침을 주어서 통제해야 합니다. 앞에서 임무형 지휘 이야기하고 그에 위배되는 이야기를 하니 좀 이상하게 생각할 수 있겠습니다. 그러나 모든 것은 '조공부대가 주공부대 작전에 기여하기 위해' 필요한 것입니다. 조공부대가 주공부대의 작전에 기여하려면 자기 마음대로 싸워서는 안 됩니다. 그러니까 조공부대가 엄청나게 중요하고, 조공부대에 대해 얼마나 고민을 했는지를 보면 그 사람의 공격전술의 깊이를 알 수 있는 것입니다.

상급부대 입장에서 '조공부대에게 어떠한 과업을 부여하고 전투력을 할당할까?' 하는 것이 매우 고민되는 문제입니다. 지금까지 이야기했던 계획수립 시 상급부대의 역할이 있었지요. 전투력을 할당하고 과업을 부여하는 것이었습니다. 조공부대는 그것 말고도 전투수행방법까지 세부적인 지침을 주어야 할 필요가 있습니다.

상급부대는 조공부대에 명확하게 과업을 부여하고 그 과업의 의미를 잘 이해했는지, 전투수행방법을 잘 마련했는지 확인해야 합니다. 조공부대에 과업을 부여하는 방법은 다음과 같은 것들이 있습니다.

첫 번째, 목표를 부여하는 방법입니다. 〈그림54〉와 같이 표현이 되지요. 목표를 부여받은 조공부대는 목표를 확보하고 이후 목표에서 진지 강화 및 재편성을 해야 합니다. 왜 그것을 하는지, 저 목표를 왜 확보해야 하는지 현재 글에서는 상황이 주어지지 않았지요. 조공부대에 목표를 부여하는 것은 목표를 어디에 부여했는지에 따라서 그 의미의 차이가 큽니다. 아주 큰 차이가 나지요.

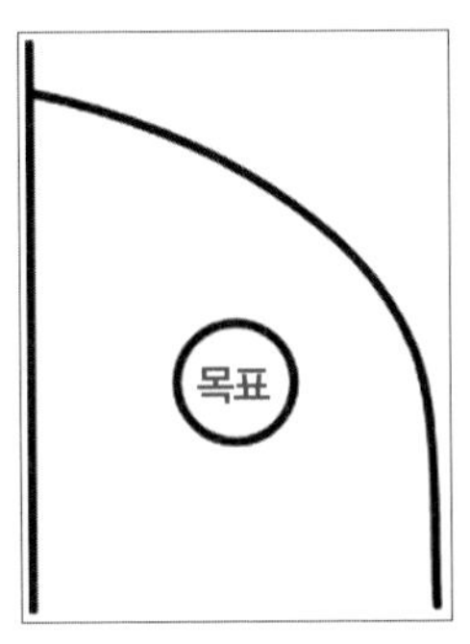

〈그림54〉 조공부대에 목표부여

앞에서 목표의 사용에 대해서 언급한 부분이 있지요. 그것과 연계해서 같이 보아야 합니다. 목표의 위치에 따라 조공부대 과업도 달라지고, 전투수행방법이 달라지기 때문에 목표를 그냥 대충 그려서는 안 됩니다. 목표에 따라 달라지는 조공부대의 과업과 전투수행방법은 다음 이야기에서 좀 더 설명하겠습니다.

두 번째 방법은 작전활동부호를 부여하는 것입니다. 〈그림55〉의 위쪽에 있는 작전활동부호는 대상 적 부대를 견제하라는 의미입니다. 그리고 아래쪽에 있는 작전활동부호는 적을 고착하라는 의미이지요.

그림의 예는 단순히 작전활동부호의 예입니다. 실제로 그림과 같이 아래쪽의 고착과 위쪽의 견제를 동시에 부여하는 경우는 별로 없습니다. 두 개의 과업을 동시에 부여한 것이잖아요? 두 개의 과업을 동시에 수행할 수 있는 전투력이 주어지지 않는다면 조공부대는 고민이 되겠지요.

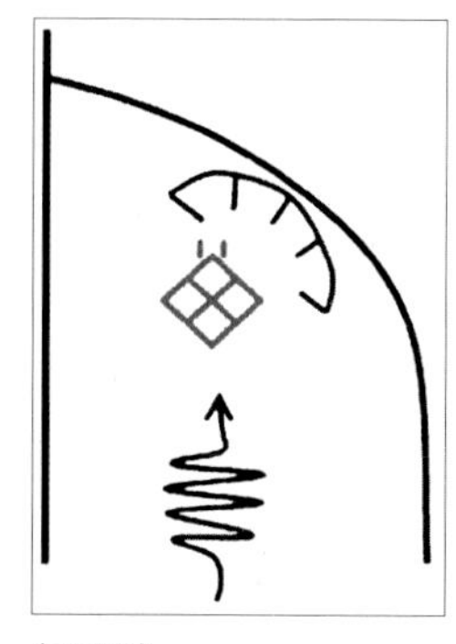
〈그림55〉
조공부대에 작전활동부호 부여

세 번째 방법은 아무것도 부여하지 않는 것입니다. 〈그림56〉처럼 폐쇄한 것 외에는 아무것도 없지요. 이것도 가능한 방법입니다. 상급부대에서 이렇게 작전지역만을 부여했다면 조공부대장은 전체 상황과 명령의 서식부분에서 자신이 무엇을 해야 하는지 찾아내야 합니다. 추정과업을 염출해 내야 하는 것이지요.

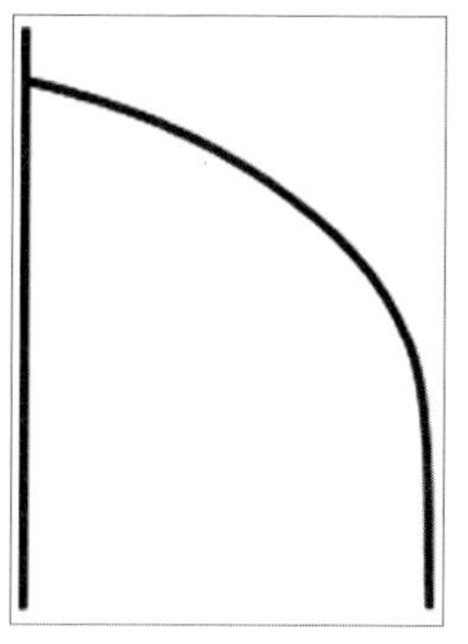
〈그림56〉
조공부대에 폐쇄만 부여

그래서 상급부대에서 목표를 부여하지 않았지만, 자기 스스로 목표를 선정할 수 있습니다. 교리적으로 이러한 방법도 가능하지요. 그러나 통상 조공부대장을 이렇게 고민하도록 만든다는 것은 적절하지 않지요. 상급부대에서 조금 더 고민해서 역할을 할 부분은 해야 합니다. 그것이 무엇이라고 했습니까? 과업을 부여하고 그에 맞게 전투력과 작전지역을 최적화하는 것입니다.

상급부대 입장에서 조공부대가 어떤 역할을 해주었으면 좋겠는지 명확하게 구상을 하고 그것을 의사소통이 잘 되도록 그림, 글씨, 표를 통해 전달해주어야 합니다. 그리고 전투수행방법을 잘 마련하는지도 확인해야 합니다.

그렇게 해야 조공부대가 제대로 역할을 할 수 있습니다. 그것은 곧 주공부대의 작전에 기여할 수 있다는 것입니다. 상급부대 입장에서는 조공부대가 제대로 역할을 하는 것이 주공부대의 작전 성패에 큰 영향을 미치기 때문에 중요한 것입니다.

교관이 전에 보았던 사례를 한 가지 이야기해주겠습니다. 〈그림57〉에서 보면 조공부대 쪽으로 적 반돌격을 시행하고 있습니다. 대부분의 경우 조공부대가 제대로 적 2제대 예비대를 유인하는 경우가 드물었는데, 아주 잘한 경우이지요. 그래서 잔뜩 기대를 가지고 관찰했습니다.

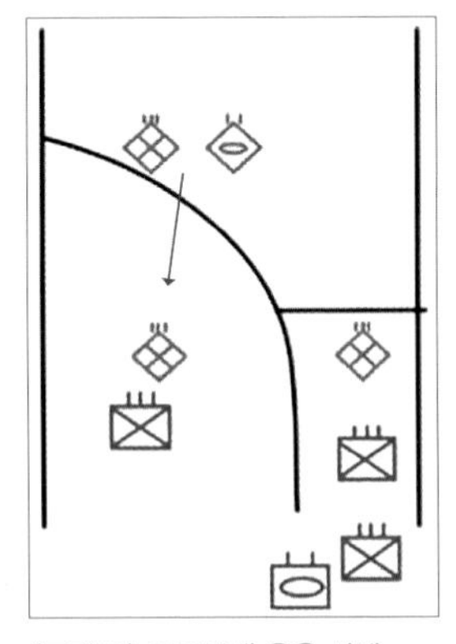

〈그림57〉 조공부대 운용 사례

문제는 적 2제대를 유인을 잘 했는데, 그다음에 무엇을 할지 잘 몰랐다는 것입니다. 조공이 잘 싸워서 적 2제대를 유인하기는 했지만 전투력이 많이 저하된 상황이었습니다. 그런 상황에서 적 2제대가 반돌격을 들어오니, 아주 위급한 상황이지요.

당시 훈련 부대 지휘관은 '적이 반돌격을 하고 있으니, 연대는 전투를 회피하고 생존성을 보장하겠습니다'라고 보고하더라고요. 아하! 참으로 안타까운 상황이었습니다. 결국 연대는 전멸하였고 적은 반돌격 후 다시 북상했습니다. 컴퓨터 모의로 하는 훈련이다 보니 현실과 좀 차이가 있을 수 있는 부분이지요. 기갑 및 기계화 부대가 갑자기 방향을 휙 바꿔서 갈 수 있는 것이 아니거든요.

여하튼 훈련 후 사후검토에서 여러 가지 사항이 논의되었습니다. ① 최초 계획수립 시에 사단이 연대에 어떤 방법으로 과업을 부여하였는가? ② 그 과업을 받은 연대장은 어떻게 이해를 하였고 최종상태를 어떻게 구상하였는가? ③ 사단장은 그 과업을 주면서 연대가 어떤 역할을 해주기를 바랐는가? ④ 사단에서 임무수행계획보고를 통해 연대의 전투수행방법을 확인하고 지도하였는가? 이런 사항들이었습니다.

나중에 확인한 결과는 사단에서는 깊은 고민 없이 폐쇄와 목표를 부여한 것으로 확인되었습니다. 연대장이 전투를 잘 해서 적 2제대를 유인한 것이었지요. 조공연대에서 적 2제대를 성공적으로 유인했다는 것은 엄청난 호기입니다. 조공연대에서 그것을 처치해준다면 주공연대를 포함한 사단 작전이 얼마나 원활하겠어요?

위 상황에서 조공연대장은 사단장에게 추가전투력 할당을 건의했어야 합니다. 유인을 하는 데에는 성공했지만 고착까지 하기 위해서는 추가전투력이 필요했던 것이지요. 그러한 연대 건의 이전에 사단에서는 기동장애물이나 화력을 운용하는 조치를 했어야 합니다. 적 2제대를 조공연대 지역에 고착시키거나 전투력을 약화시켜 더 이상 전투를 하지 못하게 하는 방안을 강구했어야 하지요. 조공연대가 심대한 피해를 입더라도 적 2제대 예비대를 격파하였다면 사단 작전에서 엄청난 역할을 한 것입니다. 주공지역과 적지종심에서 적의 마찰이 줄어드니 전체 작전의 성공가능성이 매우 높아지지요.

이러한 것들이 결국 상급부대에서 조공부대를 어떻게 운용하는지에 대한 고민을 해야 잘 해결할 수 있는 문제들입니다. 그런 고민이 없으니 이런 사례가 발생을 하는 것이지요. 조공부대를 잘 사용해야 상급부대는 작전의 성공 가능성을 높일 수 있습니다. 조공부대가 제대로 역할을 하지 못하면 주공부대의 부담이 커지거든요. 다음 이야기에서는 과업을 부여받은 조공부대장의 입장에서 이야기해보겠습니다.

조공부대장으로서의 임무수행

앞에서 조공부대가 수행하는 과업은 다음과 같은 것들이 있다고 했습니다.

① 적 2제대 투입 강요
② 주공방향 기만
③ 적 부대 고착
④ 주공지역 적 증원 차단
⑤ 중요지형 통제

앞의 이야기에서는 상급부대가 조공부대에 과업을 주는 방식을 알아보았습니다. 여기에서는 조공부대가 어떤 과업을 받으면 어떻게 전투를 수행해야 하는지 알아보겠습니다.

적 2제대 투입을 강요한다는 것은 적을 유인한다는 것입니다.

적 2제대가 투입할 수밖에 없도록 만드는 것이지요. 그것이 어떻게 가능할까요? 이것에 대한 이야기는 교리상 어디에도 언급이 없습니다. 그런데 『손자병법』에 나온 내용과 적 전술 교리에서 착안을 해보면 다음과 같이 추론을 할 수 있습니다.

「병세」편

故善動敵者 形之敵必從之(고선동적자 형지적필종지)

予之敵必取之 以利動之, 以本待之(여지적필취지 이리동지, 이본대지)

「허실」편

能使敵人自至者, 利之也(능사적인자지자, 이지야)

能使敵人不得至者, 害之也(능사적인부득지자, 해지야)

「병세」편

적을 잘 움직이는 사람은 (어떤 것을) 나타내서 그것을 적이 좇게 하고 (어떤 것을) 주어서 적이 그것을 취하게 한다. 이익으로서 적을 움직이고 근본(나의 태세)을 갖춰 그것을 기다린다.

「허실」편

적으로 하여금 스스로 오게 하는 것은 이익 때문이다.

적으로 하여금 스스로 못 오게 하는 것은 해로움 때문이다.

위에서 본 것같이, 『손자병법』에서는 이익 또는 이로움이 적을 움직인다고 합니다. 그것이 과연 무엇일까요? 여기에서 적 전술 교리를 한번 또 살펴보지요. 적은 반돌격이나 반타격 시기를 교리에 명시해 놓고 있습니다. 대대 거점을 피탈하면 적 사단이 반돌격을 하지요. 연대 거점을 피탈하는 시기에 적 집단군이 반타격을 합니다.

왜 그렇게 할까요? 그 이익이 무엇일까요? 공격작전준칙 설명할 때 일부 설명했던 내용이 있습니다. 전투부대로 이루어진 최초 진지는 매우 강력하게 편성되어 있습니다. 그런데 그것을 돌파해서 종심으로 가면 전투지원부대와 전투근무지원부대를 만나게 된다고 했지요. 우리의 전투부대는 적 전투근무지원부대와 싸우면서 혁혁한 공을 세우게 됩니다. 적의 입장에서는 방어의 지속성이 파괴되는 끔찍한 상황이지요.

적도 많은 전례를 통해서 그것을 알고 있습니다. 최초 진지가 돌파되면 공자의 예비대가 종심으로 들어온다는 것을 말이지요. 그렇기 때문에 때가 되면 역습을 해서 피탈된 방어전연을 회복하고 균형과 지속성을 유지하는 것이 좋다고 생각하는 것입니다! 그것이 이롭다는 거지요! 돌파가 되면 공자의 예비대가 자기 종심으로 들어온다는 것을 알고 있으니까요! 그런 참혹한 상황이 오기 전에, 적시적으로 그것을 틀어막는 것이 훨씬 더 이롭다는 것입니다!

그러니까 어떻게 하면 되겠어요? 적이 소중하게 생각할 만한 목표를 선정해서 최단시간 내에, 주공부대보다 빨리 그것을 확보하면 되는 것입니다. 적 예비대가 그것을 구하기 위해서 오도록 만드는 것이지요.

이러한 목표는 작전지역의 북쪽 끝에 있지 않습니다. 〈그림58〉에서 보는 것같이 중앙에 달덩이처럼 떠 있지요. 초월공격지원을 위한 중요지역 확보만 하던 사람은 목표가 저렇게 중간에 있다는 것이 매우 낯설게 느껴질 것입니다. 다시 한번 이야기하지만 목표는 자기가 필요한 대로 선정을 하는 것이지, 어디에 어떻게 하라는 규칙이 있는 것이 아닙니다.

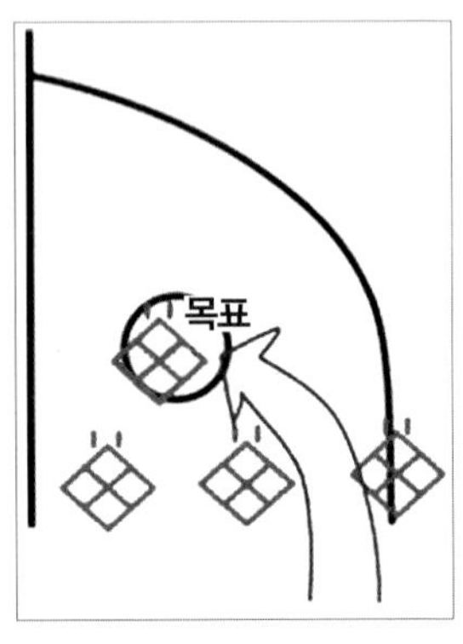

〈그림58〉
적 2제대 유인을 위한 목표선정

목표를 저렇게 하고 어디로 공격을 해요? 시간, 공간, 전투력, 과업을 최적화하는 곳으로 공격하면 됩니다. 적 주요방향 연대라고 해도 좀 더 약한 차요방향 대대를 찾아서 공격하는 것이 좋지요.

목표를 확보한 다음에는 어떻게 할까요? 목표 확보 후 진지 강화 및 재편성을 하면서 유인된 적 예비대와 맞서 싸워야 할 것입니다. 앞에서 이야기했던 사례이지요? 그때는 조공부대의 역량만으로는 부족하기 때문에 상급부대의 지원도 더 필요합니다. 조공부대가 적 예비대보다 먼저 목표를 확보할 수 있도록 하는 노력도 필요하지요. 그래서 조공부대에 전투력을 증원 및 지원해주거나, 상황에 따라서는 당시 국면의 주노력으로 지정하는 것도 필요합니다. 그렇게 하면 상급부대가 운용하는 전투력을 일시적으로 조공부대에 집중하게 되지요.

그것까지 생각해서 목표를 선정해야 합니다. 목표를 확보한 조공부대는 급편방어를 합니다. 공자와 방자가 바뀌었지요. 그래서 목표도 방어력 발휘에 용이한 지형을 연해서 선정해야 합니다.

학생들이 토의하다 보면 이런 질문을 합니다. '만약 유인되지 않을 경우에는 어떤 대책이 있습니까?' 조공이 저만큼 공격을 해 들어갔는데 만약 적이 역습을 감행하지 않았다면 어쩌겠습니까? 무엇을 고민해요! 사정없이 적 종심으로 더 공격해 들어가는 거지요! 적이 두려워하는 그 참혹한 사태에 직면하게 하세요! 조공이 저렇게 공격을 잘하는 것이 얼마나 좋은 호기입니까? 사정을 봐주지 않고 전투력을 집중해서 종심으로 더 깊이 공격하면 훨씬 더 좋은 결과를 얻을 수 있습니다.

다음은 주공 방향을 기만한다는 것을 보겠습니다. 통상 야전부대에서나 학생들이 생각하는 기만은 다음과 같은 것들입니다. 예비대를 이용한 양공 또는 양동, 조공부대의 공격시간을 주공부대보다 수 시간 빠르게 조정하는 것 등이지요.

교관이 본 바로는 그다지 효과가 있지는 않다고 생각합니다. 예비대를 이용해서 양공이나 양동을 한다는 것도 적에게 노출되는 것을 전제로 하고 있기 때문에 피해 위험을 감수해야 하지요. 조공부대가 조금 더 빨리 공격을 하더라도 대부분의 훈련 사례를 보면 주공방향을 기만하는 데 실패했었습니다. 교관이 분석한 바로는 이렇습니다.

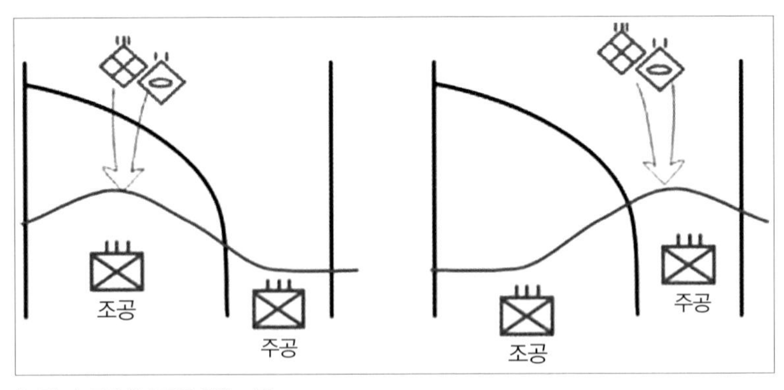

〈그림59〉 진출선과 주공 방향 기만

주공부대와 조공부대의 진출선이 관건이라고 생각합니다. 〈그림59〉에서 보세요. 왼쪽 그림을 보면 조공의 진출선이 앞서있습니다. 이런 상황에서 적의 반돌격은 조공방향 쪽으로 지향합니다. 그런데 오른쪽 그림을 보세요. 반대로 주공부대의 진출선이 더 빠르지요. 이런 상황에서 적 반돌격은 주공방향 쪽으로 지향합니다. 앞에서 이야기한 양공이나 양동, 또는 공격개시시간에 달린 것이 아니라는 말입니다.

물론 조공부대가 빨리 공격을 하는 것은 도움이 됩니다. 그러나 조공부대의 전투수행방법으로 정면 공격과 같은 부적절한 방법을 사용해서는 조공부대의 진출이 더 빠를 것으로 기대하기 어렵습니다. 전투력도 상대적으로 적은 조공부대가 강한 적 부대를 맞서서 공격하는데 균등하게 펼쳐서 공격하면 무엇을 하겠습니까?

주공방향 기만을 하고자 하는 조공부대는 어떠한 방법을 사용하더라도 주공부대보다 빨리 진출할 수 있는 방안을 강구해야 합니다. 기만을 해서 무엇을 하겠어요? 주공부대가 받는 압력을 조공부대가 분산시켜주겠지요. 결국은 처음에 언급한 적 2제대 투입 강요와 같은 맥락에서 볼 수 있습니다.

다음은 적 부대 고착입니다. 적 부대를 한 곳에서 다른 곳으로 움직이지 못하게 하는 것이지요. 어떤 사람들은 고착을 위해 정면공격을 한다고 하는데, 교관이 보기에는 그렇게 좋은 방법은 아닙니다. 고착을 하는 방법에 대해서도 어디에 언급한 것이 없습니다. 자기 스스로 고착이라는 것에 대한 전투수행방법을 고민해야 하지요.

교관이 생각한 고착을 하는 방법은 이런 것입니다.

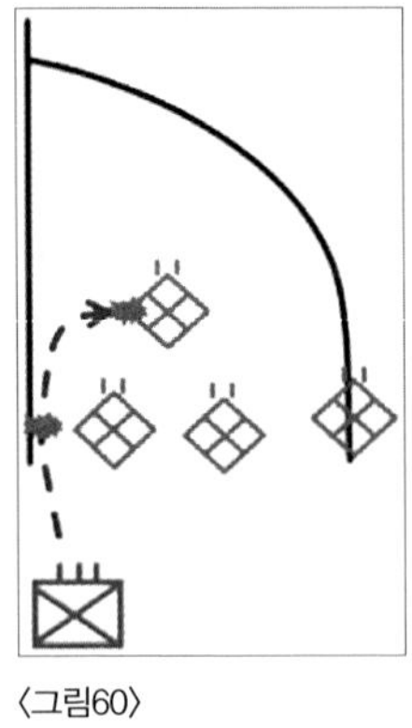

〈그림60〉
적 부대를 고착하는 방법(예)

조공부대가 적 전투지경선과 같은 약한 부분을 돌파하거나 침투를 해서 종심으로 들어가는 겁니다. 그래서 종심에 배치한 적의 예비부대를 측방에서 공격하면 어떻게 되겠습니까? 적의 입장에서 보면 황당하겠지요. 방어 진지 앞에서는 별로 싸워보지도 않았는데 갑자기 종심에서 공격을 받고 있으니까요.

적은 수단과 방법을 가리지 않고 종심에 들어온 공자의 부대를 격퇴하려 할 것입니다. 가용 부대를 다 모아서 부랴부랴 오겠지요. 그런 상황에서 적 연대가 다른 곳, 예를 들면 주공부대가 공격하는 지역으로 전환할 수 있겠습니까? 자기 발등에 떨어진 불 끄기에 바쁘겠지요! 저런 전투수행의 결과가 고착의 효과를 내고 있는 것입니다.

제시한 것은 하나의 예일 뿐입니다. 이 외에도 적이 전환할 수 있는 도로를 파악하여 도로 상의 애로 및 견부지역에 목표를 선정하고 그것을 확보하는 방법도 가능합니다. 화력으로 고착할 수도 있지요. 재삼재사 강조하지만, 자기만의 전투수행방법이 있어야 합니다.

고착이라는 것을 작전활동부호 하나 그려놓고 아무 생각 없이 하달하지 마십시오. 바람직하지 않은 경우를 보면, 군단부터 사단, 연대, 예하 대대까지 전부 다 똑같은 고착 작전활동부호를 그려놓습니다. 어떻게 하는지는 예하부대에서 알아서 하라고요.

명령을 상급부대 입장에서 그렇게 내렸다고 해도, 임무수행계획보고를 받으면서 예하부대의 전투수행방법을 다 확인해야 합니다. 그렇게 해서 지휘관의 생각과 예하부대의 전투수행방법을 일치시켜야 합니다. 그렇게 하지 않고 단순히 정면공격을 하는 것만 생각하거나 아무 생각도 없으면 작전을 실시하면서 얼마나 답답하겠습니까? 그러니까 이러한 조공부대 운용을 평시에 미리 준비해놓아야 합니다.

고착과 견제의 차이점에 대해 언급을 잠깐 해야겠군요. 고착은 적 부대가 한 곳에서 다른 곳으로 움직이지 못하게 하는 것이라고 했습니다. 견제는 적 부대가 관심을 가질 가치가 적은 곳으로 가게 해서 결정적작전을 하는 쪽으로 가지 못하게 하는 것이라고 합니다. 교관이 학생일 때부터 몇 년을 이렇게 사용했지요. 그래서 최초 진지 부근에서는 고착 작전활동부호를 사용하고, 종심에서는 견제 작전활동부호를 사용했습니다.

10년 가까이 해보면서 보니, 어차피 의사소통 차원이라는 점을 감안하면, 그다지 중요하게 따질 것은 아니라고 생각합니다. 교리적 수준에서는 따지더라도 전투를 하는 사람에게는 그다지 중요한 것이 아니라고 생각하는 거지요.

작전투명도에서 표현하기가 영 어려우면 어떻게 합니까? 그림 그려놓은 곳 옆에 글씨로 쓰세요! 설명을 써도 됩니다. 누가 안 된답니까? 어차피 의사소통을 제대로 하기 위한 수단인데, 전투에서 누가 뭐라고 하겠습니까? 그렇게 해도 됩니다.

다음은 주공지역 적 증원차단이군요. 조공부대가 어떻게 해서 주공지역으로 들어가는 적을 막을 수 있겠냐고 생각하지요? 앞서 폐쇄에서 이야기했던 측방 방호의 경우가 여기에 해당될 수 있습니다.

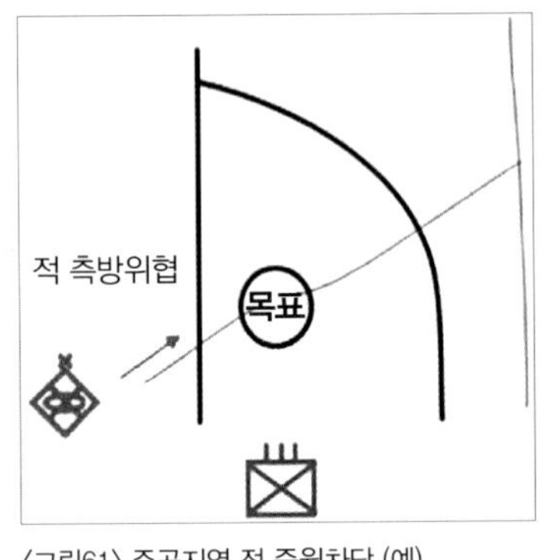

〈그림61〉 주공지역 적 증원차단 (예)

〈그림61〉에서 보면 측방에서 적 기갑 및 기계화 부대 위협을 식별하였습니다. 그리고 우리 부대가 공격작전을 하는 데 위협이 될 것 같아요. 그렇다면 조공부대에 주공부대로 증원하는 적을 차단하도록 하는 과업을 줄 수 있습니다. 측방을 방호하는 것이지요. 그리고는 그 과업에 집중할 수 있도록 폐쇄를 한다고 했습니다.

이러한 과업을 받은 조공부대는 어떻게 할까요? 측방으로 형성된 도로상에 방어력 발휘가 용이한 지형을 선택해서 적이 주공지역으로 가는 것을 막을 수 있습니다. 고착을 하는 것에서도 비슷한 이야기를 잠깐 언급했지요. 지금은 주공지역으로 적이 증원하는 것을 차단하는 상황이지만 비슷한 방법을 사용하는 것입니다.

마지막으로 중요지형 통제라는 것이 나와 있는데, 특별히 설명을 더 하지 않아도 될 것 같습니다. 주공부대가 공격하는데 있어서 감제 관측이 용이한 지형을 먼저 선점해주는 것이 큰 도움이 될 수 있겠지요.

지금까지 과업을 부여받은 조공부대의 입장에서 어떻게 전투를 수행할 것인지 설명했습니다. 이런 것들은 교리에 나올 수 있는 수준이 아닙니다. 특정 상황에서 적용할 수 있는 이야기들이니까요. 그렇다고 해서 그 교리를 보는 여러분들도 아무 생각이 없이 대해서는 안 됩니다. 이러한 세부사항들까지 고민해야 하지요.

어떤 과업을 받으면 고민을 통해서 작전목적과 최종상태, 전투수행방법을 생각해 내야 합니다. 그리고 임무수행계획보고를 통해서 그것이 과업을 준 상급지휘관의 생각과 일치하는지 확인해야 합니다. 주공부대나 조공부대나 똑같지요. 그러나 조공부대의 경우가 훨씬 더 어렵습니다. 그렇지만 그것을 더 잘해야 합니다. 그래야 조공부대가 주공부대의 공격작전에 기여해서 전체 작전의 성공가능성을 높일 것 아닙니까?

작전지역 부여 논리를 조공의 경우에 적용하면

드디어 여기까지 왔네요. 폐쇄를 하는 경우와 이유 이야기에서부터 여기까지가 하나의 주제를 몇 개로 나누어서 설명한 이야기입니다. 원래는 한꺼번에 다 이야기하는 것이지요. 그만큼 덩어리가 큰 부분이라는 것입니다.

여기에서 이야기할 것은 '폐쇄를 얼마나 높게 하느냐? 낮게 하느냐?', '얼마나 넓게 하느냐? 좁게 하느냐?' 이러한 것들입니다. 목표 위치에 대한 것도 있고요. 그래서 작전지역 부여 논리를 잘 이해하는 것이 조공과 폐쇄 문제를 완전하게 이해하는 관건이라고 할 수 있습니다.

작전지역을 부여하는 논리는 무엇이라고 했습니까?

① 1단계 하급부대가 수행해야 할 과업의 성격과 역할

② **통제범위**

③ **부대 전개 공간**

④ **작전한계점**

〈그림62〉 적 2제대 유인 시 폐쇄 1

을 고려해서 할당한다고 했지요?

그리고 조공부대가 수행하는 과업 다섯 가지는

① **적 2제대 투입 강요**

② **주공방향 기만**

③ **적 부대 고착**

④ **주공지역 적 증원 차단**

⑤ **중요지형 통제**

라고 했습니다.

적 2제대 투입을 강요해서 적을 유인한다고 했지요. 그런데 이것에 대한 폐쇄를 예를 들어보겠습니다. ⓐ지점에 폐쇄를 했을 경우에 보면, 적을 유인해서 가까이 접근하고 있을 때, 조공부대가 적에 대해서 미리 타격을 할 수 있겠습니까? 바로 앞에 올 때까지 기다리고 있다가 전투를 해야 하지요. 이런 상황은 좋지 않습니다.

전투력은 集, 散, 動, 靜(집, 산, 동, 정)의 특성을 가지고 있습니다. 集, 動(집, 동)일 때에는 전투력이 강해지고 散, 靜(산, 정)일 때에는 약해져요. 적 부대를 그런 상태로 만들어야 합니다. 적이 集, 動(집, 동)의 상태로 오도록 두면 안 됩니다. 그런데 ⓐ지점에 폐쇄를 하다 보니 조공부대가 그런 활동을 하지 못하도록 만든 거예요!

상급부대에서 폐쇄를 할 때, 예하부대가 수행해야 할 과업의 성격과 역할을 고려하지 않고 폐쇄를 한 것입니다! 적절하게 한다면 ⓑ지점에 폐쇄를 해서 조공부대가 적절하게 전투력을 투사할 수 있는 여건을 마련해주어야 합니다.

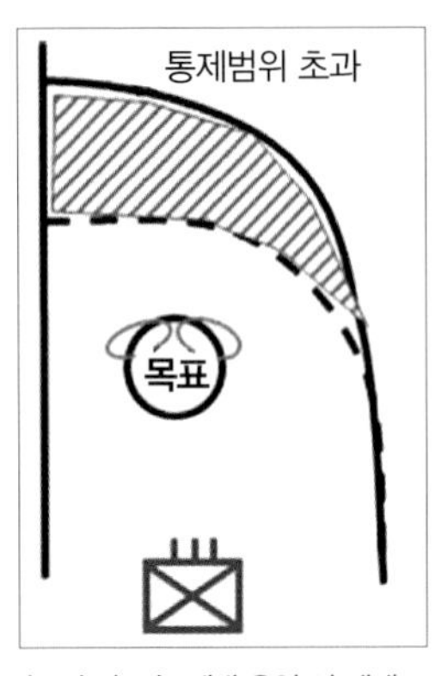

〈그림63〉 적 2제대 유인 시 폐쇄 2

반대로 너무 높이 폐쇄를 하면 어떤 일이 발생할까요? 조공부대의 통제범위를 초과해서 작전지역을 부여하는 모습이 되지요. 〈그림63〉의 예에서 보면, 조공부대는 목표를 확보해서 진지강화 및 재편성을 해야 합니다. 그런 상태에서 추가적인 전투력이 없다면 빗금 친 부분에 대한 통제를 어떻게 할 수 있겠어요? 목표를 놓아두고 더 올라가라고요? 방어력 발휘가 좋은 지형을 보아서 목표를 선정했잖아요! 거기서 급편방어를 하려고요. 조공부대가 올라가겠습니까? 물론 모든 지역을 다 통제할 필요는 없습니다. 그러나 조공부대 전투력의 통제 범위를 고려해서 폐쇄를 부여해야 합니다.

적 부대 고착을 할 경우를 보겠습니다. 이 경우에 폐쇄는 '조공부대가 어느 적 부대를 고착하게 할 것이냐?'에 따라 폐쇄의 폭과 종심이 달라집니다. 〈그림64〉에서 보면 ⓐ지점에 위치한 적 2제대 일부를 고착하려고 하면 폐쇄가 그 높이까지 올라가야 하겠지요. 총론 전술이야기에서 작전지역을 벗어난 고착 과업은 적절하지 않다고 말씀드린 바가 있습니다.

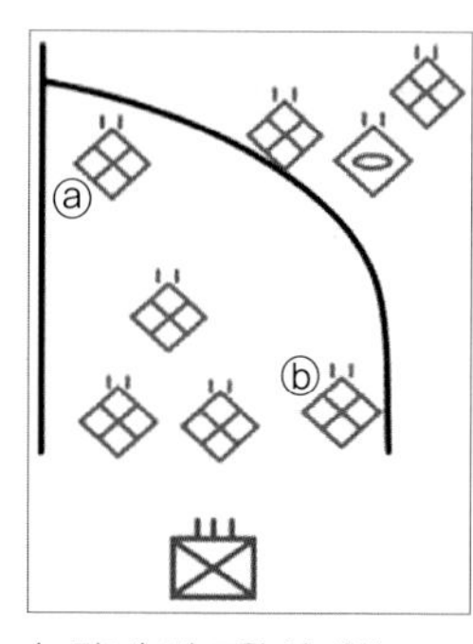

〈그림64〉 적 고착 시 폐쇄

또한 ⓑ지점에 위치한 적을 주공부대가 상대하게 할지, 조공부대가 상대하게 할지에 따라서 폐쇄의 폭이 달라집니다. 주공부대의 작전 여건을 조성해주는 차원에서 대부분의 경우 이 적은 조공부대에서 담당을 하도록 하지요. 조공부대에게 그 적을 담당하라는 의도를 나타낼 수 있도록 작전지역을 표현해야 합니다.

주공지역 적 증원차단의 경우를 보겠습니다. 조공부대가 서측에서 접근하는 도로 상의 목표를 확보해서 아군의 측방을 방호해야합니다. 그런데 폐쇄를 저만큼 올려놓으면 〈그림65〉의 빗금 친 부분은 어느 부대가 가서 담당을 할까요? 조공부대장은 적 측방위협에 대비하는 전력 중 일부를 빼서 빗금 친 북쪽 지역을 확보

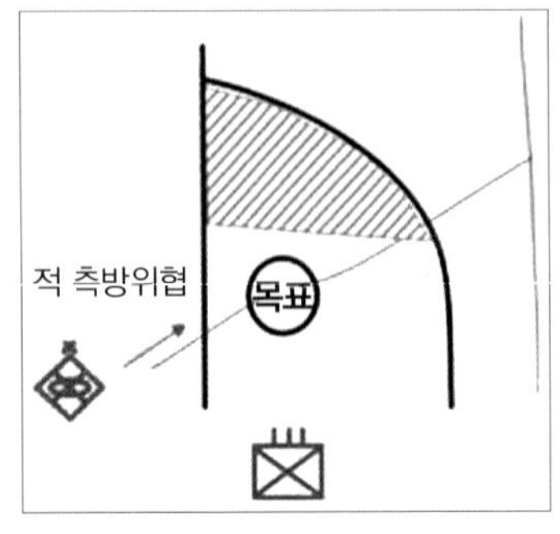

〈그림65〉 측방 방호 시 폐쇄

또는 통제해야 할 것입니다. 집중할 여건이 안 되는 것이지요.

그것 말고도 목표를 서측 전투지경선에 너무 가깝게 선정할 경우, 전투력을 투사하려고 하면 전투지경선에 걸리게 되어 제한을 받겠지요. 방어 진지편성 이야기 할 때 나오는 것과 같은 이야기입니다. 그러한 것을 고려해서 조공부대의 폐쇄와 목표 위치 선정을 잘 해야 합니다.

많은 부분을 이야기했습니다. 이것을 종합적으로 이해를 해서 조공부대를 운용하는 것과 폐쇄, 목표를 선정하는 것 등을 한 덩어리로 꿰뚫어야 공격전술 좀 고민해보았다고 이야기할 수 있습니다. 여러분들도 그렇게 되기 바랍니다.

초월 공격을 지원하는 것과 적 부대 격멸

여기서 말하는 것은 초월 공격을 지원하는 것과 적 부대 격멸이 어떤 차이가 있느냐는 것입니다. 이런 이야기를 하는 이유는 두 가지입니다. ① 적 부대 격멸을 어떻게 하는지 한 번도 생각해보지 않는 경우가 있기 때문에 ② 혹자가 말하기를, '적 부대 격멸을 해도 어차피 초월공격지원을 하는 것은 똑같지 않느냐?' 고 하기 때문입니다.

상급부대에서 받는 과업에 따라서 엄청난 차이가 생긴다고 했습니다. 왜 그렇습니까? 상급지휘관 의도와 명시과업을 바탕으로 도출하는 작전목적부터가 다르니까 그렇지요. 그리고 바로 최종상태에 영향을 주는데, 그 최종상태도 달라지지요. 그리고는 결정적지점 구상과 결정적목표 선정에 영향을 주고, 전투수행방법까지 달라집니다. 여기에서는 지금 이야기한 단계별로 중요지역 확보와 적 부대 격멸의 차이점을 설명해보겠습니다.

우선 초월공격 지원을 하는 경우를 보겠습니다. 작전목적은 '초월공격지원에 유리한 ○○○, ○○○ 중요지역 확보'라고 할 수 있을 것입니다. 그리고 그에 따른 최종상태는 다음과 같이 할 수 있겠지요.

- 적: 적은 초월이 이루어지는 ○○번 도로 부근에 영향을 주지 못한다.
- 지형: 통제선 '○○'일대 초월공격에 사용하는 도로와 ○○○, ○○○ 등 주변의 주요 지형을 통제해야 한다.
- 아군: 차후 ○○군단의 초월공격을 지원할 수 있는 준비가 되어야 한다.
- 민간요소: ○○○ 지역의 민간요소는 아군의 초월작전에 영향을 미치지 않고 인도적 지원을 받는다.

다음은 적 부대 격멸을 위한 지휘관 의도를 보겠습니다. 우선 작전목적은 '적 ○○집단군 격멸'이라고 하고 최종상태는 다음과 같이 할 수 있을 겁니다. 그리고 최종상태의 예를 들어보면 다음과 같이 할 수 있습니다.

- 적: 적 ○○집단군은 전투력이 20% 이하이고 대대 급 부대의 조직적인 저항이 불가하다.
- 지형: 통제선 '○○' 이남의 ○○○, ○○○ 등 중요지형과 도로, 교량 등 전 지역을 확보해야 한다.
- 아군: 아군은 재편성과 전투력 복원을 거쳐 3일 내 차후 임무를 수행할 준비가 되어야 한다.
- 민간요소: ○○○ 지역의 민간요소는 아군에 의해 통제되어 군사 작전에 영향을 미치지 않고 인도적 지원을 받는다.

작전목적은 확연히 다르다는 느낌이 들지요? 최종상태는 비슷하다고 생각할 수 있겠지만, 비슷한 것이 아닙니다. 무척 큰 차이를 가지고 있어요. 그 차이가 느껴지지 않더라도 일단 설명을 계속 보세요.

최종상태를 구상한 다음에 결정적지점을 구상하지요. 그것을 어떻게 하느냐에 따라서 결정적목표가 달라집니다. 중요지역 확보의 경우 결정적지점은 '통제선 ○○일대의 ○○○ 중요지형을 확보하고, 적 ○○집단군은 종심을 빼앗겨 조직적인 방어를 할 수 없는 사태' 이 정도로 생각할 수 있겠습니다. 이 정도가 되면 ○○집단군은 방어를 포기하고 물러나거나 해야 하니까요. 그리고 통제선 ○○일대의 ○○○ 중요지형을 확보하는 것이 결정적목표가 될 수 있습니다.

적 부대 격멸의 경우 결정적지점은 두 가지 정도가 될 수 있습니다. '적 ○○ 집단군의 퇴로인 ○○○ 지역을 아군이 확보하여 적이 전투력을 발휘하지 못하고 혼란에 빠지는 사태'가 될 수 있겠지요.

다음 또 하나는 '적 ○○집단군이 퇴로를 차단한 상태에서 아군의 ○○부대, ○○부대가 협격하여 격멸하는 사태' 이렇게 될 수도 있습니다. 결정적작전을 완료한 것이 최종상태를 완전히 달성한 상태가 아니라고 했지요. 총론이야기의 설명을 같이 보세요. 그렇게 하고 나서, 적 부대 격멸을 위해 퇴로 차단을 하는 목표나 퇴로를 차단한 상태에서 적을 협격하여 격멸하기 위한 목표를 결정적목표라고 선정할 것입니다.

초월공격 지원에 유리한 중요지역을 확보하는 전투수행은 여러 가지 기동형태를 제한 없이 사용할 수 있습니다. 그러나 적 부대 격멸은 포위의 기동형태가 필요하다는 특징이 있습니다. 퇴로차단을 해서 지대 내에서 적을 격멸한다는 것이 전투수행방법에 영향을 주는 것이지요. 그것이 전투수행방법의 차이를 가져옵니다.

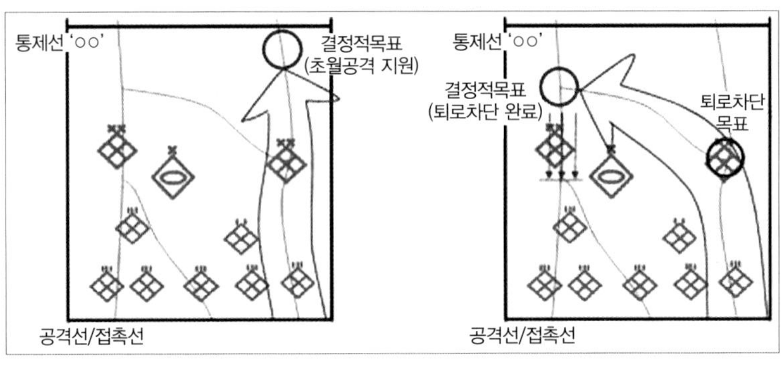

〈그림66〉 초월공격 지원과 적 부대 격멸

〈그림66〉에서 보면 같은 지형에서 작전을 하고 있는 모습입니다. 좌측은 초월공격 지원을 하고 있는 모습이고요, 우측은 적 부대 격멸을 하고 있는 모습이지요. 결정적목표가 확연히 다름을 느낄 수 있지요? 그리고 좌측의 상황에서는 돌파를 계속해서

나아가는 모습이고요, 우측에서는 최초에는 돌파를 하지만, 전체적으로 보아서는 일익포위의 모습으로 적의 퇴로를 차단하고 다시 소탕을 하고 있지요.

작전을 수행하는 과정에서도 차이가 발생합니다. 좌측의 경우 서측에 있는 적들이 일부 활동을 하는 것은 큰 문제가 없습니다. 동측에 있는 초월통로에 영향을 주지 않는다면 말이지요. 물론 지역 내 모든 도로를 사용해야 하겠지만, 우선적으로 동측 통로부터 개통이 되면 초월을 시작할 수 있는 것이지요. 초월이 진행되어 아군이 적지종심으로 진출할수록 적은 방어지속력을 잃게 됩니다.

우측의 그림에서는 어떻습니까? 전 작전지역 내 위치한 적 부대가 최종상태에 명시한 것처럼 전투력이 20% 이하가 되고 대대 급 부대의 조직적인 활동이 불가능해야 합니다. 그 최종상태를 달성할 때까지 작전활동을 계속하는 것이지요.

실제로는 이 두 가지 과업을 같이 부여하는 경우도 있습니다. 그러면 그 과업을 부여받은 사람은 어떤 것이 더 우선적으로 되어야 하는 것인지를 상급부대 지휘관과 의사소통을 통해 밝혀야 합니다. 그것은 매우 중요한 일입니다.

초월공격 지원을 하라는 과업을 우선으로 주었는데, 어떤 지휘관이 적 부대 격멸을 우선으로 하고 있다면 어떻겠습니까? 상급부대 지휘관이 답답해서 '초월 여건이 아직 조성되지 않았느냐?' 하고 묻는데, '예, 아직 서측의 적들을 격멸하고 있는 중입니다' 이렇게 답변하면 어떻겠어요? '서측은 필요 없고, 동측에 있는 도로를 우선 개방해서 초월을 시작하라'고 하는 상황이 되겠지요. 의사소통에 문제가 있는 상황입니다. 초월 공격지원을 하는 것과 적 부대를 격멸하는 것을 헷갈린 것이지요.

적 부대 격멸에서 한 가지 더 설명을 해야겠네요. 적을 협격해서 격멸하는 국면의 전투력 운용을 어떻게 표현하느냐는 것입니다. 앞에 그림에서 표현한 것만 가지고는 협격하는 국면이 표현되지 않잖아요.

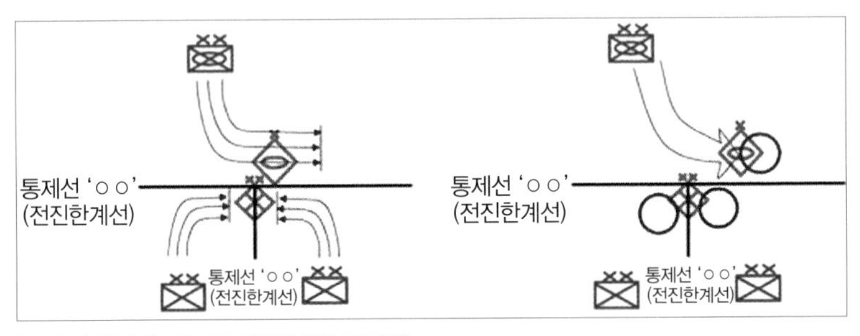

〈그림67〉 협격하는 국면의 전투력 운용 표현(예)

협격을 하는데 유의해야 할 것은 우군 간 피해를 방지할 수 있도록 통제수단을 사용해야 한다는 것입니다. 〈그림67〉을 보면 소탕을 하는 작전활동부호를 이용해서 부대운용을 나타내고 있습니다. 우측 그림은 목표를 이용해서 그것을 나타내고 있지요.

어떻게 표현해도 상관없습니다. 계속 이야기했지요. 의사전달이 잘 되면 된다고요. 질문이 나오지 않고 잘못 이해하지 않으면 됩니다. 얽매이지 말고 여러분들의 생각을 표현하세요. 다음 국면의 모습을 현행작전 명령에 표현해도 되냐고요? 누가 안 된답니까? 전투를 효율적으로 수행할 수 있는 것이라면 무엇이든지 가능합니다.

작전실시간 결정적목표가 바뀔 수 있는가?

특정 조건을 충족할 때에만 바뀔 수 있습니다. 그 외에는 바뀌면 안 됩니다. 그 조건이 무엇이겠습니까? 그렇죠. 결정적목표를 선정하는 논리상에 있는 것들이 바뀌는 경우입니다. 가장 가능성이 높은 것이 무엇이겠습니까? 상급부대로부터 하달되는 과업이 변경되는 것입니다.

상급부대가 하달한 과업을 변경할 때가 있냐고요? 당연히 있지요. 제대별로 작전수행과정을 거치면서 상황 판단, 결심, 대응을 통해 최종상태를 달성하려는 노력을 하잖아요? 그렇게 되면 최초 계획에서 최적화했던 시간, 공간, 전투력, 과업이 작전실시간 다른 모습으로 최적화할 수 있지요.

오히려 계획이 한 글자도 바뀌지 않고 그대로 진행되는 경우가 거의 없습니다. 그래서 大 몰트케가 '총성 한 방에 계획은 휴지조각이 된다'는 말을 한 것 아니겠습니까? 이 이야기는 방어전술 이야기에서 다시 언급할 겁니다.

총론 전술이야기에서도 언급한 것처럼 작전 실시의 형태 중 하나로 이와 같은 일이 생기지요. 새로운 과업은 새로운 작전목적을 도출하게 하고, 연쇄적으로 최종상태와 결정적지점 구상에 영향을 줍니다. 그러니 결정적목표가 바뀌는 것 아니겠어요?

최초에 계획을 수립할 때, 목표가 어떤 기능과 역할을 하는지 명확하게 이야기할 수 있어야 한다고 했지요? 예를 들어보겠습니다. 최초에는 초월 공격지원을 하는 계획을 수립했어요. 통제선 부근에 초월공격에 유리한 지형을 확보하는 것이 결정적목표였겠지요.

작전실시간에 보니, 적 반타격 부대가 우리 부대 방향으로 왔고, 상급부대에서는 그것을 고착 및 격멸하라는 과업과 추가 전투력을 주었습니다. 이제는 초월 공격지원보다 적을 고착 및 격멸하는 것이 중요해졌지요. 그 상황에서 생각보다 많은 사람이 초월공격 지원을 위한 결정적목표를 그대로 고수하는 것을 보고 교관이 매우 놀란 적이 있습니다.

상황에 충실해야 합니다. 변화한 상황에서 내가 하려던 것은 아무 가치도 없는 것일 수 있습니다. 새로 받은 과업이 중요하고, 처음부터 완전히 다시 시작해야 할 수도 있습니다. '조금만 더 가면 목표를 확보하는데!'라고 생각하는 사람이 있을까요? 더 이상 의미가 없어진 목표를 확보해서 뭐하겠습니까?

이런 상황도 있지요. 초월 공격지원을 하는 목표가 있습니다. 목표 바로 북방에 교량이 있어요. 공중강습작전이나 침투부대 등을 이용해서 그 교량을 잘 지켜야 하겠지요. 교량이 파괴되면 초월공격 자체가 안 되니까요.

그런데 작전실시간에 보니 교량이 파괴되었습니다. 복구에는 3일 이상 걸린다고 한다면, 그 목표를 고수하고 있어야 하겠습니까? 어떻게든 예비대를 초월을 시킬 수 있는 다른 방안을 강구해야 할 것 아닙니까?

이러한 변화한 상황에 충실하라고 하는 내용이 『손자병법』「九變(구변)」 편에 나옵니다.

途有所不由, 軍有所不擊(도유소불유. 군유소불격)

城有所不攻, 地有所不爭(성유소불공. 지유소불쟁)

君命有所不受(군명유소불수)

길이 있으나 가지 않을 길도 있다,

군대가 있으나 공격하지 않을 군대도 있다.

성이 있으나 공격하지 않을 성도 있다.

땅이 있으나 다투지 않을 땅도 있다.

임금의 명도 때로는 받들지 않을 때가 있다.

길이 있는데 가면 되지 왜 안 된답니까? 군대가 있고, 성이 있고, 땅이 있으면 싸워서 빼앗는 것이 일상다반사인데 왜 하지 말라는 것이에요? 거기에 임금의 명을 받들지 말라는 것은 또 무슨 말이고요!

손무孫武가 이야기하는 것은 상황에 따라 다르다는 것입니다. 우리가 일반적으로 알고 있는 사실들, 우리가 집착하는 것들이 변화한 상황에서는 완전히 딴판일 수도 있다는 것입니다. 길이 있는데 적이 매복을 하고 있으면 가야 하겠습니까? 적이 함정을 파 놓은 곳에 공격을 해야겠습니까?

결정적목표를 아무 논리 없이 함부로 바꿔서는 안 됩니다. 누가 그러더라고요. 결정적목표 부근에 적이 배치되어 강력하게 저항하고 있으면 결정적목표를 바꾼다고요. 교관이 결정적목표 선정 논리를 설명하는데 적 배치 유무를 포함하지 않았지요. 적이 있으면 있는 대로, 그에 맞춰서 합리적으로 전투력 할당을 했잖아요. 그것으로 충분한 것입니다.

작전실시간 변화하는 것은 많습니다. 변화하는 것을 정확하게 꿰뚫어보고 상황을 조치해 나아가야 하지요. 결정적목표는 상급부대의 과업이나 작전목적, 최종상태, 결정적지점을 변경할 때 바뀝니다. 그러나 이유 없이 나의 작전목적, 최종상태, 결정적지점이 괜히 바뀌지는 않잖아요. 통상 상급부대 과업이 바뀌면서 다 영향을 주지요.

결정적목표가 바뀌는 것은 특정 조건에 정확히 맞아야 하고요, 논리가 명확해야 합니다. 그렇지 않고 잘못된 논리로 결정적목표를 바꾸면 안 됩니다. 작전목적과 최종상태를 달성하지 못하니까요. 작전을 실패하는 것입니다.

공격작전 시 통상 나타나는 현상들

교관이 BCTP 훈련을 수십 차례에 걸쳐 보아 왔던 경험에 의하면, 공격작전을 할 때 통상 나타나는 현상들은 다음과 같습니다.

1. 적의 약점이라고 판단했던 곳을 강점으로 식별한 경우의 조치
2. 여건조성작전이 제대로 되지 않음
3. 적절하게 예비대를 투입하지 못함

1) 적의 약점이라고 판단했던 곳을 강점으로 식별한 경우의 조치

참으로 안타까운 상황입니다. 계획수립 단계에서 적을 판단하는 것부터 잘 했어야 하지요. 일단 이렇게 되면 주도권을 상실할 우려가 큰 상황이 됩니다. 공자가 시간과 장소를 선택할 수 있는 유리점이 있고, 전투력의 상대적 우세를 달성하려고 노력하겠지

요. 그러나 공자가 아무리 노력해도 적의 준비된 방어진지, 강점을 공격하는 것은 매우 어려운 상황이 됩니다.

지휘관은 두 가지 선택지를 가지고 있습니다. 전투력을 좀 더 주어서 그대로 공격을 계속할 수 있고요, 주공과 조공을 바꿔서 집중하는 장소를 바꿀 수도 있습니다. 어떤 것이 옳다고 이야기할 수 없습니다. 상황에 따라서 다른 것이지요. 그 판단은 누구에게 있다고 했어요? 전투를 하는 지휘관에게 있는 것입니다.

두 가지 선택지 어느 것도 배제해서는 안 됩니다. 적의 강점이지만, 공격을 잘 해서 최종 상태와 작전 목적을 달성할 수 있다면 그대로 공격을 해야 하지요. 그러나 상황 판단 결과 위협과 호기를 이용해서 판단해 보니, 주공과 조공을 전환하는 것이 좋다고 판단하면 그렇게 하는 것입니다.

주공과 조공을 전환하는 것은 주공이기 때문에 더 받았던 전투력을 전환시켜 주는 것을 의미합니다. 전투력이 전환되니 과업과 작전지역도 조정되지요. 이렇게 전환을 하는 것은 매우 혼란스러운 상태를 초래합니다. 전환이 가장 어려운 것이 인간 정보 자산이지요. 그 외에도 전투력을 전환한 후 상황 파악을 위해서는 어느 정도 시간이 필요할 것입니다. 제한 사항이 많지요.

제한 사항이 많다고 해서 하지 않을 것은 아닙니다. 제한 사항은 극복해야 할 대상일 수도 있고, 제한 사항이 결정적이라면 방책을 바꿔야 할 수도 있습니다. 주·조공 전환의 제한 사항은 극복해야 할 대상이지, 그것 때문에 주·조공 전환을 못하는 것은 아닙니다. 중요한 것은 현재 상황에 대해 적시적으로 조치를 하는 것이 중요하니까요.

이것에 대한 결심을 늦지 않게 하는 것이 매우 중요합니다. 결심이 왜 늦나요? 결심할 당시의 정보는 충분하지 않습니다. 좀 더 명확해지기를 기다리다 보면 결심이 늦어지는 것입니다.

우발 계획에 대한 준비도 잘 해놓고, 예행연습을 통해서 주·조공 전환의 제한 사항을 최소화시켜 놓아야 합니다. 그래서 앞서 언급한 두 가지 선택지 모두 다 가용하도록 해 놓고 적시적으로 결심을 해서 상황에 대처해 나아가야 합니다.

2) 여건조성작전이 제대로 되지 않음

이것은 방어작전을 할 때에도 똑같이 나타나는 현상입니다. 예하부대에서 부여받은 과업을 100% 달성하지 못하는 것이지요. 그래서 상급부대 예비대 중에서 계속 증원을 해주다 보면 상급부대 자신도 예비대가 부족해져서 자신의 과업을 다하지 못하는 경우가 발생합니다.

이러한 현상은 소대, 중대급 부대부터 시작합니다. 그래서 대대, 연대, 사단으로 확대되지요. 어느 제대에서는 이 악순환을 끊어주어야 합니다. 끊는 방법이 따로 있는 것은 아닙니다. 제대의 역할에 충실해야 한다는 것은 당연한데, 1단계 작전에서 제대로 그 성과를 달성해주지 못하니 어떻게 하느냐는 것이 고민이지요.

원론적인 이야기이지만 이에 대한 대책을 이야기한다면 다음과 같습니다. 첫 번째는 공격을 할 때 적의 준비된 방어진지로 하지 말아야 합니다. 적의 준비된 방어진지는 아무리 열세한 전력의 방자라고 해도 강력한 전투력을 발휘합니다. 전투력의 상대적 우세를 달성하기도 어렵고, 공자도 많은 피해를 입습니다.

두 번째는 상급부대가 역할을 잘 해주어야 합니다. 지휘관 대 지휘관이 지속적으로 의사소통을 하면서 작전에 대한 전망과 평가에 대한 의견을 교환해야 합니다. 그래서 사단장이라면 1단계 작전을 하고 있는 연대장에게 '현재 작전이 잘 진행될 것 같은가? 제한 사항이 무엇인가? 사단에서 조치해 줄 사항이 무엇인가?' 이런 것들을 확인해서 지원해주어야 합니다.

통상적인 경우 작전 실시 간 상급부대의 역할은 공간적으로는 적지종심지역과 후방지역에서 이루어지고, 시간적으로는 장차작전을 하는 것입니다. 그러나 예하부대의 근접전투를 지원해서 예하부대가 부여받은 과업과 역할을 다 할 수 있도록 하는 것도 매우 중요한 일입니다.

3) 적절하게 예비대를 투입하지 못함

이 내용은 총론 전술이야기에서도 많이 언급했지요. 1단계 공격작전이 마무리되는 시기가 되면 상급부대에서는 2단계 전환 결심을 위한 평가를 계속 진행하고 있을 것입니다. '2단계 작전으로 전환조건이 갖춰졌느냐?', '여건 조성이 잘 되었느냐?', '예비대를 투입할 준비가 잘 되었느냐?' 전부 다 같은 말입니다.

교관이 관찰했던 바, 이런 일이 발생한 사례가 있었습니다. 1단계 작전을 완료하고 2단계 작전을 전개해야 할 시점에 전반적인 상황 평가나 예비대 투입에 대한 결심을 하지 않는 부대가 있었습니다. 그것을 지휘관의 결심 사항이라고 인식하지 않은 것이지요. 그냥 상황 조치하는 수준에서 예비대를 투입하더라고요.

물론 지휘관이 염두에 두고 다 판단을 했겠지만, 전투에서의 결심은 지휘통제체계를 이용해서 체계적으로 해야 합니다. 그래서 결심보조도와 결심조건표가 있고 참모부가 조직되어 있는 것이지요. 예비대를 투입하는 국면이 그 작전의 성패를 좌우하는 국면인데, 그것을 아무런 의사소통 없이 염두 평가로 투입하겠습니까?

이런 경우도 있었습니다. 2단계 작전으로 전환을 결심하고 예비대에 초월할 것을 지시하였는데, 예비대가 너무 후방에 처져 있어서 바로 초월을 할 수 없었습니다. 애가 타는 대화가 오가고, 2~3시간이면 된다던 초월이 교통 정체까지 겹쳐 5~6시간이 걸린 경우입니다.

1단계 작전 시 예비대의 지휘관 및 참모는 무엇을 할까요? 진출 상황을 면밀히 보면서 구간 단위로 부대 이동을 해야 합니다. 그 부대 이동 계획을 수립해 놓아야 하지요. 그리고 군단 지휘소와 긴밀한 연락 체계를 갖추고 2단계 작전에 대한 작전계획을 변화하는 적 상황에 맞춰 최신화해야 합니다.

계속 공격할 것인가? 멈출 것인가?

적의 최초 진지를 돌파하기는 어렵지만, 최초 진지를 돌파한 후에는 공격작전이 상대적으로 수월하게 이루어집니다. 진격 속도가 매우 빨라지지요. 그때부터는 공자에게 항상 따라붙는 고민이 생깁니다. 제목에 나온 대로 '계속 공격을 해야 할까? 여기서 멈춰서 기다려야 할까?' 하는 것이지요.

독불 전역에서 한사코 말리는 상부의 지시를 어기고 진격하는 구데리안이 그랬습니다. 『롬멜 보병전술』을 읽어보아도 수도 없이 똑같은 고민을 하는 국면이 나옵니다. 이 외에도 비슷한 경우의 수많은 전례와 전사를 찾아볼 수 있을 겁니다.

공격작전은 균형과 대형을 갖추는 것이 중요하지 않습니다. 물론 특정 부대, 몇 개의 기능 부대 위주로 전투를 하는 것은 작전의 성공 가능성을 낮춥니다. 그러나 상황에 따라서 공격작전에서는 균형과 대형을 갖추지 않을 수도 있다는 것입니다. 그 위험성과 가능성의 기로에서 계속 진격할 것인지, 멈출 것인지를 선택하는 것 또한 지휘관의 혜안입니다.

덩케르크를 향해 질주를 하던 구데리안도 슈투카 폭격기의 도움 없이는 어려움을 겪습니다. 롬멜이 스스로 판단해서 생각보다 더 큰 전과를 올릴 수도 있지만, 반대로 낭패를 당할 수도 있습니다. 모든 것은 현장 지휘관의 판단에 달린 것이며, 그 책임 또한 그 지휘관에게 달린 것이지요. 『손자병법』에도 관련 내용이 있지요. 「지형」 편에 나옵니다. 같이 참조해서 보기 바랍니다.

공격작전을 할 때에 인접부대가 따라오지 못한다고 내 부대가 공격속도를 늦추는 것은 좋지 않습니다. 측방이 노출된다고요? 당연히 노출되지요. 방자나 공자가 전투를 하면서 서로의 측방이 노출됩니다. 공자의 측방이 노출된 것이 더 위협적입니까? 방자의 측방이 노출된 것이 더 위협적입니까?

누구도 계속 진격할 것인지, 멈출 것인지 이야기해 줄 수 없습니다. 그것은 오로지 전투 현장, 그 상황에 처한 여러분들이 판단해야 할 몫입니다. 교관이 더 이상 무슨 이야기를 해 줄 수 있을 것 같습니까? 지금까지 이야기 한 내용을 잘 새겨보세요. 이미 모든 이야기를 다 했습니다. 여러분은 여러분만의 답을 찾아야겠지요.

III

방어전술 이야기

1 방어 계획수립에서 중요한 것

방어 계획수립에서 교관이 중요하다고 생각하는 것은 다음과 같습니다.

1. 논리적 일관성: 적 공격 양상, 결정적지점 구상, 전투력 배비가 일관성이 있어야 함
2. 융통성

1) 논리적 일관성: 적 공격 양상, 결정적지점 구상, 전투력 배비가 일관성이 있어야 함

계획수립의 실마리를 풀어나가는 것은 무엇일까요? 그렇지요. 지휘관의도입니다. 우리는 계획수립절차에서 나오는 작전목적, 지휘관이 구상한 최종상태를 기준으로 해서 계획수립을 풀어가

기 시작합니다.

최종상태는 상태이기 때문에 손에 잡히듯이 구체적이지 않습니다. 그것을 손에 잡히는 것으로 만들어주는 것이 결정적지점에 대한 구상이지요. 지휘관이 구상한 최초 지휘관 의도와 결정적지점은 결정적작전에 대한 여러 가지 단서를 제공해 줍니다. 그러니 매우 중요한 것이지요.

전에 설명했던 것이지만 다시 한번 반복합니다. 결정적지점을 〈그림68〉과 같이 구상해서 결정적작전을 계획한다고 했지요?

〈그림68〉 결정적지점과 작전의 논리적 흐름

지휘관은 '① 무엇을 대상으로 ② 언제 ③ 어디서 나의 衆(무리 중)을 사용할 것인가?'를 고려해서 결정적지점을 구상한다고 했습니다. 이것이 결정적작전을 무엇을 대상으로 하는지, 언제, 어디서 하는지에 대한 단서를 제공해준다고 했지요. '왜'는 작전목적으로부터 기인하고, '누가'와 '어떻게'는 방책분석을 통해 마무리한다고 했습니다.

계획수립에서 각 국면의 기준이 되는 것은 결정적작전입니다.

이것을 생각하고 정해놓아야 그것을 기준으로 여건조성작전이나 전투력지속작전을 계획할 수 있지요. 예하부대 계획수립에도 기준을 제시해주는 역할을 합니다.

먼저 국면별 전투력을 조직하는 것을 알아야 합니다.

아래 〈그림69〉를 보세요. 결정적작전에 대한 것을 가장 먼저 정하면서, 결정적작전을 해서 무엇을 할 것인지, 어떤 상태를 만들 것인지 생각하지요. 그래서 결정적작전의 목적과 상태를 생각해요. 결정적작전을 해서 어떤 상태를 만들고 싶으냐는 것이지요. 이것은 작전 전반 수준의 지휘관의도에 나오는 작전목적, 최종상태와는 다른 것입니다. 지휘관의도는 작전전반에 해당하는 수준을 이야기하는 것이고요, 지금 이야기하는 것은 결정적작전에만 해당하는 목적과 상태이니까요.

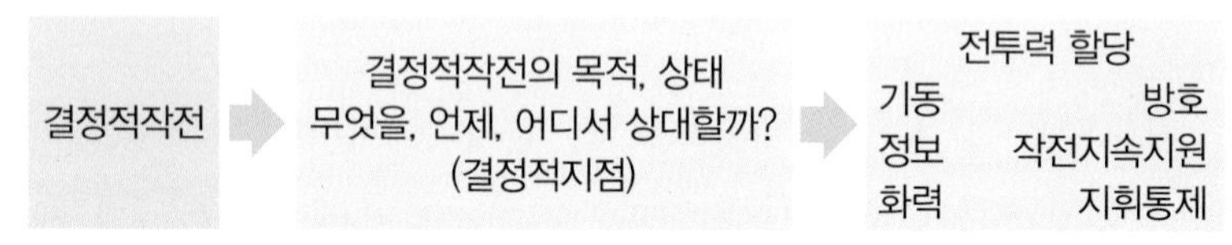

〈그림69〉 결정적작전 구상, 계획

그리고 결정적작전의 수행과업에 따라서 전투력을 할당합니다. 각 기능별 전투력을 할당하겠지요. 그 전투력들은 결정적작전의 목적과 상태를 이루기 위해서 각각에게 주어진 과업을 수행합니다. 각 전투력이 충실하게 맡은 과업을 잘 해준다면 결정적작전의 목적과 상태가 이루어지겠지요.

이렇게 결정적작전이 정해지면 그 결정적작전이 이루어지기 위해서 그전까지 어떤 상태를 만들어야 하는지 생각하게 됩니다. 결정적작전이 적 사단의 2제대 연대를 격퇴하는 것이라면, 이것에 대한 여건을 조성해주기 위해서 주방어지역작전은 적 사단의 1제대 연대를 어떻게든 해결해주어야 하지 않겠습니까?

주방어지역 작전	주방어지역작전의 목적, 상태 무엇을, 언제, 어디서 상대할까? (결정적지점)	전투력 할당 기동 방호 정보 작전지속지원 화력 지휘통제
결정적작전	결정적작전의 목적, 상태 무엇을, 언제, 어디서 상대할까? (결정적지점)	전투력 할당 기동 방호 정보 작전지속지원 화력 지휘통제

〈그림70〉 주방어지역작전 구상, 계획

여건조성작전 차원에서 주방어지역작전 국면에도 결정적지점이 있겠지요. 그러나 그것은 결정적작전을 하는 제대가 담당하는 결정적지점이 아니라, 주방어지역작전을 담당하는 부대의 결정적지점이라고 보아야 합니다. 주방어지역작전에도 해야 할 과업을 선정하고 그에 따른 전투력을 할당하지요.

이렇게 해서 경계지역작전도 계획합니다. 경계지역에서 어떤 목적을 가지고 작전을 할까요? 경계지역작전의 목적이 여러 가지가 교리에 제시되어 있지요. 여러분은 어때요? 적 조기전개 강요를 하겠습니까? 적 접근 조기경고를 하겠습니까? 적 1제대 연대 공격을 격퇴하겠습니까?

교관의 질문에 문제가 있지요. 상황이 주어지지도 않았는데, 뭘 어떻게 대답하라는 것이에요? 결정적작전을 무엇을 할지, 주방어지역작전에서 무엇을 할지, 적과 지형에 대한 사항을 먼저 주어야 여러분이 답을 할 수 있지 않겠어요? 그냥 밑도 끝도 없이 물어보면, 그것이 어떻게 답이 나올 수 있어요? 답을 하는 것이 더 이상하지요. 그런데 많은 학생들이 그냥 답변합니다! 강의록에 나온 대로요! 참으로 안타까운 일입니다. 상황에 맞춰 자신이 판단한 대로 싸워야지, 강의록대로 싸우는 것 아닙니다.

작전	구상	전투력 할당
적지종심 지역작전	적지종심지역작전의 목적, 상태 무엇을, 언제, 어디서 상대할까? (결정적지점)	전투력 할당 기동 방호 정보 작전지속지원 화력 지휘통제
경계지역 작전	경계지역작전의 목적, 상태 무엇을, 언제, 어디서 상대할까? (결정적지점)	전투력 할당 기동 방호 정보 작전지속지원 화력 지휘통제
주방어지역 작전	주방어지역작전의 목적, 상태 무엇을, 언제, 어디서 상대할까? (결정적지점)	전투력 할당 기동 방호 정보 작전지속지원 화력 지휘통제
결정적작전	결정적작전의 목적, 상태 무엇을, 언제, 어디서 상대할까? (결정적지점)	전투력 할당 기동 방호 정보 작전지속지원 화력 지휘통제

〈그림71〉 적지종심, 경계지역작전 구상, 계획

〈그림71〉을 보면 각 작전별로 전투력할당을 기능별로 다 하였지요. 물론 저렇게 써놓았어도 적지종심지역작전에서는 정보와 화력 부대 위주로, 경계지역작전에서는 기동, 정보, 화력 부대 위주로 과업을 수행한다는 것을 알겠지요.

중요한 것은, 국면별로도 매우 조직적으로 연계되어 있고, 국면별로 할당한 기능별 전투력들이 수행하는 과업과 역할도 아주 긴밀하게 조직되어 있다는 것입니다. 수많은 톱니바퀴처럼 아주 잘 맞물려 있어요. 여러분은 결정적작전에서 과업을 수행하는 화력 부대와 주방어지역작전에서 과업을 수행하는 화력 부대가 같은 일을 하는 것이 아니라는 것을 알아야 합니다! 실제로 그것이 같은 부대일 수도 있습니다만, 주방어지역작전 시에는 주방어작전의 목적과 상태를 달성하기 위해 부여된 과업을 하는 것이고, 결정적작전 시에는 결정적작전의 목적과 상태를 달성하기 위해 부여된 과업을 하는 것이지요! 이것이 결정적작전을 중심으로 국면과 전투력을 조직한다는 뜻입니다.

방어작전을 계획하는 것은 결정적작전으로부터 시작해서 위로 올라가면서 계획을 했지요. 실시는 거꾸로 적지종심지역작전에서부터 시작합니다. 다음 〈그림72〉와 같이 되는 것이지요. 작전 실시간에는 적지종심지역작전에서 실제 얼마나 성과가 달성하였는지 평가합니다. 내가 하려던 바가 다 되었다면 계획대로 경계지역작전으로 넘어가면 되고요, 그렇지 않고 조금 미흡한

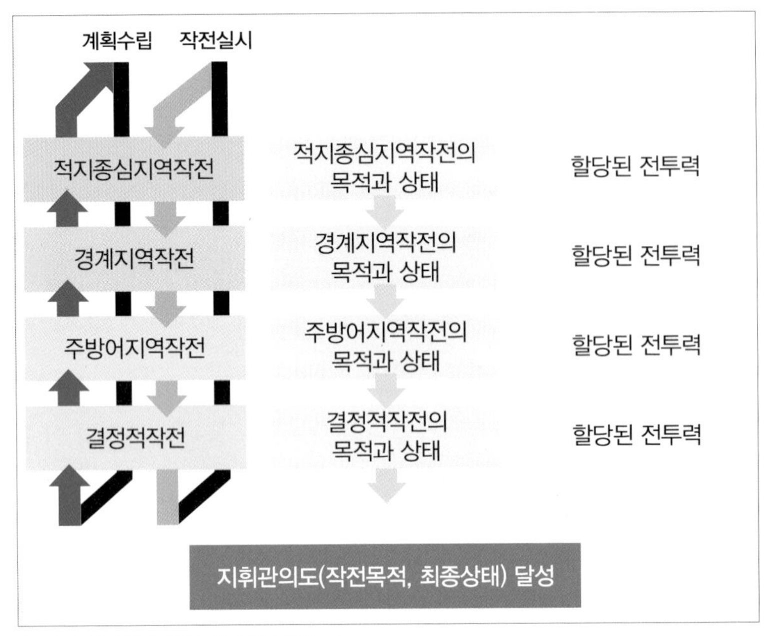

〈그림72〉 방어작전 계획수립과 작전실시

부분이 있다면 경계지역에서 좀 더 보완해서 해야겠다는 판단을 하겠지요. 반대로 계획했던 것보다 더 좋은 결과가 얻어지면 다음 작전에서 여유와 융통성을 확보할 수 있게 됩니다. 경계지역작전에서도 그와 같은 것을 평가하고, 주방어지역작전에서도 평가합니다. 그것이 국면별로 다들 잘 해주어서 각 국면의 목적과 상태를 다 충족하면 어떻게 되겠어요? 전체 작전의 목적과 상태 – 지휘관 의도(작전목적, 최종상태) – 를 달성하는 것이지요.

이렇게 국면을 조직하는 과정에서 논리적 일관성을 볼 수 있어야 합니다. 결정적지점을 제대로 구상했다고 하면 전장에서 가장 중요한 것, 결정적지점에 나의 衆(무리, 중)을 사용하지요? 그래서 적의 주타격 방향을 판단하고, 적의 주력이 집중할 것으로 판단하는 곳에, 방어력 발휘가 용이한 지역에 결정적지점을 선정해서, 바로 그곳에 결정적작전을 위한 전투력을 배비해 놓는 것이에요! 국면별로도 조직하는 것이 딱딱 맞아 떨어져야 합니다. 이것이 논리적 일관성이 유지한다는 것입니다. 적 공격양상 따로, 결정적지점 따로, 전투력 배비 따로, 각 국면도 따로 되면 논리적 일관성이 없는 것입니다. 매우 간단하고 당연한 이야기이지요. 그러나 생각보다 많은 사람이 그렇게 계획을 하지 않습니다.

각 국면별로 할당한 전투력들이 과업을 잘 수행해 주어서 각 목적과 상태를 잘 달성했습니다. 그런데도 최종상태를 달성하지 못하고 작전이 제대로 되지 않았다면 무슨 문제가 있다고 볼 수 있나요? 결정적지점 구상을 똑바로 하지 못한 문제가 있는 것입니다. 시작점이 잘못된 것입니다! 그래서 적이 집중하는 곳을 판단하고, 내가 방어력을 발휘하기 좋은 곳에서, 내가 꼭 격퇴해야 하는 적을 선정해서 전투력을 통합 발휘하도록 배비를 해야 하는 것입니다. '적 공격양상 + 결정적지점 구상 + 전투력 배치', 이것이 맞아 떨어지는 것! 결정적작전을 기준으로 국면을 잘 조직하는 것! 이것이 바로 방어 계획수립의 논리적 일관성입니다.

어느 국면에서 얼마나 전투력을 할당해서 힘을 쓸까요? 경계지역작전에서 적 1제대 연대를 다 격퇴시킬까요? 아니면 전투력 약화만 할까요? 그것은 지형의 이점을 고려하여 판단합니다. 물론 적 공격양상도 당연히 고려해야 하지요. 지형을 보니 전투력을 어느 정도 투자해서 내가 그만큼의 성과를 낼 수 있다고 생각되면 그 국면에서 어느 정도 비중을 두어 적을 상대하도록 하는 것입니다. 문경새재 같은 산악지역이라면 전투력을 많이 할당해서 더 많은 적을 상대할 수 있을 것이고, 평지라면 전투력을 그렇게 많이 배치할 필요는 없겠지요. 경계지역이 평지인데 무조건 전투력을 많이 할당해서 1제대 연대를 격퇴해야 한다고 주장하겠습니까? 그만한 여건이 갖춰져야 하지요.

2) 융통성

공격을 하는 시간과 장소는 공자가 선택합니다. 이러한 특성에서 기인하는 이 문제가 융통성이라는 엄청난 것을 만들어냅니다. 논리적 일관성을 가지고 방어작전을 계획했는데, 공격을 하는 공자가 반드시 그곳으로 공격한다는 보장이 없는 것이지요.

융통성이 뭐예요? 적이 나의 판단과 다르게 공격을 하더라도 그것에 대처할 수 있어야 한다는 것이지요. 내가 판단하기에 적이 이쪽으로 공격을 할 거라고 생각을 하고 준비를 했지만, 시간과 장소는 적이 판단하잖아요? 내가 생각하지 않은 저쪽으로 공격해 올 수도 있다는 것이지요. 그것에 당황하지 않고 대비할 수 있는 준비를 해야 한다는 것입니다.

융통성에서 중요한 것은 균형된 방어계획수립, 적정 수준의 예비대 보유, 다양한 우발 및 장차작전계획수립을 하는 것입니다. 균형. 균형이 뭐예요? 쉽게 말하면 좌가 있으면 우가 있고, 우가 있으면 좌가 있는 것입니다. 머리가 있으면 꼬리가 있고, 꼬리가 있으면 머리가 있어야 균형이 맞지요. 우리가 줄타기를 하거나 평균대를 하면서 균형을 잡는 것을 생각하면 쉽게 이해가 가겠지요. 방어 계획수립도 마찬가지예요. 내가 이쪽으로 적의 공격을 판단하고 대비를 했더라도 저쪽으로 올 수 있는 것을 대비해야 하는 것입니다. 적이 공격할 것이라고 판단한 쪽에 모든 전투력을 다 투입할 수 없는 것이고요, 판단하지 않은 쪽에도 어느 정도의 전투력을 배비해야 하는 것이지요.

전방방어를 한다고 종심에 하나도 대비를 하지 않는 것은 아닙니다. 적의 주타격방향이 동측이라고 서측에 대비를 하지 않는 것은 아니에요. 어떤 사태가 벌어질지 모르기 때문에 적정규모의 예비대와 우발계획, 장차작전계획을 보유하고 있어야 하는 것이지요.

융통성이라는 것을 체감하는 방법을 하나 이야기하겠습니다. 두 개의 도로축선을 가진 지형을 선택해서 작전지역을 설정한

다음, 양쪽 도로 축선 중에 하나를 선택해서 방어 계획수립을 한번 해보세요. 여러 가지 전투력을 잘 통합해서 하겠지요. 그리고 다음에는 다른 쪽 도로를 선택해서 방어 계획수립을 한번 해보세요. 그리고 양쪽에 대해 각각 계획수립 한 것을 하나로 겹쳐보세요. 그 두 개의 작전계획을 합쳐놓으면 적이 어느 축선으로 공격해도 대응할 수 있는 '융통성'이 확보된 계획이라는 것을 체감할 수 있습니다.

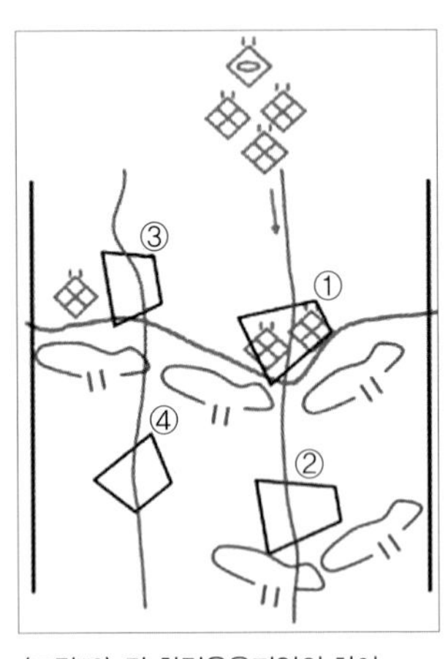

〈그림73〉 각 화력운용지역의 차이

지금까지 설명한 것을 바탕으로 하면, 여러분들은 이제 현상을 좀 더 볼 수 있는 시각이 생겼을 것입니다. 예를 들어보겠습니다. 〈그림73〉에서 화력운용지역이 있지요. 네 개의 화력운용지역은 다 똑같이 보일 수 있겠지만 ①번은 결정적작전의 여건조성작전 차원에서 주방어지역에서 적 1제대 연대를 대상으로 하는 것이고요 ②번은 결정적작전에 사용하는 화력운용지역이지요. ③번과 ④번은 적의 공격을 판단한 지역은 아니지만 융통성을 확보하기 위해 운용하는 화력운용지역입니다. 이러한 전투력들 하나하나가 다 국면별로, 기능별로 세밀하게 조직하고 있다는 점을 여러분은 꿰뚫어 볼 수 있어야 합니다.

융통성이라는 특성 때문에 방어 계획수립을 해놓으면 비슷비슷하게 보이지만, 계획수립을 하는 과정이나 서식부분의 설명을 들어보면 천지차이가 나는 것입니다. 어떤 사람은 동측 축선을, 어떤 사람은 서측 축선을 중심으로 계획을 수립했는데, 융통성 때문에 결과적으로는 똑같이 보이는 상황이 되지요. 그래서 도식부분에서 나타날 수 있는 것이 많지 않기 때문에 서식부분이나 전투편성표에 잘 표현을 해주어야 의사소통을 잘 할 수 있습니다.

지금까지 방어 계획수립에서 중요한 부분을 설명했습니다.

1. 논리적 일관성을 가지고 각 국면의 전투력을 조직해야 한다는 점과
2. 융통성을 확보한 계획수립을 해야 한다는 것이지요.

융통성이라는 것 때문에 방어작전의 결정적작전은 그 시간과 장소를 실시간에 변경할 수 있습니다. 그리고 그렇게 할 수 있는 준비를 해 놓아야 하지요. 그것이 결정적작전을 변경하는 것이냐의 문제에는 이견이 있습니다만, 중요한 것은 시간과 장소가 바뀌더라도 내가 상대할 적 부대가 바뀌어서는 안 된다는 것입니다. 그것은 계획수립의 첫 번째 부분, '무엇을 할 것인가?'에 해당하는 부분이거든요. 총론에서 이야기한 계획수립에서 중요한 부분을 같이 염두에 두고 이 문제를 잘 이해하기 바랍니다.

2 결정적지점을 구상하는 방법

제목이 좀 이상하긴 하지요. 결정적지점을 구상하는 것은 생각하는 것인데, 생각하는 방법을 이야기하는 것이니까요. 그런데 딱히 다르게 표현할 수 있는 것 같지도 않네요.

결정적지점의 교리적 정의를 보고 '음, 그렇구나!' 이렇게 생각하는 선에서 결정적지점을 이해했다고 하면 안 됩니다. 결정적지점을 여러분들이 직접 구상할 수 있는 사고방식을 갖춰야 완전히 다 이해한 것입니다.

단편적으로 생각하면 결정적지점을 '형제동 일대' 이런 식으로 지형적인 위치만을 고려해서 표현하지요. 그런 경우가 많으니까 지금 교관이 이런 타이틀로 이야기를 하고 있는 것 아니겠습니까?

전술제대의 결정적지점은 작전적 수준의 결정적지점과 일맥상통합니다. 같은 근원을 가지고 있지요. 지휘관이 최종상태를 구상하고 중심을 구상하면서 핵심능력, 핵심 요구조건, 핵심 취약점 등을 따지는데, 그 핵심 취약점과 연계해서 결정적지점을 구상하는 것입니다.

그러나 전술제대의 작전구상에서 중심의 역할이 크지 않다 보니 결정적지점을 구상하는데 그것이 작전적 수준과는 다른 것처럼 생각할 수 있습니다. 하지만 적용하는 모습이 조금 다를 뿐 다른 근원을 가지고 있는 것은 아닙니다.

결정적지점은 세 가지로 구상하지요.

① 지리적 위치 ② 주요 사태 ③ 핵심요소 및 기능이 그것입니다. 질문을 하나 하지요. 이 세 가지를 각각 구상할까요? 아니면 세 가지를 합쳐서 하나로 구상할까요? 이것에 대한 이야기는 어디에도 나와 있지 않고 어느 누구도 가르쳐주지 않지요. 교관도 교관이 그냥 생각한 것일 뿐입니다. 그것을 생각조차도 안 해보는 것이 심각한 문제이지요.

교관은 세 가지를 하나로 합쳐서 구상한다고 생각합니다. 위의 세 가지는 독립되어 있는 것이 아닙니다. 우리가 생각할 때, 그렇게 생각하는 것을 훈련해야 합니다. 결정적지점이 형제동이라고 하면 '형제동에서 뭐가 일어나느냐?' 하는 것을 생각해야 합니다. 결정적지점이 적이 초월 진입을 하는 사태라고 하면, '그 적이 무슨 적이냐?'라고 생각해야 합니다. 결정적지점이 적 ○○연대라고 하면, '적 ○○연대가 어디서 무엇을 하고 있느냐?' 라고 생각해야 합니다.

그래서 머릿속에 있는 결정적지점 구상을 글씨로 표현해보면, '적 ○○연대가 형제동 일대에서 초월 진입을 하는 사태!' 이런 식으로 표현할 수 있는 것이지요. 그리고 결정적지점에 대해서 왜 그렇게 구상했냐고 물어보면 그것에 대한 답을 할 수 있어야 합니다. 대략 이런 답이 되겠지요.

'내가 이런 임무를 가지고 있다. 적은 ○번 도로 축선을 주타격 방향으로 공격하는데, 적 전방연대의 차후임무계선은 어디, 적 2제대 연대인 ○○연대의 차후임무계선은 어디로 판단한다. 이런 상황에서 지형을 보니 형제동 일대가 방어력 발휘가 매우 좋은 곳이다. 그래서 나는 형제동 일대에서 적 ○○연대가 초월진입을 할 때 이것을 격퇴시키는 것이 가장 좋다고 생각한다.'

'왜 적 ○○연대인가?'라고 질문하면 이렇게 답변을 하겠지요. '적의 기도는 앞서 이야기 한 바와 같다. 적의 입장에서 가장 중요한 것은 적 2제대 연대인 ○○연대가 1제대 연대의 지원을 받아 초월하여 사단의 차후 임무를 달성하는 것이다. 직접적으로 적 사단의 차후 임무를 달성하는 수단인 적 ○○연대를 우리가 격퇴한다면 적 사단은 차후 임무를 달성할 수 없을 것이다. 이것은 작전이 적의 의지대로 되지 않는 것이며 적을 패배시키는 가장 확실한 방법이다.'

'왜 초월진입하는 사태인가?'라고 질문하면 이렇게 답변을 하겠지요. '적 ○○연대는 초월 진입 전에 충분한 거리를 이격해서 전투 전 대형으로 후속한다. 이때는 적에게 직접적인 피해를 주기 어렵다. 이후 적 1제대 연대의 차후 임무계선을 확보하고 초월할 준비가 되면 가까이 근접하게 된다. 초월 진입을 하는 상황은 매우 혼란스럽다. 적 ○○연대는 이 시기에 전투대형을 유지하기 어렵고 밀집되어 정상적으로 전투력을 발휘하기 어려울 것이다. 적 ○○연대의 취약점이 극대화되는 시기를 이용한다면 아군은 효율적으로 작전을 할 수 있다.'

최종상태는 상태라고 했지요. 손에 잡히지 않아요. 결정적지점은 손에 잡히는 구체적인 것입니다. 최종상태를 달성할 수 있는 결정적지점을 구상하는 것은 지휘관으로서 반드시 갖추어야 할 능력입니다. 지휘관의 기본 소양도 많은 영향을 미치지요. 여러분은 많은 고민과 훈련을 통해서 결정적지점을 잘 구상할 수 있는 사람이 되기 바랍니다. 전술에서 필요한 사고력의 핵심입니다.

계획지침의 핵심과 CCIR

'계획지침의 핵심이 무엇이냐?' 이 질문을 하는 이유는 계획지침의 양식에 얽매여서 무엇이 중요한지를 모르기 때문입니다. 계획지침의 핵심을 한 마디로 요약한다면 이것이지요. '계획을 이렇게 작성하라!' 상식적으로 그렇지 않겠어요? 장차작전 계획지침도 그렇습니다. 장차작전 이야기에서 언급했지요.

계획을 이렇게 작성하라고 했을 때, '이렇게'를 어떻게 표현하느냐는 것이 문제입니다. 어떤 식으로 표현을 해야 할까요? '잘 작성해라' 이렇게 이야기를 해도 되겠습니다. 또는 '적의 이러한 부분에 유의해서 작성해라' 하는 표현도 되겠지요. 그러나 가장 중요한 것은 무엇이겠습니까?

총론에서 처음 이야기할 때, 잠깐 언급했었지요. 지휘관이 결정적지점을 어떻게 구상했는지, 그 결과를 알려주는 것이 계획지침의 핵심이라고요. 지휘관이 보기에, 이번 작전에서 우리가 상대해야 할 적은 무엇인지, 그 적을 언제, 어디서 상대할 것인지 알려주는 것이 계획지침의 핵심입니다!

그것을 간과하고 계획지침으로 제시되어 있는 여러 가지 양식에 맞춰서 시간계획부터 기만작전 등 여러 가지 사항을 발표하는 것을 보면 안타까울 때가 많습니다. 물론 그런 것도 중요하지 않은 것은 아니지만요.

참모들과 예하부대들도 계획을 수립하는 데 있어 가장 필요한 것이 시작의 기준을 선정하는 일입니다. 군단장이 어떤 것을 가장 중요하게 생각하고 있는지 알아야 그 기준으로 삼고, 사단은 어떤 것을 할지 알 것 아닙니까? 군단장이 작전적 2제대를 상대할지, 전술적 2제대를 상대할지 이야기를 안 해주면 군단 계획도 대충 두루뭉술하게 작성하고, 그것을 받은 사단, 연대 이하 부대는 말할 것도 없지요.

그래서 계획지침의 핵심은 다른 것을 다 빼더라도, 지휘관이 이 이야기는 꼭 해야 합니다. '현재 상황에서 보았을 때, 군단은 적 ○○부대를 격퇴해야 한다. 군단의 결정적작전은 적 ○○부대가 초월진입 하는 시기에 ○○일대에서 격퇴하는 것이다!' 다른 사항들은 어떻게 하든지 상관없습니다. 참모들이 위임받아 할 수도 있고요. 군단장이 구상한 결정적지점에 대한 결과가 최초 지휘관 의도든, 방책수립방향이든, 어떤 형태로든 나타나도록 하는 것이 필요합니다. 그래서 참모와 예하부대 지휘관들이 그것을 알도록 해야 하지요. 장차작전 계획지침도 마찬가지입니다.

지휘관의 계획지침은 언제든지 하달을 할 수 있습니다. 필요시 수정 지침을 하달할 수도 있습니다. 지휘관의 계획지침을 하달하는 시기 중에 가장 유력한 것은 임무분석이 끝난 다음이지요. 그래서 예문도 대부분 그렇게 제시하고 있습니다. 왜냐하면 임무분석이 끝나는 시점이 '무엇을 할 것인가?'를 규명한 시점이 되거든요. 거기서 일단락이 지어지지요.

계획수립의 초기 시점에서 지휘관과 참모는 상황에 대한 충분한 정보를 가지고 있지 않습니다. 한반도의 방어 상황은 다소 특수한 상황이라고 볼 수 있지요. 일반적으로 보아서는 계획수립은 매우 정보가 부족한 상태에서 시작합니다.

그래서 생기는 문제가 있습니다. 정확한 정보가 없어서 계획수립의 걸림돌이 되는 것이지요. 또는 계획수립 자체가 되지 않는 경우가 생깁니다. 이때 사용하는 것이 가정이지요. 사실이 아닌 것을 사실로 간주하는 것입니다. 계획수립을 효율적으로 진행하기 위해서는 가정이 필요하지요. 전술제대에서는 그것이 큰 효용성은 없습니다만, 작전적 수준의 제대에서는 꼭 필요합니다.

이렇게 사용하는 가정은 계획수립을 진행하는 동안에도 지속적으로 사실 여부를 검증해야 합니다. 왜냐하면 가정이 사실로 판명되지 않을 경우 계획 자체가 성립되지 않는 경우가 생기거든요. 그것을 위해서 CCIR이 필요한 것이지요. 계획지침의 CCIR은 가정을 사실로 검증하는 것과 연관이 있습니다.

그리고 지휘관의 결심 중에서 가장 처음 직면하는 결심이 뭐라고 했습니까? '우리가 수립한 계획을 그대로 시행할 것인가?' 라고 했지요! 뭐 좀 앞뒤가 맞아 떨어지는 것 같지 않습니까? 계획지침의 CCIR은 그 결심을 위한 CCIR이라는 것입니다.

계획지침을 토의하라고 하면 의미 없이 주어진 양식대로 발표하고 토의를 하게 되는데, 어떤 것이 중요한 것이고, 왜 그렇게 되어 있는지 잘 인식하기 바랍니다. 지휘관의 뜻을 담아야 할 것도 있고, 참모가 해도 되는 것이 있습니다. 생략할 수 있는 것도 있고, 생략해서는 안 되는 것이 있습니다.

방어작전 시 결정적작전을 하는 여러 가지 모습

결정적작전을 어떻게 하느냐에 대한 모습을 생각해보면 대략 몇 가지로 구분할 수 있습니다. 왜 이런 형태로 구분하느냐 하면, 적의 공격 양상과 지형적인 요인에 의해 나누어진다고 볼 수 있지요.

교관이 동료 및 후배들을 도와주면서 보니, 결정적작전을 하는 여러 가지 모습에 대해서 충분히 생각할 수 있는데, 생각을 폭넓게 하지를 못해서 그러지 못하는 것 같더라고요. 그래서 결정적작전을 여러 가지 상황에 맞춰서 다양하게 할 수 있다는 것을 예를 들어 설명해주곤 했습니다. 물론 다음에 제시한 예만 있는 것은 아니지요

〈그림74〉를 한번 보세요. 사단 상황을 가정해서 위에 있는 적은 1제대 연대를 나타낸 것이고요, 밑에 조금 더 크게 표시한

것은 2제대 연대를 나타낸 것입니다.

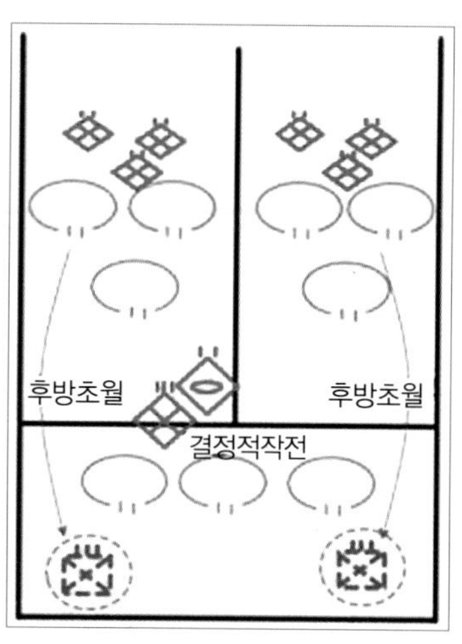

〈그림74〉 결정적작전 모습 1

아군 전방연대는 적 1제대 연대만 상대하고 이후에는 후방초월을 해서 전투력 복원 및 예비 임무를 수행하고 있습니다. 결정적작전은 종심에 배치한 예비 연대가 적 2제대를 종심에서 격퇴하는 모습입니다.

이와 같은 모습은 어떤 상황에서 나올까요?

이것은 전방에도 지형적 여건이 괜찮지만, 종심에 있는 지형이 더 나은 경우에 이런 모습이 나옵니다. 적 2제대 연대를 상대하는 결정적작전을 전방보다는 종심에서 하는 것이 낫다는 것이지요. 그래서 전방에서는 1제대 연대만을 상대하고 후방초월을 시킨 다음, 종심에서 결정적작전을 하는 것입니다. 물론 후방초월을 하면서도 지속적으로 적과 접촉을 유지해서 전투력을 저하시켰을 것입니다.

〈그림75〉를 한번 보세요. 적 1제대 연대는 전방연대에서 격퇴를 시켰습니다. 전투력이 저하되어 더 이상 공격을 할 수 없어서 예비인 2제대를 초월시키고 있는 모습입니다. 아군은 초

월을 하는 적에 대해 역습을 하고 있지요.

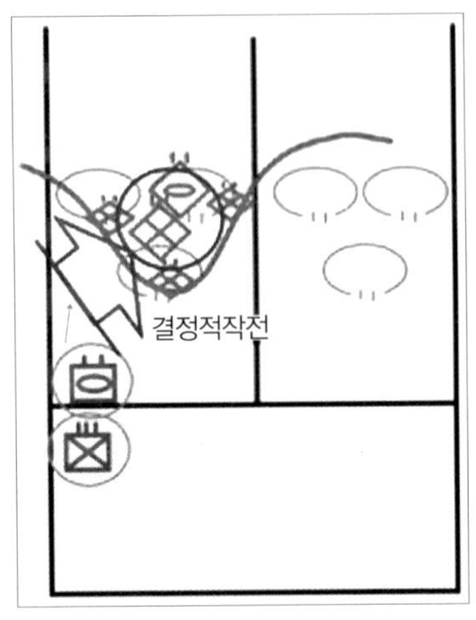

〈그림75〉 결정적작전 모습 2

이런 모습이 나타나는 상황은 아군의 종심에 지형적인 여건이 좋지 않은 경우입니다. 아군의 종심에 지형이 좋지 않으니 종심의 방어진지를 점령하지 않지요. 물론 융통성 확보를 위한 저지진지는 편성하겠지만요. 여하튼, 종심지역에 방어력발휘에 좋은 지형이 없을 때, 이러한 모습으로 결정적작전을 할 수 있습니다.

비슷한 경우인데요, 적 1제대 연대와 적 2제대 연대를 전방에서 다 격퇴하는 경우입니다. 예비로 가지고 있는 부대들을 모두 다 전방으로 증원을 하였지요. 전방연대에서도 종심에 위치한 진지를 점선으로 해놓은 것을 보니 전방방어를 한 모양입니다.

〈그림76〉 결정적작전 모습 3

이러한 경우 역시 종심에 방어력 발휘가 용이한 지형이 없다는 점은 앞서 이야기한 모습과 같습니다. 그러나 특별히 눈여겨 보아야 할 점이 있습니다. 바로, 전방의 지형이 방어에 매우 유리한 지형이어야 합니다. 하천이나 험준한 산악과 같은 것들이지요.

그래서 어떠한 적이 오더라도 전방에 그 지형만 잘 확보하고 있으면 얼마든지 적을 격퇴시킬 수 있다고 할 만큼 좋은 지형이라는 것입니다. 그러니까 모든 것을 다 놓고 전방으로만 전력을 투사하려고 하는 것이지요. 증원시키는 것입니다. 그러나 이러한 경우 진지교대를 해서 싸울 것인지, 계속 싸우던 부대장이 통제하게 할 것인지를 추가적으로 고민해야 합니다. 실제 전투를 해보지 않았으니 누구도 어느 것이 더 좋다고 이야기할 수 없지요.

다음은 기동방어를 하면서 전단전방에서 적을 격멸하는 모습입니다. 1제대 연대는 전방연대에서 방어를 하고 있고요, 주 전투력을 동적으로 운용해서 과감하게 전단 전방으로 치고 나가서 적 2제대 연대를 격퇴하는 모습이지요. 강력한 타격력을 보유하고 있을 때 가능합니다.

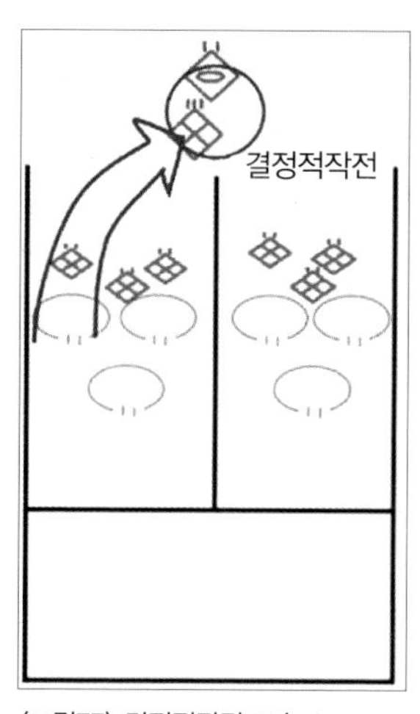

〈그림77〉 결정적작전 모습 4

이 정도 되면 거의 공격작전을 해도 될 만큼 전투력이 강하고 기동화 된 부대가 있는 상황이지요. 실제 이런 모습이 될 개연성은 다소 낮다고 생각합니다.

왜냐하면 이미 설명한 바와 같이 방자가 전투력이 열세해서 여러 가지 방어의 이점을 이용하는데, 얼마나 전투력이 우세하면 방어의 이점을 버리고 앞으로 나가서 싸우겠냐는 말이지요. 처음부터 방어를 하지 말고 공격을 해도 될 상황처럼 보입니다. 그러나 아예 불가능한 상황은 아닙니다.

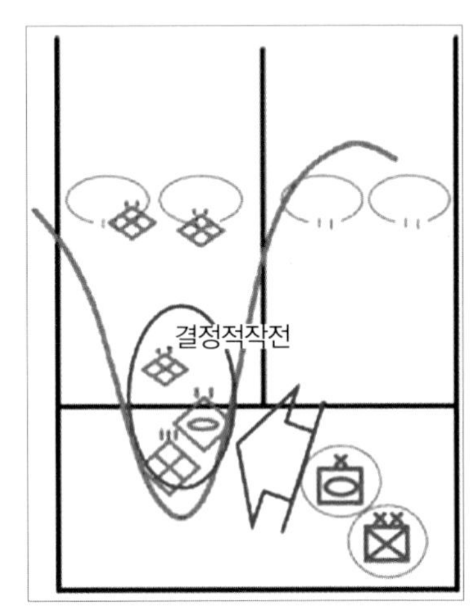

〈그림78〉 결정적작전 모습 5

〈그림78〉은 종심으로 깊숙하게 적을 유인해서 적 1제대 연대의 일부와 적 2제대 연대를 한꺼번에 타격하여 격멸하는 모습입니다. 이것도 강력한 타격력을 보유하고 있어야 가능하겠지요.

한 가지 더 필요한 것은 충분한 종심을 가지고 있어야 한다는 것입니다. 주 전투력을 동적으로 편성해서 운영하기 때문에 아군의 전방연대는 적에게 많은 타격을 입히지 못할 것입니다. 그러한 상태에서 적 1제대와 2제대를 한꺼번에 유인하려면 깊은 종심이 필요한 것이지요. 적은 자기들이 판단한 전방연대 차후 임무계선이 임박해야 예비대를 투입할 것 아닙니까? 그전에 투입을 시키려면 투입을 강요해야 하는데, 그러한 여건도 되지 않으니까요.

지금까지 결정적작전이 이루어지는 모습을 예를 들어 설명하고 모습별로 어떤 상황에서 그런 모습이 될 수 있는지를 이야기했습니다. 중요한 것은 내가 처한 상황에서 METT+TC를 고려하여 따져보았을 때, '나의 결정적작전을 어떤 모습으로 해야겠다!' 하는 것을 명확하게 생각할 수 있어야 한다는 것입니다. 누누이 이야기한 결정적지점을 구상하는 것이지요.

방어작전을 하면서 중요한 것이 바로 이것입니다. 자기가 구상한 결정적지점과 연계해서 결정적작전을 어떻게 할지 계획하는 것이지요. 그래서 방어 방책을 보았을 때, 가장 첫 번째로 나오는 질문이 '결정적작전을 어디서, 무엇을 대상으로 하려고 하는가? 그렇게 생각한 이유는 무엇인가?'입니다. 여러분들이 이것에 대한 질문을 받는다면 확고한 자신감을 바탕으로 논리적으로 답변할 수 있어야 합니다.

전방방어 vs 종심방어, 지역방어 vs 기동방어

방어작전에서 전방지역을 주로 이용하느냐, 종심지역을 이용하느냐에 따라서 전방방어, 종심방어를 나눌 수 있습니다. 교관이 그것을 가지고 여기서 이야기하려는 것은 아닙니다. 여기서 교관이 이야기하려는 것은 이것에 접근하는 방식을 따지려 하는 것입니다.

실제 작전이나 교육을 하는 데 있어서 전방방어든 종심방어든 무슨 소용이 있습니까? 아무것도 없습니다. 교관이 학생이었을 때, 이런 이야기를 해주는 사람이 없어서 학생들끼리 엄청나게 토의를 했던 적이 있습니다. 한 시간도 넘게 이것을 가지고 토의를 했는데, 무엇을 위해서 토의를 했는지 모르겠더라고요.

전방방어나 종심방어를 구분하는 것이 계획수립절차나 명령상에 중요한 역할을 하는 곳이 있나요? 없지요. 없습니다! 전방

방어나 종심방어에 대한 논의를 하지 않아도 작전을 하는 데에는 전혀 지장이 없다는 말입니다.

우리가 접근하는 방법은 '전방방어를 했으면 왜 전방방어를 했고, 종심방어를 했으면 왜 그렇게 했느냐?'를 따지는 것이 바람직합니다. 단지 현상을 놓고 이것이 전방방어냐 종심방어냐 하는 것이 아니고요.

전방방어, 종심방어의 선택은 전술적 고려요소인 METT+TC를 다 고려하겠지만 주로 지형의 이점을 얼마나 제공받을 수 있느냐에 따라서 달라집니다. 전방에 방어력 발휘에 좋은 지형이 있고, 종심에는 거의 그런 지형이 없다면 전방방어를 하게 되는 것이지요. 반대로 종심의 지형이 더 좋다고 생각했으면 종심방어를 선택하는 것입니다.

얼마나 지형이 좋아야 연대나 사단이 모두 다 전방방어를 할 수 있느냐? 교관은 임진강, 한탄강의 천연 단애처럼 웬만큼 지형이 좋지 않고서는 전방방어를 할 수 있다고 생각하지 않습니다. 물리적으로 방자가 어느 정도는 밀릴 수밖에 없거든요. 그래도 의지의 표현으로 전방방어를 하겠다고 하는 사람들도 많이 있고요, 진지공사를 충실하게 해서 진지강도를 높였으니 전방방어가 충분히 가능하다고 하는 의견도 있습니다. 전쟁을 실제 해보지 않았으니 그 의견에 대해 뭐라고 할 수는 없지요.

여러분들은 부여받은 작전지역을 전체적으로 평가하면서 결정적작전을 구상합니다. 이때 지형적인 측면을 고려해서 구상하는데, 구상결과에 따라 전방방어를 할 것인지 종심방어를 할 것인지 결정합니다. 그래서 여러분은 전방방어를 결정했으면 왜 그렇게 결정했는지, 종심방어이면 왜 그런지 설명할 수 있어야 하지요. 결국 결정적지점을 왜 그렇게 구상했느냐에 대한 설명과 연계됩니다.

지역방어냐 기동방어냐 하는 것도 역시 전술적 고려요소인 METT+TC를 고려하여 결정합니다. 그러나 지배적인 요소는 가용전투력이지요. 어떤 사람들은 지역방어는 중요지역확보를 목적으로 하는 것이고, 기동방어는 적 부대 격멸을 하는 것이라고 하는데 그렇지 않습니다. 작전목적은 어디서 도출하는 것입니까? 상급지휘관 의도와 명시과업에서 도출하는 것이지요.

작전목적을 방어작전 형태에서 도출하는 것은 아닙니다. 방어작전 형태는 방어작전을 수행하는 모습을 유형별로 나눈 것입니다. 전투수행방법 측면의 구분이라고 볼 수 있지요. 그래서 이것이 작전목적에 영향을 주는 것은 아닙니다.

지역방어와 기동방어의 구분은 '주 전투력을 동적인 전투력으로 사용하느냐? 정적인 전투력으로 사용하느냐?'에서 나눌 수 있습니다. 그런데 문제는 1:100이나 100:1의 비율은 없다는 것입니다. 모든 방어작전은 동적인 전투력과 정적인 전투력을 혼합하여 운용합니다. 그 비율이 40:60 또는 60:40이라면 어떻겠습니까? 구분이 잘 안되겠지요.

지역방어와 기동방어의 구분은 연속한 스펙트럼과 같아서 어떤 것도 극단적인 지역방어, 극단적인 기동방어는 없습니다. 지역방어라고 해서 100%의 모든 전투력이 진지에 배치하여 운용하는 것은 아니라는 것입니다. 그런 점을 잘 이해하기 바랍니다.

기동방어를 하는 부대는 유인 및 고착을 하는 부대도 있고, 타격부대도 있지요. 유인을 하거나 타격을 하는 부대가 빠른 기동력을 발휘할 수 있으면 작전을 원활하게 수행할 수 있을 것입니다. 그런데 도보로 이동하는 보병만으로 구성한 부대를 이용해서 유인이나 타격을 한다면 어떨까요? 아무래도 기동화 한 부대보다는 원활하지 않겠지요. 그래서 기동방어에서는 동적인 전투력으로 운용하는 주전투력이 기동성이 뛰어난 부대가 있는 것이 좋습니다. 그렇지 않은 부대에서는 제한사항이 다소 있지요.

제한사항이 있다고 해서 못하는 것은 아닙니다. 보병으로 구성한 부대도 상황에 따라서는 충분히 기동성을 발휘할 수 있습니다. 여러분은 전장에서 전방방어나 종심방어, 지역방어나 기동방어를 선택했을 때, '내가 왜 이것을 했다!'라고 확고하게 이야기할 수 있는 주관을 가져야 합니다. 교관이 이야기하려 한 것은 바로 그것입니다.

6 집결하는가? 배치하는가? 방어배치에 대해서

방어작전계획을 수립할 때, 전단 부근의 전방 부대들은 다 배치하지요. 문제는 그 뒤에 있는 부대들을 집결시킬 것인지, 배치할 것인지 고민된다는 것입니다.

세 가지 방법이 있지요. ① 최초부터 배치하거나 ② 진지를 구축해놓고 집결보유하거나 ③ 최초부터 집결보유를 하거나. 상황에 따라 바뀌는 것이지만 자기가 왜 그렇게 하는지에 대해서는 이유를 설명할 수 있어야 합니다.

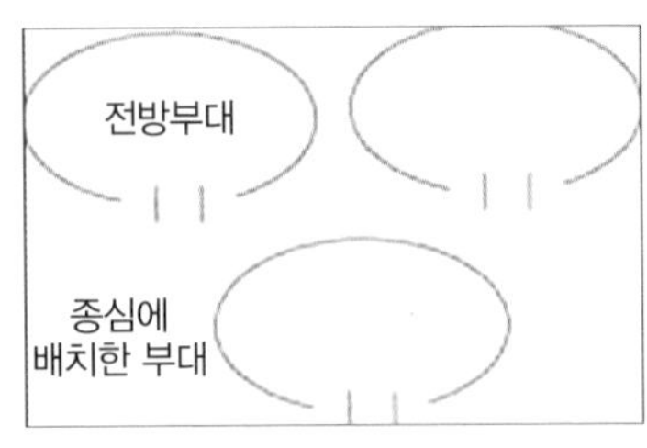

〈그림79〉 최초부터 배치

종심에 있는 부대를 이렇게 도식하면 최초부터 배치하는 것으로 봅니다. 처음부터 배치해 있으면 시간적인 여유를 가지고 진지도 견고하게 다듬고, 장애물도 설치하고 예행연습도 충분히 할 수 있겠지요. 방어강도를 높일 수 있습니다.

왜 이런 방법을 선택했을까요? 방어력 발휘가 용이한 지형이기 때문에 여기에 방어진지에 병력을 배치해서 싸울 생각을 했기 때문입니다. 종심에 있는 지형의 이점을 이용해서 이 방어진지에서 싸울 것이 확실하고, 그 자리에서 다른 곳으로 이동할 가능성은 낮은 것이지요.

〈그림80〉과 같이 도식하는 것은 진지를 구축해 놓고 집결보유를 하는 것입니다. 진지를 힘들게 구축해 놓고는 왜 집결보유를 했을까요? 그것은 그 자리에서 싸울 가능성도 있고, 전방으로 이동할 가능성도 있기 때문입니다.

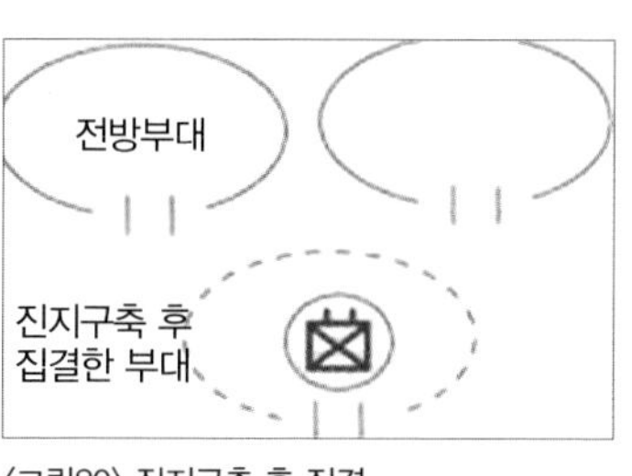

〈그림80〉 진지구축 후 집결

이렇게 해놓으면 진지를 구축해놓기는 했지만, 진지에서 나와 있기 때문에 진지를 더 보강하거나, 장애물을 지속적으로 보강하는 등, 방어강도를 높이는 것이 어렵겠지요. 반면에 좋은 점은 상황에 따라 융통성 있게 대응할 수 있다는 것입니다. 전방으로 증원을 할 경우 이동에 필요한 작전반응시간이 훨씬 단축되겠지요. 앞에서 이야기 한 ①번과 같이 해놓은 상태라면 전방이동에 많은 시간이 소요되거든요.

〈그림81〉과 같이 도식을 한 경우는 종심에서 진지를 편성하지 않고 아예 집결만 한 경우입니다. 종심에 위치하고는 있지만, 위치한 그 장소에서 진지를 편성해서 싸울 가능성은 별로 없다는 것이지요. 집결보유하고 있는 부대는 오로지 전방으로 이동할 준비를 하고 있게 됩니다.

〈그림81〉 최초부터 집결

방어진지를 그리는 것에 대해 이야기를 더 해야겠네요. 처음 방어진지를 도식하는 사람들을 지도하다 보면 이런 경우가 많습니다. 〈그림82〉를 보시면 0번 도로가 있는데 그 도로를 좌우로 해서 방어진지를 그려놓았지요.

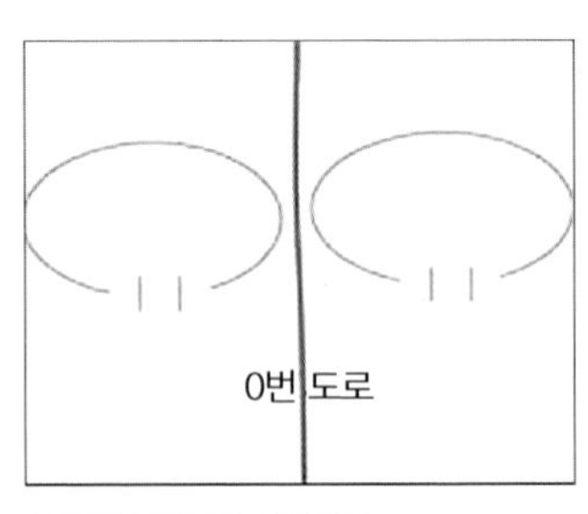

〈그림82〉 잘못된 방어배치

이렇게 방어진지를 그려놓으면 매우 심각한 문제가 발생합니다. 왜냐하면 동측이나 서측에 있는 부대가 모두 0번 도로에 대해서는 신경을 쓰지 않기 때문이지요. 왜냐고요? 생각해보세요. 서측에 있는 대대가 동측 대대 쪽으로 총을 쏘겠습니까? 포를 쏘겠습니까? 정보자산을 그쪽으로 보내겠습니까? 서측에 있는 대대 입장에서는 그쪽은 자기 작전지역이 아니에요! 동쪽에 있는 대대도 마찬가지예요. 0번 도로를 연해서 전투지경선이 있을 것이고, 서로 상대방이 있는 쪽으로는 자신의 전투력을 투사하지 않으려 할 것입니다. 물론 어떻게든 협조를 해서 한다고 할 수 있겠지만요, 쉽지 않습니다.

그리고 이러한 점을 이해해야 할 필요가 있습니다. 방어진지에서 전투력 발휘가 가장 강한 곳은 중앙 부분입니다. 양쪽 끝으로 갈수록 발휘하는 전투력은 약해져요. 양쪽 끝에는 소대 하나만이 전투력을 발휘하고 있을 수도 있거든요.

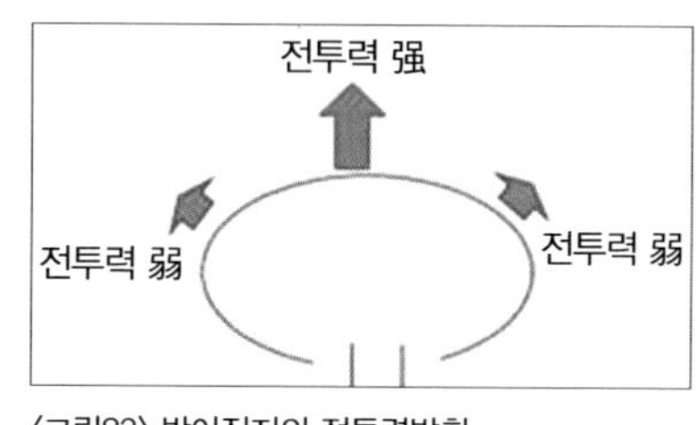

〈그림83〉 방어진지의 전투력발휘

이러한 점을 고려한다면 적의 주력이 집중하는 도로축선에 아군 진지의 약한 부분으로 대응해야 하겠습니까? 특히 전투지경선은 공통적이고 구조적인 약점이지요. 적은 강점으로 집중하는데, 거기에 우리는 약점으로 대응해야 하겠느냐는 말입니다. 이것 어디서 들은 말 같지 않아요? 작전지역을 부여하는 것에서 했던 이야기지요!

이러한 것을 고려한다면 〈그림84〉처럼 되어야 합니다. 하나의 단일 부대, 지휘관이 적의 위협에 대응해야 하지요. 그런데 문제가 또 있습니다. 저 안에 있는 예하부대로 가면 중대, 소대는 어떻게 하느냐는 것이지요. 그렇기는 해도 최대한 단일 지휘관에게 과업을 주고, 그 과업을 고려해서 작전지역을 부여해야 한다는 것은 여러분이 기억하기 바랍니다.

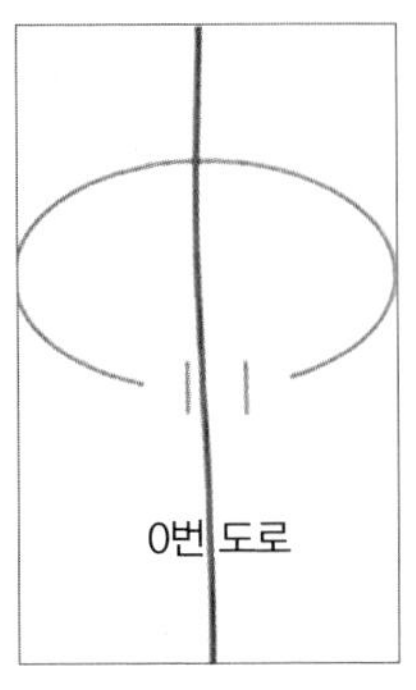

〈그림84〉 적절한 방어배치

조금 더 추가해서 이 이야기까지 하지요. 전단을 연한 방어 배치와 협조점 선정에 대한 것입니다. 일단 전단을 연한 방어선은 진지간 공간이 없고 최단거리로 해서 전단과 전단을 연결하는 선이 되도록 진지를 편성해야 합니다. 방어작전준칙을 비롯하여 여러 가지 사항을 조금만 생각해보면 알 수 있지요. 전단에 그렇게 진지를 편성하면서도 종심 깊은 전투력 운용도 하고 전투력 집중도 해서 우리가 통상 생각하는 방어 진지 모습을 구현하는 것이지요.

협조점은 협조를 할 수 있는 곳이어야 합니다. 협조를 하려면 직접 갈 수 있어야 하겠고, 잘 식별되는 곳이 좋겠지요. 도보로 1시간을 올라가야 하는 산에 협조점이라고 선정해놓으면 협조를 잘 하겠습니까? 방어작전 시 인접부대와의 협조는 매우 중요한 것이며, 따라서 협조점도 협조가 용이한 곳에 선정해야 합니다.

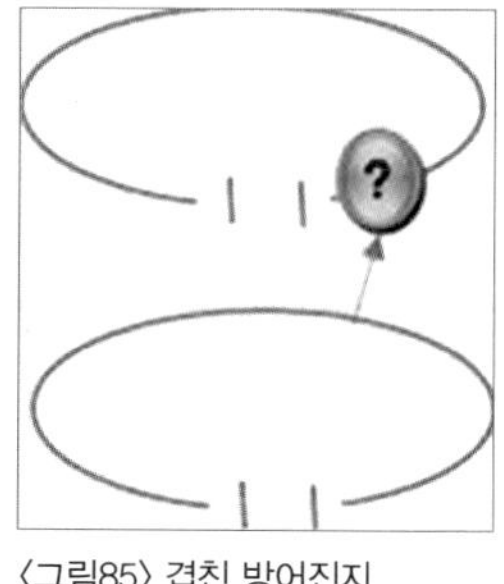
〈그림85〉 겹친 방어진지

방어 진지를 좀 더 보겠습니다. 방어 진지를 〈그림85〉와 같이 겹쳐서 그리는 경우가 간혹 있지요. 이런 경우는 방어력을 쉽게 발휘할 수 없습니다. 효율적이지 않지요. 왜냐하면 후방에 위치한 진지의 어느 곳에서 총을 쏘거나 포를 쏘면 앞에 있는 진지의 아군이 피해를 받게 되지 않겠습니까? 전방에 배치한 부대가 후방초월을 해야 비로소 후방에 배치한 부대가 전투력을 발휘하겠지요.

화력을 운용하는 것을 제외하고도 정보자산의 운용부터 전방에 배치한 부대의 전투지원이나 전투근무지원 시설 및 부대들까지 후방에 위치한 부대와 혼재되겠지요. 그렇기 때문에 편제 화기의 사거리와 부대 전개 공간을 고려해서 충분한 거리를 이격하여 진지를 배치해야 합니다.

방어진지의 전투력을 발휘하는 것은 중앙 지점이 가장 강력하다고 했지요. 그런데 전투지경선이 저렇게 〈그림86〉과 같이 방어진지 앞에 위치하고 있으면 제대로 전투력을 발휘할 수 있겠습니까? 특별히 협조를 한다는 단서를 붙인다면 모르겠지만요. 그러나 추가적인 협조가 필요 없는

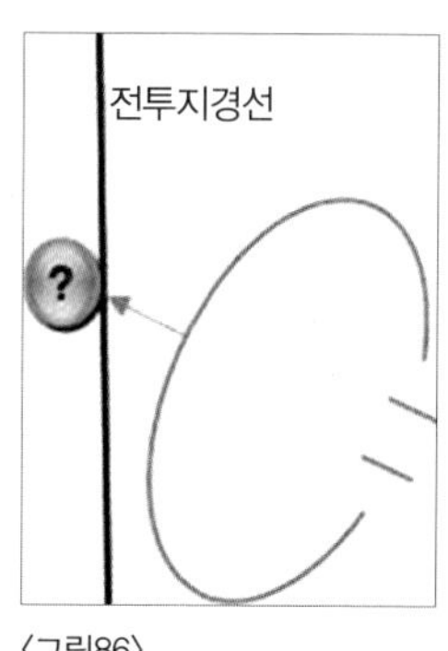

〈그림86〉
방어진지 앞의 전투지경선

상태를 만들면 더 좋겠지요.

저러한 경우는 작전지역 부여를 잘못한 경우입니다. 가장 먼저 고려해야 할 사항인 1단계 하급부대가 수행하는 과업을 고려하지 않은 것이지요. 과업 수행을 위해 방어진지가 저런 모습이 될 수밖에 없다면 전투지경선을 저렇게 두어서는 안 되지요. 작전지역을 저렇게 주면 안 된다는 말입니다. 진지를 배치해놓고 그 진지에 배치하여 싸우는 대대장이라고 생각해보세요. 그렇게 생각한다면 저런 모습으로 진지를 배치하거나 작전지역을 부여하지는 않을 것입니다.

전투력을 할당하는 것과 운용하는 것

혹시 방어작전 시 결정적작전을 하면서 이렇게 하는 경우가 있지 않았나요? 자기의 예비부대를 예하부대에게 증원을 시켜주고, 내가 상대해야 할 적을 네가 좀 상대하라고 하는 경우 말이지요. 다시 말하면 자기가 해야 할 결정적작전을 예하부대에 미루는 경우가 있지 않느냐는 것입니다.

이것이 나타나기 쉬운 경우는 앞서 이야기 한 결정적작전의 모습 중에서 전단 전방에서 모든 적을 격퇴하는 경우입니다. 진지교대를 해서 완전히 부대를 바꿀 수도 있고요, 최초 싸우고 있던 연대장이나 대대장을 그대로 두고, 계속 부대만 증원시켜 주면서 전투를 할 수도 있습니다. 그 와중에서 누가 어떤 제대의 적을 상대하는지 구분을 못하는 것이지요.

결정적작전을 예하부대에 미루는 것은 바람직한 모습이 아닙니다. 제대별로 정해진 역할을 해야 한다는 것을 인식해야 합니다. 그것을 위해서 전투력을 할당하는 것과 운용하는 것에 대해 구분을 할 필요가 있습니다.

전투력은 예하부대에 할당합니다. 내가 가지고 있는 가용 전투력 중에서 METT+TC를 고려해서 통상 2/3 정도는 예하부대에 할당을 하고, 나머지는 내가 사용할 수 있는 전투력으로 보유하지요. 상황마다 다 다르고, 2/3이라는 것도 정해져 있는 것이 아닙니다.

전투력을 할당하는 것은 기동부대만을 대상으로 하는 것은 아닙니다. 각 기능별로 수많은 전투력이 있고, 전투력 할당논리에 따라서 작전지역과 과업을 최적화시키면서 전투력을 할당하지요. 그렇게 할당한 전투력은 예하부대가 운용합니다. 지휘관은 예하부대 할당한 전투력에 대해서 가타부타 이야기를 하면 안 됩니다. 그것은 예하 부대장이 운용하는 것입니다.

그 제대의 지휘관이 운용할 수 있는 전투력은 예하부대에게 할당하지 않은 전투력입니다. 군단이라면 군단에서 가지고 있는 기동 예비부터 기능별로 다양한 전투력을 가지고 있는 것이지요. 사단이라면 그 사단에서 가지고 운용을 하려 했던 전투력이 있겠지요.

그 제대의 지휘관이 운용할 수 있는 전투력의 집중점, 구심점이 어디일까요? 두말할 여지없이 당연히 결정적작전이지요! 군단장은 군단장이 운용할 수 있는 전투력을 가지고 '군단의 결정적작전을 어떻게 할 것인가?' 고민해야 하는 것입니다. 군단의 결정적작전을 사단장에게 할당해준 전투력을 가지고 하면 어떻게 됩니까? 사단장은 할당받은 전투력을 운용해서 사단의 결정적작전을 하는 데 노력을 집중해야 할 것 아닙니까? 군단장이 그것을 못하게 하는 모습이 되지요.

앞서 들었던 예를 보세요. 군단장이 자기가 가지고 운용을 하려 했던 예비를 사단에 주고 사단 보고 결정적작전을 하라고 하면 어떻겠습니까? 기동 예비 하나 받았다고 그 여건이 다 갖춰지는 것이 아닙니다. 기동 부대 외에도, 화력과 정보, 방호, 작전지속지원 등 모든 기능을 다 통합적으로 운용하여 군단의 결정적작전을 하는 것이거든요!

군단장이 사단장에게 자신의 결정적작전을 미루는 것은 매우 무책임한 모습입니다. 물론 사단장에게 특정 부대를 추가할당해서 과업을 수행토록 할 수 있지요. 그러나 기동부대가 싸우는 것만 생각할 것이 아니고요, 군단의 적지종심지역에서부터 군단이 가진 모든 정보와 화력자산을 이용해서 군단이 결정적작전을 하려고 했던 그 대상부대를 격퇴시킬 수 있도록 신경을 쓰고 조치를 하는 주체는 군단인 것입니다. 그러한 과업을 받은 사단은 군단의 결정적작전 과업 중 하나를 수행할 뿐인 것이지요!

부대를 계속 증원시켜주면서 전방에서 싸우는 것도 군단의 결정적작전을 전방 연대나 대대가 하는 모습으로 비칠 수도 있습니다. 그러나 그렇지 않아요! 제대별 결정적작전의 관계에 대한 이야기에서도 이야기한 것이 있지요? 그리고 지금 이야기하는 것도 같이 생각해보세요. 군단이 전단 전방에서 결정적작전을 하는 것이 마치 전방 연대나 대대가 위임받아 하는 것같이 보일 수도 있겠지만, 군단이 상대해야 할 적과 연대, 대대가 상대해야 할 적이 다른 것입니다! 그리고 그것을 하는 시기도 다르지요. 적이 다르니까 초월진입 하는 시기도 다를 것 아닙니까?

그리고 또 뭐가 달라요? 투입하는 전투력이 다른 것입니다. 기동 전투력만을 이야기하는 것이 아니라, 정보, 화력 등 모든 기능의 전투력을 이야기하는 것입니다. 그 전투력들의 능력과 제한사항도 다르니까, 전투력의 통제범위도 달라지지요. 군단의 결정적작전은 군단이 운용하는 전투력을 이용해서 하는 것입니다. 사단에 할당한 전투력을 이용해서 하는 것이 아니고요! 사단이 하는 것은 군단 결정적작전의 일부 과업을 수행하는 것이지요.

결정적작전 장소가 같다고 해서 군단이 결정적작전을 사단에 미루고 그것을 또 연대, 대대로 미뤄서 한다고 표현하면 되겠습니까? 그런 이야기를 하는 사람을 보면 참으로 안타까운 마음을 금하지 못하지요. 이 글을 읽는 여러분들은 그러지 않을 것이라고 확신합니다.

방어 시 공세행동을 기본계획으로 할 수 있는가? (1)

앞에서 나왔던 방어작전시 결정적작전을 하는 모습 이야기에서 그런 모습을 언급했지요. 종심에 방어력발휘에 용이한 지형이 없으니, 전방으로 이동 후 적을 타격해서 역습으로 결정적작전을 하는 모습이었습니다.

교리에 상관없이 보았을 때, 상황이 부합한다면 공세행동을 기본계획으로 하는 것도 가능합니다. 그러나 몇 가지 논쟁이 제기되지요. 그것에 대한 이야기를 하겠습니다. 첫째는 '방어 시 공세행동은 우발계획인데, 우리가 우발계획으로 결정적작전을 한다는 것은 무언가 잘못되지 않았느냐?' 하는 것입니다.

대부분의 계획에 그렇게 되어있지요. 부록에 우발계획으로 역습계획이 있습니다. 그렇기는 하지만 교관이 생각하기에는 '그렇다고 역습을 우발계획의 틀 안에 넣을 수 있는가?' 하는 의구심을 갖습니다. 교관은 아니라고 생각합니다.

방어작전을 할 때 방어만 가지고 하는 것은 아닙니다. 공격과 방어를 다 하지요. 공격작전을 할 때도 마찬가지로 공격도 하고 방어도 합니다. 무슨 이야기에요? 방어작전과 공격작전이라고 하는 수준과 공격, 방어의 수준이 다르다는 것이지요. 하나의 작전은 수많은 과업으로 구성되어 있습니다. 그 여러 가지 과업들 중에 하나가 공격이고 방어라는 것입니다. 우리가 똑같은 말로 사용하고 있을 뿐이지요.

방어작전을 하면서 공격을 하는 것은 전혀 이상한 일이 아닙니다. 정적인 전투력과 동적인 전투력의 혼합으로 이루어진다고 했지요? 그것도 제대별로 다 그렇습니다. 아무리 중대, 소대급 부대라도요. 공격작전을 하면서도 목표를 확보한 뒤나 공세를 유지하기 어려울 때 방어를 해요. 공격과 방어가 혼재되어서 나타나지요.

방어작전 시 공격하는 것이 방어 시 공세행동입니다. 그것을 기본계획이냐 우발계획이냐의 틀에 집어넣을 것이 아니지요. 기본계획도 될 수 있고, 우발계획도 될 수 있습니다. 그러니까 공세행동을 기본계획으로 한다면 하는 것이지요. 당연히 우발계획으로 할 수도 있는 것이고요.

우발계획이라는 것은 무엇입니까? 계획수립절차에서 나오는 것입니다. 조정보완된 방책 중에서 채택하지 않은 방책, 방책분석 워게임을 하면서 소요를 도출한 방책, 채택하지 않은 적 방책에 대비하기 위한 방책, 이런 것들이 우발계획이 되지요. 우발계획이라는 것은 하나의 틀을 규정하지, 그 안에 들어가는 내용물 – 흔히 말하는 콘텐츠 – 을 규정하지 않습니다. 그러니까 같은 컨텐츠가 기본계획도 될 수 있고, 우발계획도 될 수 있다는 말입니다.

마치 예를 들자면 심리 검사를 해서 혈액형을 맞추는 것에 비유를 할 수 있을까요? 몇 가지 심리상태를 묻는 질문의 결과를 가지고 당신의 혈액형은 무엇이라고 하는 것을 다 해보았을 것입니다. 재미로 하지요.

그런데 당신의 성격이 어떤 성향을 가졌다고 '당신은 무슨 형입니다'라고 단정을 지어버리면 어떻겠어요? 맞을 수도 있지만 틀릴 수도 있잖아요? 내 혈액형은 병원에 가서 혈액형 검사를 해보아야 알 수 있는 것이지요. 물론 심리적인 속성을 통계적으로 분석해서 혈액형과 일치하도록 질문을 구성했겠지요. 그러나 혈액형은 다른 요인에 의해 결정하는 것이라는 말입니다. 심리적인 속성에 의해 결정하는 것이 아니고요.

두 번째 논쟁은 '방어 시 공세행동이 작전실시간의 우발계획이기 때문에 만약 기본계획이 된다고 하더라도 그것은 기동방어라고 봐야 한다'는 의견입니다. 첫 번째 논쟁과 본질적으로는 같지요.

이런 주장을 하면 발생하는 문제가 있습니다. 어떤 부대가 사단급 계획수립을 하면서 보병대대 2개와 전차대대 1개를 가지고 타격을 하는 것을 기본계획으로 했습니다. 그리고서는 이것을 기동방어라고 하지요. 전체 가용전투력의 1/3 정도 되는 부대로 공세행동을 한 것인데요, 이것을 기동방어라고 할 수 있겠습니까?

기동방어는 앞서 설명한 대로 주전투력을 동적으로 운용하는 것이지요. 1/3 정도 되는 부대를 공세행동부대로 편성하고 주전투력을 동적으로 운용했다고 하면 누가 동의하겠습니까? 적어도 2/3 이상은 되어야 주전투력을 동적으로 운용했다고 보지요.

토의를 하다 보면 허무한 느낌이 오는 부분이 있습니다. 이런 것을 따진다고 잘 싸우는 것이 아니라는 것입니다. 전투 현장에 있는 지휘관과 참모가 하는 행동에는 별로 차이가 없어요. 그냥 하면 하는 것입니다! 그것을 표현하는 것만 조금 다를 뿐이에요. 교관이 전술이야기 첫 부분에 이야기의 관점에 대해서 언급을 했지요. 그것을 상기해보세요. 이런 것을 따지는 것이 전투를 잘 하는데 도움을 주지 않습니다.

방어 시 공세행동이든, 기동방어든, 기본계획이든, 우발계획이든! 결정적작전을 잘 하려면 어떻게 해야 합니까? 내가 어떤 적 부대를 대상으로 해야 할지! 그것이 무엇을 하는 시점에서! 방어력 발휘가 용이한 어느 지역에서! 어떤 방법으로든 하면 되는 것입니다. 그것이 정적인 전투력을 이용하든, 동적인 전투력을 이용하든지 그것은 상황에 맞게 알아서 하세요! 내가 가진 핵심 역량을 상황에 최적화시켜서 결정적으로 한 방 멋지게 날리는 방법은 내가 결정해서 하면 되는 것입니다. 누가 그것을 기본계획이니 우발계획이니, 기동방어니 하는 것 따져도 전투를 하는 사람에게는 중요한 것이 아닙니다.

방어 시 공세행동을 기본계획으로 할 수 있는가? (2)

앞에서 이야기할 때에는 역습만을 예로 들었지요. 여기서는 나머지 역공격이나 파쇄공격, 소부대 공세행동에 대한 이야기를 하겠습니다.

조금 표현이 이상하긴 하지만, 결정적작전이 되기 위한 조건이라는 것을 생각해봅시다. 내가 어떤 작전을 일컬어 결정적작전이라고 이야기하기 위해서는 어떤 조건들을 충족해야 할까요? 대략 두 가지 정도를 이야기할 수 있겠는데, 우선 적절한 적 부대를 대상으로 하는 작전이어야 하겠지요. 다음은 나의 핵심 주력을 투입해서 전투력의 상대적 우세를 달성하고 확실하게 성공을 시키는 작전이어야 할 것입니다.

이것을 인식하는 것이 중요합니다. 역공격을 볼까요? 역공격은 공격해 오는 적에게 어떤 과오나 취약점이 발생했을 때, 그것을 공격해서 제한적으로 적의 공격 템포를 깨뜨리려 하는 작전이지요. 역공격이 결정적작전이 될 수 있을까요?

물론 되지 말라는 법은 없습니다. 어떤 특정상황에서는 될 수 있겠지요. 한번 보세요. 1제대 연대와 근접지역에서 전투를 하고 있는 상황에 적의 예비대는 수 Km 후방에서 따라오고 있겠지요. 초월진입 여건을 보장하기 전까지는요.

그런 상황에서 적 1, 2제대 연대의 간격이 많이 이격되고, 적 전술적 2제대가 미처 작전에 투입하기 어려운 상황이라고 합시다. 그러면 부대를 편성해서 진지 앞으로 나가서 적 예비 연대를 공격한다고 할 수 있겠지요. 거기서 적 2제대 연대를 완전히 격퇴하거나 격멸한다면 아주 혁혁한 성과를 거두는 것이 될 겁니다. 역공격을 결정적작전으로 성공시킨 것이지요.

그런데 만약 적 1제대 연대의 일부인 2제대 대대에 대해서 그러한 작전을 사단에서 실시했다면 어떨까요? 누누이 이야기했지요. 지는 겁니다! 엉뚱한 부대에 대놓고 내 주력을 쓴 셈이 되었잖아요?

적 1제대 연대의 일부인 2제대 대대에 대해서 작전을 한다고 하고, 앞에서 이야기한 우를 범하지 않기 위해서 소규모 부대만을 편성을 했다고 해봅시다. 작전을 성공적으로 했어요. 그래서 적 1제대 연대의 2제대 대대 전투력이 저하되었습니다. 잘 했지요. 그러나 그것은 훌륭한 역공격이지, 결정적작전은 아니잖아요?

앞에서 역공격을 결정적작전으로 성공시킨 사례를 들어보았는데, 그것조차도 개연성이 낮지요. 상황을 억지로 구성했으니 그렇지만 여러 가지 문제가 있습니다. 가장 근원적인 것은 방자가 열세한 전투력을 가지고 있다는 점입니다.

전에 이야기한 적이 있지요. 최초에는 공격과 공격으로 충돌할 수도 있지만 이후에 공격할 수 있는 쪽은 공격을 하고, 공격을 못하는 쪽은 방어를 하지요. 그러니 통상 방자가 전투력이 열세일 경우가 많습니다. 그래서 방어의 이점을 이용한다고 했지요. 방자가 얼마나 강하면 진지를 버리고 앞으로 나가서 싸워도 잘 싸우겠어요?

물론 방자가 강한 전투력을 가지고 있을 수도 있습니다. 그러나 공격하는 적의 예비대가 수 Km 떨어져 있는 상황에서 기습적으로 적의 예비대를 공격해서 격멸할 수 있다는 것은 쉽지 않은 이야기입니다. 할 수 있다고 해도 도보부대가 그렇게 전단 전방으로 공격을 하는 방법은 효율적이지 않을 겁니다. 효과는 있을 수 있어도 얼마나 적은 노력과 자원으로 그 효과를 얻느냐는 말이지요. 방어의 이점을 이용해서 내가 미리 준비한 진지에서 적과 싸우는 것이 더욱 효율적일 겁니다.

반면에 기갑 및 기계화부대를 보유한 제대에서는 충분히 가능하다고 볼 수 있습니다. 적이 방심하고 있는 틈을 타서 기가 막히게 적의 예비대를 격멸하는 작전을 하는 것이지요. 그러나 그런 모습이 되면 그것이 무엇이겠습니까? 그것은 소규모 부대를 운용한 제한적인 역공격이 아니고, 주전투력을 동적으로 운용해서 전단전방에서 적을 격멸하는 기동방어의 모습이 될 가능성이 큽니다.

이래저래 역공격이나 파쇄공격, 소부대 공세행동 등을 결정적 작전으로 하자고 하면 여러 가지 문제나 논리적 오류에 직면하게 될 겁니다. 전장의 모습은 너무나도 역동적이니 아예 불가능하다고 할 수는 없지만요. 그래서 역습을 제외한 방어 시 공세행동이 결정적작전이 될 개연성은 낮다고 교관은 생각합니다.

총성 한 방에 계획은 휴지조각이 되어버린다?

大몰트케Helmuth Karl Bernhard von Moltke가 한 말입니다. 표현이 저것과 똑같지는 않지만요, 저런 비슷한 말을 한두 번쯤은 들어본 일이 있을 것입니다. 이것을 잘못 이해하는 사람은 계획수립이 중요하지 않다고 이해합니다. 그것이 아니라는 것을 설명하려고 이야기합니다.

계획을 수립하는 것은 매우 중요한 역할을 합니다. 상황을 공통적으로 인식하게 해주고, 각 작전요소들의 행동을 지시해서 원하는 상태를 만들 수 있게 해주지요. 이러한 계획이 왜 중요하지 않겠습니까? 계획을 수립하지 말아보세요. 무슨 상황인지, 누가 무엇을 어떻게 해야 하는지, 무엇을 위해서 해야 하는지 어떻게 알겠습니까?

총성 한 방에 계획은 휴지조각이 되어 버린다는 의미는 계획수립 시 자신이 판단한 적에게 집착하지 말라는 것입니다. 계획은 내가 판단한 적의 공격양상을 토대로 수립한 것입니다. 그러나 적이 공격해 오는 것은 내가 판단한 대로 오는 것이 아니라, 적이 판단한 대로 공격합니다. 내가 판단한 것과 적이 공격해 오는 것이 다르다면, 그 계획에서 분명히 바뀌어야 할 부분이 있지 않겠습니까? 그 이야기를 하는 것입니다.

그러니까 계획과 싸우지 말고 적과 싸우라는 이야기를 하는 것이지요. 교관이 BCTP 훈련을 여러 차례 보면서도 그러한 것을 많이 느낄 수 있었습니다. 그 당시에 많은 사람이 계획은 대충 해놓고 실시를 잘 하면 된다고 생각하는 것 같았습니다. 그리고는 작전 실시를 하는데요, 어떤 문제가 나타나겠습니까?

바로 이런 문제들이 나타납니다.

① 내가 무엇에 대해 싸울지를 모른다.

② 어떤 상태가 되어야 하는지 모르기 때문에 내가 지금 잘 하고 있는 것인지, 여기에서 그만해야 하는지, 더 해야 하는지 모른다.

①번은 결정적지점에 대한 구상과 결정적작전에 대한 계획이 되어있지 않기 때문에 그런 것이지요. ②번은 ①번의 바탕 위에서 국면을 어떻게 조직했는지 명확하지 않기 때문에 그런 문제

가 발생하는 것이지요.

그러면 적이 나타나면 그냥 싸우고, 발등에 불 떨어지면 치우는 식으로 전투를 수행하게 됩니다. 교관이 이야기한 적 있나요? '상황조치 식 전투지휘'라고요. 어떤 방향성을 가지고 전체 국면을 이끌어 나아가는 것이 아니라, 그냥 되는 대로, 닥치는 대로 조치하는데 급급한 것입니다. 그러다 보면 어디로 향해 가는지 알겠어요? 나중에 봐서 최종상태 쪽으로 왔으면 좋고, 아니면 말고. 이것이 말이 됩니까?

계획을 잘 수립해놓아야 저런 지경이 되지 않습니다. 계획수립을 내실 있게 해 놓아야 작전을 실시할 때 기준이 생기는 것입니다. 예를 들어서 경계지역전투를 할 때, 그것을 평가하면 '우리가 경계지역전투에서는 이러이러한 과업을 해서 이런 상태를 만들려고 했었지? 지금 작전실시를 하고 있는데 그것이 되고 있나?'라고 따질 수 있지요. 계획을 했던 것이 작전실시간 평가를 하는 기준이 되는 것입니다.

실시라는 것이 뭐라고 했습니까? 달라진 상황에서 계획 때 하려고 했던 바를 하는 것이 실시에요! 대부분의 작전실시 상황은 계획할 때와 달라지지요! 그러니까 大몰트케가 저런 이야기를 하는 것입니다. 그러나 계획을 지금 상황에 맞게 최신화해서 국면별로 하려고 했던 것을 해 나아가는 그 방향성! 기준! 그것은 어디에서 나오는 것이냐는 말입니다! 그것은 계획에서 우리가 마련했던 '무엇을 할 것인가?'에서 나오는 것입니다! 총론이야기에서 작전실시에서 중요한 것 이야기할 때 말했었지요! 그것이 없으면 기준도 없으니, 잘 되는지 잘 안 되고 있는지 어떻게 알겠어요?

다들 계획수립을 중요하지 않다고 생각하지는 않을 것입니다. 그러나 계획수립에서 무엇을 해야 하는가?를 알고 있는 사람은 많지 않지요. 총론에서 이야기 한 바와 같이 ① 무엇을 해야 하는가?를 결정하고 ② 어떻게 해야 하는가?를 최적화시키는 것이 중요한 것입니다. 이것을 염두에 두고 大몰트케의 말을 잘 이해하기 바랍니다.

작전준비는 무엇을 하는 것인가요?

이야기 전체 구성이 총론, 공격전술, 방어전술로 되어 있다 보니 총론에서 나온 이야기가 공격과 방어 이야기를 하면서 반복합니다. 어떤 것은 총론에서 다루지 않은 이야기가 공격이나 방어에서 나오는 것도 있지요. 이 이야기는 방어전술에서 쓰고 있기는 하지만 내용으로는 총론에 다루어질 이야기입니다.

그러나 어디에 들어가 있느냐는 것이 중요한 것은 아니라고 생각합니다. 전술의 공통분모를 여러분들이 이해할 수 있으면 되는 것이지요. 공격과 방어전술은 다른 것이 아닙니다. 같은 본질을 가지고 있는데, 상황에 따라서 다르게 발현되는 것입니다.

작전준비 활동을 몇 가지 예를 들어서 설명하는 것이 교리적으로 제시되어 있습니다. 그것을 갑론을박하면서 또 새롭게 바꾸지요. 여러분들은 그 교리가 어떻게 나왔는지, 왜 이렇게 표현하고 있는지에 대해서 생각해 볼 필요가 있습니다. 공격과 방어 작전준칙을 설명할 때도 이런 이야기를 했지요.

작전준비의 예로 제시한 몇 가지를 따지다 보면 그 자체로는 문제가 없는 것처럼 보이지요. 그런데 교리에 제시되지 않은 다른 것은 어떻게 할지, 또 제시되어 있지만 실제 적용을 어떻게 할지 고민이 되는 부분이 있습니다. 교리는 예를 제시해주고 그와 같은 방법으로 작전준비를 하라고 하는데, 방향을 보지 않고 제시한 예만 주목하는 것이지요. 달을 보라고 가리키는데 손가락을 보는 모습입니다.

작전준비에서 가장 중요한 것은 작전준비를 해야 하는 상황에서 소요를 도출하는 것입니다. 내가 작전준비를 해야 할 상황이 되었다고 교범을 펼쳐 놓고 작전준비 하는 것은 아니잖아요? 가장 먼저 무엇을 할지 결정해야 합니다. 그것을 생략하고 제시한 예만 가지고 따지고 있으니 작전준비에서 정말로 필요한 것을 모르고 있지요.

작전준비 소요를 도출하는 논리는 이렇습니다. 현재 상태를 잘 파악하고 작전실시 직전의 상태를 머릿속으로 생각해야 해요. 그리고 두 가지 상태의 차이점을 파악해서 그것을 극복하기 위한 과업을 생각해내는 것이지요.

우리가 일상생활에서도 준비를 많이 하지요? 무엇을 준비해야 할지 머릿속으로 생각할 때가 있잖아요? 그때를 스스로 상기해 보세요. 자신도 모르게 이와 같은 논리로 생각하고 있지 않았나요? 지금 우리가 전술이야기를 하고 있지만, 결국 이 사고방식들이 일상생활에서도 충분히 적용할 수 있는 것들입니다. 단지 적용하는 상황이 전장이라는 것이 다르지요.

상태를 이용한 접근은 방법을 제한하지 않는 점이 좋습니다. 총론에서 지휘관 의도를 이야기할 때 몸이 건강한 상태라는 것을 설명했지요. 의미를 잘 담을 수 있으면서도 그것을 달성하는 방법론을 제한하지 않거든요. 몸이 건강한 상태가 되기 위해서는 헬스, 구기운동, 규칙적인 생활, 요가, 식이요법 등 다양한 방법을 사용할 수 있지요.

그래서 상태는 전투수행방법을 제한하지 않고, 작전목적과 더불어 그 작전의 등대 역할을 하는 지휘관의도를 구성하고 있다고 교관은 생각합니다. 그러니 이러한 상태를 이용해서 작전준비를 접근하는 방법이 유용하지요.

작전준비 과업은 기능별로 대단히 많이 나올 수 있습니다. 그리고 제대별로도 다르지요. 각 제대별로, 기능별로 가용 시간과 여건에 맞게 적절한 과업을 지정해서 수행하면 됩니다. 그 과업이 몇 가지냐고 정할 수 없지요. 자기 여건에 맞춰서 최대한 할 수 있는 만큼 하면 되니까요.

상급부대에서는 자신이 직접 해야 하는 작전준비 과업과 예하부대에 지시하는 과업을 선정해서 하달할 수 있습니다. 그것을 받은 예하부대는 그것을 바탕으로 자신의 작전준비 과업을 도출할 수 있겠지요. 작전준비를 야전에서 훈련평가에 반영하는 일은 거의 없지만 실제 전투상황에서는 매우 중요합니다. 여러분은 이러한 점에 착안해서 작전준비 소요를 도출할 수 있는 능력을 잘 키워 나아가기 바랍니다.

방어작전 시 통상 나타나는 현상들

교관이 BCTP 훈련을 수십 차례에 걸쳐 보아왔던 경험에 의하면, 방어작전을 할 때 통상 나타나는 현상들은 다음과 같습니다.

1. 적의 기도를 조기에 파악하여 대응하는 노력이 부족
2. 적의 공격에 대해 대응을 하려고 하였으나 이미 늦음
3. 어디까지 싸워야 할지 모르고 싸움
4. 부적절한 전투협조회의

1) 적의 기도를 조기에 파악하여 대응하는 노력이 부족

방어작전을 시작하면 가장 관심을 가지고 보아야 할 부분이 바로 이것입니다. '적이 어느 쪽으로 집중할 것인가?'를 보아야 하지요. 왜 이것을 중요하게 보아야 합니까? 내가 어느 쪽으로 집중할지 보아야 하니까요!

내가 수립한 계획은 내가 판단한 적의 공격양상을 바탕으로 한 것입니다. 그런데 내가 판단한 대로 적이 공격한다는 보장이 없잖아요? 실제 공격을 하는 것은 적이 판단한 시간과 장소대로 하는 것입니다. 방자는요? 공자가 집중하는 곳에 집중하기 위해서 눈에 불을 켜고 보아야 하는 것이지요! 그러니까 방어작전준칙의 첫 번째가 그렇게 제시되어 있지요!

내가 판단한 대로 적이 오지 않으면 어떻게 해요? 어떻게 하긴요! 그것에 맞춰서 결정적작전을 할 준비를 해야지요! 그래서 융통성이 중요한 것이고! 그 핵심이 균형된 방어계획수립 아니었어요? 이쪽으로 적이 공격한다고 판단했어도 저쪽도 대비해야 하는 거예요! 전방에서 방어를 한다고 했어도 종심도 대비해야 했던 거예요! 그래야 짧은 시간에 여기든, 저기든 결정적작전을 할 수 있잖아요! 균형된 방어계획수립 외에도 우발계획을 준비하고 예비대를 적절하게 시공간적인 중앙에 보유를 했던 것입니다.

적의 기도를 어떻게 알 수 있습니까? 적의 배치와 전투행동, 예비대의 움직임 등을 보고 알 수 있지요. 그것을 그냥 그물 던져놓고 걸리라는 식으로 보고 있는 것이 아니라, 꼭꼭 집어서 찾도록 정보자산별로 과업을 세부적으로 부여해야 합니다.

그렇게 해서 적의 기도가 내가 판단한 것과 다르다면 과감하게 적이 집중하는 곳을 판단해서 그쪽으로 아군의 전투력도 집중합니다. 그래서 결정적작전을 하는 것이지요! 방어작전을 실시하면서 가장 고민해야 하는 사항이 '계획수립 단계에서 생각했던 결정적작전을 작전실시 간 변화한 상황에서 그대로 할 것인가?' 하는 것입니다. 상황이 변했으면 변화한 상황에 맞춰서 결정적작전을 해야지, 계획에 집착하면 안 됩니다.

'결정적작전을 어떻게 바꿔서 할 수 있습니까?'라고 묻는 사람들이 있습니다. 그것이 가능하도록 융통성을 확보해서 그렇게 계획수립을 했다고 했지요. 다시 한번 잘 생각해보기 바랍니다.

이러한 것을 결정적작전이 바뀐다고 표현하는 사람도 있습니다. 반면에 결정적작전을 하는 대상 적 부대가 바뀌지 않고 시간과 장소만 바뀌기 때문에 바뀌지 않는다고 표현하는 사람들도 있습니다. 별로 중요한 문제는 아닙니다. 중요한 것은 작전실시 간 상황에 맞춰 대응을 해나가야 한다는 것입니다.

이러한 것을 가능토록 하기 위해서는 가능한 더 빨리 적의 기도를 파악해야 합니다. 내가 작전을 준비할 수 있는 시간을 조금이라도 더 확보하는 것이 좋으니까요. 명확하지 않은 상황에서 과감한 결심을 해야 할 필요도 있지요. 총론이야기의 지휘관의 결심 내용을 같이 참조하세요.

2) 적의 공격에 대해 대응을 하려고 하였으나 이미 늦음

적의 기도를 파악했다고 해도 문제가 있습니다. 작전이 충분히 준비되지 않은 상태에서 적과 전투를 하게 된다는 것입니다. 생각보다 적의 템포가 빠르거나 아군의 템포가 늦은 것이지요.

내가 보는 상황도를 현재 전장상황이라고 인식하고, 그것에 대한 조치를 하기 때문에 이러한 모습이 나타납니다. 현대의 발전한 지휘통제체계는 옛날보다 획기적으로 빠른 시간에 전장의 모습을 보여줍니다. 그러나 그것조차도 충분하지 않습니다.

내가 보는 상황도는 현재의 모습이 아닙니다. 잘 훈련된 부대의 경우 20~30분 전의 상황일 수도 있습니다. 그렇지 않은 부대는 4~5시간 전의 상황일 수도 있습니다. 내 눈앞의 상황도를 보고 그 상황에 대한 조치를 하면 안 됩니다. 장차작전을 적용한 전투지휘에서 이야기한 것처럼, 앞으로의 상황을 내다보고 조치를 해야 합니다.

그렇게 하지 않기 때문에 적의 기도를 파악하였음에도 불구하고 대응이 늦게 됩니다. 어떤 조치를 하는데 적이 이미 생각보다 더 와 있습니다. 역습을 하려고 하는데 이미 저지선이 무너져 있습니다. 전선조정을 하려고 하는데 진지를 점령해서 재편성하기도 전에 적이 이미 같이 들어와 있습니다.

그렇게 해서 방어작전을 주도권이 없이 계속 밀리기만 하다가 제대로 역습 한번 해보지 못하고 마무리하는 경우가 많더라고요. 참 안타까운 일입니다. 쉬운 일은 아닙니다만, 장차작전을 적용한 전투지휘를 하는 것이 이것에 대한 대책이라 하겠습니다.

3) 어디까지 싸워야 할지 모르고 싸움

교관이 가장 안타깝게 생각하는 부분입니다. 앞서 이야기에서 결정적지점과 작전에 대해 엄청나게 많은 이야기를 했지요. 그러한 것이 제대로 되지 않으면 작전실시를 하면서 자기가 무엇을 어디까지 해야 할지 모릅니다.

방어작전을 하면서 자기가 어디까지 싸워야 할지 모르면 어떤 일이 생기겠습니까? 자신의 주력, 또는 예비대를 어디에 사용해야 할지 모르지요. 100m 달리기를 하는데, 목표지점이 있으면 거기에 맞춰서 체력을 사용해야 합니다. 목표지점을 인식하지 못하고 70m 달렸는데 체력을 다 써버렸어요! 나머지 30m를 어쩌냐는 말입니다!

자기가 가진 전투력을 왜 받았는지도 모르고, 언제 써야 할지도 모르다가 그냥 다 써 버리면 후방초월을 건의하거나 전투력 더 달라고 합니까? 목표지점을 생각해서 어느 때에는 너무 체력을 소진하지 말고 숨 고르기를 해야지요! 전투를 할 때도 마찬가지입니다. 그것이 작전구상 요소 중 하나인 템포입니다.

혹시 자신이 선정한 목표보다 초과달성을 하는 경우도 있겠지요. 그러면 상황평가를 통해서 상급부대가 담당할 적까지 내가 상대할 수 있습니다. 상급부대에서는 예하부대가 그렇게 잘 싸워준다면 대단한 호기이겠지요. 그 상급부대도 목표를 상향 조정해서 초과달성할 수 있을 겁니다.

예전에는 자기가 어디까지 싸워야 할지 모르면서 싸우는 모습이 많았습니다. 지금은 많이 없어졌겠지요. 이 이야기를 듣는 사람들은 그러지 않기를 바랍니다.

4) 부적절한 전투협조회의

예전에는 이런 모습이 많았지요. 표적을 식별했다고 보고하면 지휘관이 '야! 쏴!'라고 단 두 마디를 하는 경우입니다. 참으로 부끄러운 이야기입니다. 여기서는 전투협조회의를 잘 하지 못하는 경우를 예를 들어 이야기하겠습니다. 앞서 이야기한 표적처리에 대한 것입니다.

표적처리를 한다는 것은 1차적으로 '어떤 표적을, 언제, 어디에서, 무엇으로 타격할 것인가? 요망효과는 어떻게 하고 핵심표적 몇 순위로 할 것인가?' 이러한 논의를 포함해야 합니다. ATCIS를 이용해서 표적처리를 한다면 타격지침 메뉴를 충족시킬 수 있는 논의를 해야 하지요. 만약 이동표적이라면 그것을 정지시키는 조치도 포함해야 합니다. 이동표적은 타격을 해도 효과가 적으니까요.

지휘관이나 참모장이 주관하여 작전, 정보, 화력 분야 대표자들이 이런 논의를 하는 것은 매우 짧은 시간 내에 많은 정보 교환을 필요로 합니다. 자칫하면 적시성을 상실하여 표적이 사라지게 되지요.

우선적으로 표적에 대한 처리를 했다고 해서, 그것만으로 끝나는 것이 아닙니다. 그 표적이 전체국면에 미치는 영향이 어떠할 것인지 알아보아야 하지요. 전체 국면에 미치는 영향이 크지 않다면 표적처리만 하고 끝낼 수도 있습니다.

그러나 전차대대를 식별했는데 그것이 전술적 2제대의 일부라면 이야기가 달라질 수 있습니다. 그것을 식별했다는 것은 전술적 2제대가 남하했고, 조만간 초월 진입을 할 것이라 예상할 수 있을 겁니다. 그렇다면 그 상황에 대비한 조치를 해야 하지요. 그 상황에서 표적처리를 잘 해놓고 아무것도 하지 않으면 결정적작전 또는 다음 국면에 대한 준비가 미리미리 되지 않는 것입니다. 그래서 위의 예를 든 상황이라면 표적처리에 이어서 현행 작전평가를 포함하여 상황판단, 결심, 대응을 해야 하지요.

전체적인 국면을 판단하고 어떤 회의를, 누구를 대상으로 할 것인지 결정하는 것이 참모장의 몫입니다. 현행작전반에서 해야 하는 역할인데, 그것을 하기가 쉽지 않지요. 그래서 의제를 선택하고 참석자를 어떻게 해서 이 문제를 다룰 것인지 참모장은 판단해서 조치해야 합니다.

그리고 회의를 시작하기 전에 모두 발언을 합니다. '이 회의의 목적은 무엇이며, 가용시간은 얼마나 되고, 이 회의를 마쳤을 때 우리가 얻어야 할 것은 어떤 것이다.'라는 것을 명확하게 하고 시작하는 것이지요. 그래서 회의참석자들이 회의 목적에 맞는 정보와 데이터를 제시하도록 해야 합니다. 그렇지 않고 일반적인 정보와 데이터를 제공하면 회의 시간도 길어지고 원하는 목적을 달성하지 못하지요. 그러한 것을 통제해주는 역할도 참모장이 해야 합니다. 그렇지 않으면 전투를 효율적으로 할 수 없겠지요.

이것을 보고 무엇을 생각하겠습니까?

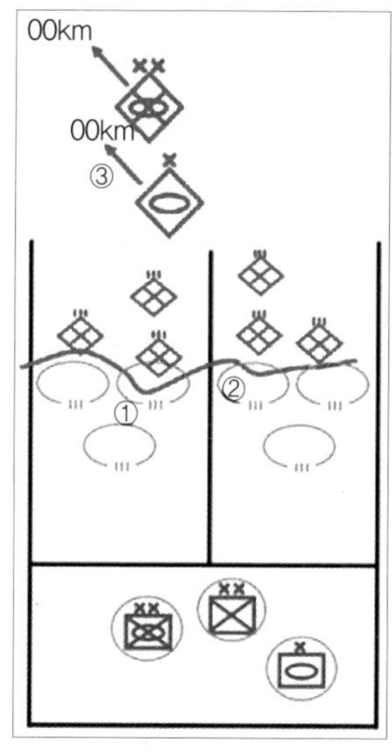

〈그림87〉 적 1제대 사단 공격

〈그림87〉을 보세요. 군단이 방어를 하고 있습니다. 그리고 적 1제대 연대가 전단 일대의 아군진지를 공격하고 있는 모습입니다. 적 1제대 사단의 예비연대는 수 km 뒤에 후속을 하고 있지요. 적의 전술적 2제대와 작전적 2제대는 수십 Km 후방에서 부대이동을 하며 투입시기가 되기를 기다리고 있습니다. ③번으로 표시한 부분입니다.

그림에는 표현하지 않았지만, ①번의 상황은 이렇습니다. 아군은 연대 지역에 일부 대대가 돌파를 당했고, 연대장은 예비 대대를 투입하여 방어 전단을 회복하는 조치를 하였습니다. 연대는 예비를 보유하지 못하게 되었지만, 다시 방어의 균형과 지속성을 회복하게 되었습니다. ②번 지역도 일부 돌파구가 생기고 있는 중입니다. 적 전차중대를 투입하면서 돌파구 형성을 시도하고 있는 중입니다.

이런 상황에서 군단장이 무엇을 조치할까요? 방어작전이 잘 되고 있는 것으로 보입니다. 잘 안 되고 있다고 해도, 군단장이 무엇을 조치할 수준은 아니지요. 일단 위협이 무엇인지를 보겠습니다. 가장 먼저 직접적으로 생각할 수 있는 것이 ①번, 전방 적 연대에 의해 돌파구가 형성된 것입니다. 그다음이 ②번, 일부 지역에 돌파구가 생기고 있는 것이지요. 그리고 ③번, 적의 전술적 2제대나 작전적 2제대를 위협으로 판단할 수 있습니다.

그런데 문제가 좀 있지요. ①번 전방 적 연대가 돌파구를 형성하는 것이 군단의 위협이라고 하는 것은 수준이 적절하지 않지요. 전방에서 전방 연대장, 사단장이 싸우고 조치해야 할 부분에 군단장이 그것을 위협으로 판단하면 어떻겠습니까? 군단장이 그것을 위협으로 판단하면, 그것에 대한 조치를 해야 하지요. 그럼 사단장, 연대장이 할 부분에 대해서 군단장이 조치할까요? 그런 모습은 그다지 좋지 않습니다.

아니, 그럼 어떻게 하느냐는 말이지요. 군단의 수준에 맞도록 ③번, 전술적 2제대나 작전적 2제대를 위협으로 판단해야 합니까? 아직 작전지역 내에 들어오지도 않았는데 말이지요.

고민되는 일입니다. 혹시, 군단에서 위협이라고 판단은 하고, 조치는 연대나 사단에서 하기를 바라나요? 그렇게 생각할 수도 있겠지만, 그래서는 안 됩니다. 전투력을 할당하고 운용하는 것에 대한 이야기를 한 적이 있지요. 자기가 운용하는 전투력을 가지고 자기의 역할을 하는 것이지, 판단은 자기가 했는데 조치는 예하부대에 전가하는 것은 바람직하지 않습니다. 위협과 호기 자체가 대응개념과 대응방책을 위해 판단하는 것이잖아요. 자기 제대의 대응개념과 대응방책이지요.

교관이 이 문제에 대해 학생 시절에 이렇게 조치를 했었습니다. 일단 군단에서는 전방에 있는 적보다는 적의 예비대를 위협으로 판단해야 한다고 생각했습니다. 그래서 ③번을 위협 1순위로 판단했지요. 그리고 ①번, ②번 순서로 판단했습니다.

그리고 조치를 이렇게 했지요. ③번에 대해서는 군단의 작전지역을 벗어나 있어 군단에서 특별히 할 것이 없으니 상급부대에 타격요청을 하고 화력협조수단에 대한 여러 조치를 하였습니다. 그리고 ①번에 대해서는 예비대가 없으니 기동 부대를 증원했고요, ②번은 돌파구 형성을 시도하고 있는 적 전차 중대에 대해 항공 전력을 운용해서 파괴하도록 했습니다.

어떻습니까? 무엇인가 이상한 점을 발견했나요? 이상한 점은 바로 이것입니다. ③번을 위협 1순위로 판단해 놓고, 실제 ③번에 대한 조치는 직접적으로 한 것이 아무것도 없는 것입니다! 위협 1순위라고 하면 가장 중요하게 생각하고, 나의 가용 전투력의 대부분을 투자해서 무엇인가 조치를 해야 할 것 아닙니까?

일부 학생들은 이렇게 했지요. ①번, ②번, ③번의 순서대로 위협을 판단했습니다. 그리고 ①번에 대해서 위에서 이야기 한 것과 비슷하게 조치를 했지요. 그럼 위협 판단과 조치가 일관성 있게 맞아떨어졌나요? 이것도 무엇인가 이상합니다. 앞서 이야기 한 대로 군단장이 조치할 수준이 아닌 것이지요.

이쯤 되면 도대체 어떻게 해야 하느냐는 생각이 들지요. 이렇게 해도 문제, 저렇게 해도 문제이니까요. 이제 교관의 생각을 말씀드리지요. 이러한 상황에서 군단이 해야 하는 것은 결정적 작전에 대한 고민입니다. 조금 뭐가 와닿나요? 적의 기도를 조기에 파악해서 민첩하게 대응하기 위해서! 장차작전을 적용한 전투지휘를 적용하는 모습이지요!

앞에 제시한 〈그림87〉과 같이 진출선이 형성되어 있다고 군단장이 그것을 그대로 보고 현재 상황에 대한 조치를 하려고 했기 때문에 위와 같은 모순에 빠지게 되는 것입니다! 군단장은 상황을 내다보고 전술적 2제대나 작전적 2제대가 들어왔을 때의 모습을 상정해서 '결정적작전을 어떻게 할 것인가?'를 고민해야 합니다!

앞을 내다보지 않고, 장차작전에 대한 고민을 하지 않고 그냥 있는 그대로를 조치하려 하니까 군단장이 사단장이나 연대장의 지휘에 간섭하게 되는 것입니다. 반대의 경우 간섭하지 않으면 군단장이 별로 할 일이 없어지는 거예요!

군단장이 바람직하게 조치하기 위해서는 이렇게 해야 합니다. 사단이나 연대에서 조치하는 것은 사단이나 연대에서 하도록 두어야 합니다. 이미 사단이나 연대에 할당해준 전투력을 가지고 알아서 하는 것이지요. 각 제대에 맞는 결정적작전을 하는 것입니다. 근접전투에 대해서는 군단장은 예하부대가 요청한 것을 지원해주면 됩니다. 단지 지원을 해주는 것이지, 군단장이 개입을 하는 것이 아닙니다.

자기가 운영하는 전투력을 가지고 군단장이 할 일은, 자기의 결정적작전을 제대로 성공시키는 것입니다. 그러니까 전술적 2제대나 작전적 2제대를 위협으로 판단하고, 결정적작전을 어떻게 할 것인지에 대해 고민해야 하는 것이지요! 그것이 기본 계획과 같으면 좀 더 완성도를 높이고요, 기본 계획대로 될 것 같지 않다면 우발계획을 준비해야 하는 것입니다.

바로 〈그림88〉처럼 되겠지요. 이것은 하나의 예입니다. 결정적작전을 계획했던 대로 할 수도 있고 계획했던 대로 되지 않으면 우발계획을 채택하겠지요. 역습이 될 수도 있고 종심의 진지에서 전투를 하는 모습이 될 수도 있습니다.

이야기의 앞에 제시했던 상황도를 보고 군단장은 저런 모습을 머릿속으로 생각해야 합니다. 장차작전을 적용한 전투지휘 이야기의 내용과 같은 것이지요. 오로지 군단의 관심은 '군단이 계획했던 결정적작전을 계획대로 할 수 있느냐?' 하는 것입니다. 필요시 예하부대 근접전투에도 지원을 해주겠지요. 그것을 비율로 나타낸다는 것이 적절하지는 않은데요, 표현방법이 마땅치 않으니 굳이 표현하겠습니다. 군단에서 장차작전과 현행작전의 비율은 약 70:30 정도가 적당하다고 생각합니다. 70%가 이와 같은 것에 대해 우발 및 장차작전을 논의하는 것이고요, 30%는 지금 현재 전투를 하고 있는 근접지역에 대한 지원을 하는 것입니다.

〈그림88〉 작전실시간 결정적작전 구상 (예)

그런데 눈에 보이는 것과 머릿속 생각을 달리하기가 어려워요. 눈에 보이면 그것을 생각하게 되지요. 그래서 장차작전실을 운용하고요, 배틀리듬에 지휘관이 장차작전실에 가는 시간과 횟수를 늘리는 것도 하나의 방법입니다. 그래야 군단의 역할을 잘할 수 있으니까요.

여건조성작전이 제대로 안 되는 문제

방어전술 첫 번째 이야기에서 계획수립에 대한 이야기를 했습니다. 국면별 전투를 조직한다는 이야기가 그때 나왔었지요. 기억을 상기하기 위해 다시 한번 이야기합니다. 지휘관이 결정적지점을 구상하고, 그것이 근간이 되어 결정적작전을 계획한다고 했습니다.

그 결정적작전을 기준으로 여건조성작전에서 주방어지역작전, 경계지역작전, 적지종심지역작전의 목적과 상태, 주안을 만들어가지요. 그래서 각 국면에서 수행과업을 선정하고, 과업을 수행하기 위해 할당한 기능별 전투력들은 각각의 역할을 가지고 있다고 했습니다.

계획수립을 할 때에는 그러한 순서로 진행하고, 작전실시는 적지종심지역 작전부터 이루어집니다. 국면을 진행하면서 지휘관은 각 국면의 목적과 상태를 잘 달성하는지 살펴봅니다. 각 국면의 목적과 상태를 잘 달성한다면 결정적작전도 잘 되지요. 작전을 성공할 가능성이 많아집니다. 만약 예하부대가 목표를 초과달성하면 상급부대도 훨씬 더 융통성을 가지게 됩니다.

그런데 문제는 계획대로 잘 되지 않을 수도 있다는 것입니다. 군단이 결정적작전을 어떻게 하겠다고 열심히 고민을 하고 있는데, 정작 예하부대는 자기의 역할을 잘 하지 못하는 것입니다. 그렇게 되면 군단장이 생각한 적과 맞닥뜨리는 것이 아니라, 사단이 상대해야 할 적과 맞닥뜨리게 될 수도 있습니다. '어떻게 잘 싸우느냐?' 하는 것이 문제가 아니라, 사단이 상대해야 할 적과 맞닥뜨린 것부터가 문제이고 불리한 상황이지요.

앞 이야기에서 장차작전과 현행작전의 비율을 70:30이라고 했습니다. 그러나 바로 이런 문제 때문에 30을 차지하는 근접전투가 더 중요하다고 보는 시각도 많습니다. 아무리 군단장이 장차작전을 많이 고민하고 준비해도 근접전투가 제대로 되지 않으면 여건조성이 되지 않아서 결정적작전을 할 수 없잖아요. 어려운 문제입니다.

제대별로 역할을 충실하게 하는 것 외에는 딱히 해결방법은 없습니다. 기동부대 증원을 하는 것도 제한적이지요. 그래서 상급부대는 예하부대가 받은 과업, 내가 어떤 적까지 맞서서 싸워야 하는지를 정확하게 알고 있는지 사전에 확인을 해야 합니다. 그리고 작전실시간에는 그 역할을 다할 수 있도록 예하부대 지원을 잘 해주어야 합니다. 장차작전과 현행작전 비율을 70:30이라고 했지만, 산술적인 시간구분을 했다고 이해해야 합니다. 30이라고 근접전투가 중요하지 않은 것은 아니니까요.

15 방어작전에는 주도권이 없는가?

방어작전 시 주도권이 없는 것은 아닙니다. 공자가 공격할 수 있는 시간과 장소를 선택할 수 있는 유리점이 있기 때문에 방자가 상대적으로 주도권이 없는 것처럼 보이는 것이지요. 방자에게 주도권이 없다는 표현은 적절하지 않습니다.

통합에서 이야기를 했던 것처럼 주도권에 대해서도 똑같은 경우가 적용됩니다. 교리적인 표현만을 가지고 따지다가, '주도권을 확보하려는 행위는 무엇이 있느냐?', '어떻게 주도권이 확보했다는 것을 아느냐?' 질문해보면 말문이 막히거든요. 주도권이 중요하다고 하는데, 여러분은 주도권을 확보하기 위해서 실제 어떤 행위를 하나요?

주도권을 다른 말로 표현하면 '누가 더 자기의 의지를 관철시키느냐?'의 문제라고 교관은 생각합니다. 방자가 어떻게 주도권을 확보할 수 있을까요? 교관이 생각하는 그 대답은 이렇습니다. '적이 하고 싶은 것을 못하게 하고, 내가 계획한 것을 해야 한다.'

적 대대, 연대, 사단은 나름대로의 임무를 가지고 있습니다. 통상적으로 보면 어느 선까지 차후 임무를 확보해서 거기서 예비대를 초월시켜주는 임무를 가지고 있지요. 적이 가지고 있는 전투임무는 적 지휘관 입장에서 작전에서 가장 중요한 것입니다. 반드시 달성해야 하지요.

만약 적 대대가 달성해야 하는 차후 임무를 확보하지 못하도록 하면 어떻게 될까요? 원래 달성해야 했던 차후 임무를 달성하지 못하고 적 대대의 전투력이 소진하여 작전한계점에 도달했다면, 어쩔 수 없이 예비대를 계획했던 것보다 조기에 투입시켜야 할 것입니다.

만약 적 연대가 달성해야 하는 차후 임무를 확보하지 못하게 했다면 어떻겠습니까? 사단도 마찬가지이고요. 결국 적이 원하는 선까지 진출을 하지 못하고, 계획대로 되지 않는 것입니다.

아군은 어떻겠습니까? 어느 지역에서 아군 대대가 적 대대를 격퇴하고, 어느 지역에서 아군 연대가 적 연대를 격퇴하고, 어느 지역에서 아군 사단이 적 사단을 격퇴하는 계획을 수립했다고 가정해보세요. 그 계획대로 된다면 그것은 나에게 주도권이 있는 것입니다. 국면별로 적이 원한대로 되지 않았고, 아군이 원한대로 되었잖아요? 그 국면을 어떻게 조직한 것입니까? 내가 바란 작전목적과 최종상태를 달성하도록 조직한 것 아니에요? 그렇게 되면 나의 작전목적과 최종상태를 잘 달성할 것 아닙니까?

적이 하려고 계획했던 것을 못하게 하는 것이 주도권을 확보하는 것입니다! 적이 바라는 최종상태를 꿰뚫어보고, 그것을 못하게 하면 되는 것입니다! 아군은요? 내가 계획한 대로 되고, 최초 계획대로는 아니더라도, 상황판단, 결심, 대응하면서 최종상태를 달성할 수 있다면 그것은 주도권이 있다고 보아야 합니다.

아군이 퇴각한다고 주도권이 없습니까? 퇴각하는데 그냥 하지 않지요. 지연진지를 점령해가면서 적과 접촉을 유지한 상태에서 계속적으로 전투를 수행합니다.

적은 퇴각하는 아군을 쫓아오겠지요. 아군의 지연 진지가 어디 있는지도 몰라요. 그렇게 철수를 하다가 어느 지점에서 갑자기 진지를 점령하고 장애물 통로를 폐쇄해서 기습적으로 화력을 집중하면 어떻겠습니까? 아무 생각 없이 쫓아오던 적은 타격을 받고 정신이 없겠지요.

적이 정신 못 차리는 틈을 타서 또 다음 지연진지로 이동합니다. 그리고 적이 또 쫒아오면 또 그렇게 전투를 수행하는 것입니다. 적은 쫒아오고 있고, 아군은 쫒기는 상황이지만, 주도권이 누구에게 있는 것입니까? 아군에게 있는 것입니다. 물론 말처럼 쉽지는 않겠지요. 그러나 쫒기면서도 주도권을 가질 수 있다는 것을 인식하기 바랍니다.

만약 계획대로 되지 않고 적이 너무 빨리 쫒아와서 지연진지를 제대로 점령하기도 전에 적과 교전을 시작하여 전투를 하게 되면, 아군은 제대로 전투력을 발휘할 수 없을 것입니다. 그러한 상황은 적에게 주도권이 넘어간 것이고요.

주도권을 확보하는 방법은 무엇이나 될 수 있습니다. 한 마디로 말하면, 적이 어떻게 하려는지, 그 의도를 간파하고 그것을 못하게 하라는 것입니다. 이러한 방법을 통해서 방자도 주도권을 확보할 수 있습니다.

주도권이 확보했는지 어떻게 알 수 있습니까? 현행작전평가를 해 보면 알 수 있습니다. 그래서 내가 계획대로 가고 있는지 확인할 수 있지요. 최초 계획대로 가지 않아도 상태1, 상태2, 상태3 등등을 거쳐서 최종상태로 나아가고 있다면 나에게 주도권이 있다고 볼 수 있습니다.

16 후방지역작전

후방지역작전을 언급하면 통상 후방지역작전 전담부대를 운용하겠다는 말만 되풀이합니다. 후방지역작전 전담부대, 그것만이 후방지역작전을 표현할 수 있는 말일까요? 좀 더 깊이 생각해보아야 합니다.

전장의 후방지역에는 엄청나게 많은 부대들이 있습니다. 상상할 수도 없을 만큼 많은 부대들이 혼재되어 있지요. 공격작전이나 방어작전을 할 때, 초월공격이나 후방초월이 발생하면서 다른 부대들도 많이 들어옵니다. 어느 부대의 작전지역 내에 오로지 그 부대 소속 부대만 있는 경우는 매우 드뭅니다.

이런 상황에서 어느 부대 후방지역에 적 특수전 부대가 있다고 해봅시다. 그 지역을 지나가던 차량이 있었는데, 우리 사단도 아니고 다른 사단의 의무 담당관이었어요. 그 의무 담당관이 적 특수전 부대를 식별했다면 그것을 어디에 보고할까요? 아니면, 누구에게 이야기해서 그 적들을 격멸할까요? 다른 조치를 해 두지 않았다면 그 의무 담당관은 자기 소속 부대로 보고를 하거나 보고조차 안 했을지도 모릅니다.

만약 의무담당관이 잘 해서 어떻게 그 지역을 담당하는 부대의 정보처로 보고를 했다고 합시다. 그래도 그것이 작전처를 거쳐 후방지역작전부대에게 격멸하라는 명령을 하달하기까지는 많은 어려움이 있겠지요. 더구나 주변에는 다른 포병부대나 보급, 정비 부대도 많을 것입니다. 안타깝게도 의무 담당관이 보았던 적에 대한 첩보는 누구에게도 전파되지 않습니다.

후방지역작전본부를 시험적으로 운영하는 체계를 많이 시도하고 있습니다. 바람직한 것입니다. 후방지역작전본부에는 자기 부대 작전지역 내의 적 특수전 부대 현황을 총괄 관장하는 정보파트의 구성원이 있어야 합니다. 그 사람은 작전지역 내 침투가 예상되는 적 특수전부대의 예상 침투 규모와 예상 이동로, 타격 대상물, 은거지 등을 분석해서 지역 내 모든 작전요소에게 제공해주어야 합니다. 그리고 작전실시간 식별하는 적에 대해서도 현황을 유지하고 전파를 해야 하지요.

그것을 전파하는 것은 그 제대의 작전요소에만 국한되는 것이 아닙니다. 우리 작전지역 내에 들어오는 모든 작전요소, 다른 부대 소속 작전요소에까지 해당되지요. 앞서 언급한 다른 부대 의무 담당관일수도 있고, 다른 부대 정비, 보급, 통신 지휘관이나 담당관일수도 있습니다.

그것을 어떻게 전파할까요? 현재의 시스템으로서는 교통통제소 등 전장 순환통제를 담당하는 부서에서 전파해주어야 합니다. 그러니까 후방지역작전본부에는 작전지속지원실에서 파견나온 연락 담당관도 있어야 하지요. 그래서 다른 부대 의무 담당관이 어느 지역을 통과할 때, 교통통제소에서는 다음과 같은 이야기를 해주어야 합니다. '당신은 이제 ○○부대 작전지역으로 들어가는 것이다. 현 시간부로 우리 부대의 통제를 받는다. 연락대책은 무엇이다. 여기서 ○Km 지점 ○○○고지에 적 특작부대가 있다고 전파되었다. 이에 유의하고, 발견하면 ○○○에 보고하라!'라고 말이지요.

앞서 언급한 예를 보세요. 의무 담당관이 통행을 할 때, 누가 ○○부대 작전지역이라고 이야기를 해주었겠습니까? 누가 어디에 적이 있다고 알려주고, 발견하면 어떻게 하라고 알려주었겠습니까? 그리고는 그냥 이야기하는 것이 무조건 후방지역작전 전담부대 타령만 합니다! 전담부대가 모든 후방지역작전을 다 해주는 것이 아닙니다!

적 상황에 대해 앞서 이야기한 것처럼 일원화한 분석 및 전파

체계를 갖춰야 합니다. 그래서 어떤 부대를 식별하더라도 그것을 전파하는 체계가 중요하지요.

그런 다음 이제는 작전요소에 대한 논의가 필요합니다. 적을 발견했어요. 누가 가서 그것을 격멸할까요? 후방지역작전 전담부대가 있지만, 전담부대가 다 그것을 담당하기 어려울 수도 있습니다. 그리고 적 특수전 부대는 여러 부대의 협격으로 격멸하는 것이 효율적이지요.

그래서 후방지역작전본부에는 작전을 담당하는 구성원도 필요합니다. 이 구성원은 지역 내 타 부대의 이동현황을 다 파악하고 있다가 어느 지역에서 적을 발견하였을 경우 그 적을 격멸하는 부대를 지정해서 과업을 부여해야 합니다. 단편명령을 하달하겠지요. 타부대가 아군의 작전지역으로 왔을 때, 우리 부대가 하달하는 단편명령을 따라야 할까요?

지휘관계를 규명해야 합니다. 전술통제를 하는 것이 적절하지요. 세부적으로 보았을 때, 도로사용의 우선권과 위협 식별 시 조치 우선순위에 대한 통제를 받아야 합니다. 도로사용의 우선권을 통제받을 경우, ○○○번 도로에 통행을 하기 위해서는 사전 승인을 받아야 합니다. 어느 부대를 우선적으로 통행시킨다면 기다려야 하겠지요. 위협 식별 시 조치 우선순위에 대한 통제를 받을 경우, 어디에 적이 나타났다고 해서 그 부대를 격멸하라고 지정하면 그 통제에 따라 이동하던 것을 잠시 멈추고 일부 부대를 보내서 적을 격멸해야 합니다.

후방지역에는 전담부대보다 몇 배 더 많은 타 부대가 들어와 있습니다. 제대로 조치하지 않으면 어느 지점에 적을 식별하여도 바로 옆에 있는 부대들이 그것을 모를 것입니다. 또한 가까이 있는 부대를 두고 1시간 거리에 있는 후방지역작전 전담부대가 와서 적을 격멸하는 비효율적인 전투를 할 수도 있습니다. 후방지역의 실상을 생각해 보고, 가장 효율적인 방법으로 전투를 수행해야 합니다.

후방지역작전본부에는 이러한 역할을 담당하는 각 부서의 담당자들이 있어야 하고요, 마지막으로 그것을 총괄해 줄 수 있는 총책임자가 필요하지요. 통상적인 경우 부지휘관이 그것을 담당합니다.

이러한 시스템을 지금 당장 구현하는 것은 쉬운 문제가 아니지요. 그러나 앞으로 전투원들에게 지급되는 단말기를 통해서 이러한 것이 가능할 수 있습니다. 어느 지역을 지나가면 단말기가 위치를 식별해서 현재 ㅇㅇ부대 작전지역에 진입했다고 알려주는 것입니다. 그리고 적이 어떤 위치에 있다는 것을 알려줍니다. Ad-hoc network라고 하는, 그 지역에 임시로 구성하는 네트워크 방식이 구현된다면 이러한 것이 가능하지요.

그리고 실시간에도 인접부대가 적을 발견했다는 전파도 받을 수 있고요, 단편명령도 그것을 하달해서 격멸 부대를 지정하고 전파할 수 있을 것입니다. 지금 당장은 가능하지 않더라도 머릿속으로 구상을 해야 그것을 전력화해서 도입하고 사용하게 됩니다. 지금까지 군이 발전해온 것은 우리 선배들이 그런 고민을 수없이 많이 했기 때문에 가능했던 것입니다.

IV

『손자병법』 이야기

들어가기 전에

『손자병법』은 손무孫武가 쓴 책입니다. 다른 고서에 비해서는 양이 많지 않지요. 1972년 산둥성에서 발견한 죽간본이 약 6,109자라고 하니까요. 빠르게 읽으면 한 시간도 채 걸리지 않는 적은 양입니다.

많은 사람이『손자병법』에 대한 해석을 내놓습니다. 양이 적으니 좀 만만하다고나 할까요. 그러나 그 내용을 본다면 결코 만만하다고 할 수는 없습니다. 2,500년의 생명력을 가지고 지금까지 읽히고 있으니까요.

교관이『손자병법』강좌 3년을 하면서 여러분들에게 수없이 많은 횟수를 소리 내어 읽게 했지요. 그 뜻을 이해하는 것은 그러한 반복을 통해서 깊어집니다. 자기가 이해하고 반복해서 읽는 만큼『손자병법』을 이해할 수 있지요.

반복을 하는 것도 중요한데, 또 중요한 것은 그 사람의 경험과 경륜, 전술적 식견입니다. 그래서 마치 생텍쥐페리의 『어린왕자』처럼, 『손자병법』도 20대에 읽는 것과 30대, 40대, 50대에 읽는 것이 다 다르다고 할 수 있습니다.

교관은 항상 이런 이야기를 했었습니다. 단편적인 문구나 문장을 가져가서 귀에 걸면 귀걸이, 코에 걸면 코걸이 식으로 인용을 하지 말라고요. 전체 문단의 흐름을 보고 이해해서 정확한 상황에서 인용을 하라고 했지요.

교관도 『손자병법』 강좌를 3년째 하다 보니 이해되지 않던 것들이 더 이해되는 부분이 있습니다. 여러 가지 관련 도서를 더 많이 봐서 그런 것도 있지만, 스스로의 깨달음이 발전하는 것이지요. 여러분들도 항상 누구의 해석을 빌어서 『손자병법』을 읽지 말고, 앞으로는 여러분들의 해석으로 접근했으면 좋겠네요.

'내가 감히 할 수 있을까?' 생각하지 마세요. 충분히 할 수 있습니다. 한자가 해석이 애매한 부분이 있습니다. 교관도 참 많이 고민했지만, 무엇이 정답이라고 누가 그것을 단정 지어서 말해주지 않아요. 교관은 여러분들이 해석하는 그대로를 존중합니다.

원문을 첫 페이지부터 끝 페이지까지 통독해 본 사람이 얼마나 있습니까? 여러분 말고는 찾기 어려울 겁니다. 스스로 읽은 것을 바탕으로 해서 내가 전술을 구사하고 생활하는 데 사용하면 되는 것입니다. 여러분들은 자신감을 가져도 됩니다.

첫 번째, 「시계(始計)」

시계는 처음에 계획하는 것이지요. 첫마디가 전쟁은 국지대사國之大事니 살펴보지 않을 수 없다는 것이었어요. 손무가 살았던 시대는 전쟁이 횡행하던 시대였습니다. 약육강식과 힘의 논리가 주를 이루던 시대 같아요.

많은 나라들이 무리한 전쟁을 하면서 피폐해지고 주변 국가들은 그 피폐해진 국가를 또 침략했습니다. 속된 말로 먹고 먹히는 상황이랄까요. 그러다 보니 전쟁을 하는 것에 대해서 매우 좋지 않은 관점을 가지고 있었지요.

이러한 관점은 『손자병법』 전편에 걸쳐 계속됩니다. 그래서 사람들이 『손자병법』에 담겨있는 사상, 메시지를 일컬어 부전승사상이라고 하는 사람들이 있습니다. 그런데 교관은 그 말에 동의하지 않아요. 부전승 사상이 주된 주제라면 부전승을 할 수 있는 방법이 나와야 하는데, 『손자병법』은 '어떻게 잘 싸우느냐?'를 다루고 있는 병법서이지, '어떻게 안 싸우느냐?'를 다루고 있는 병법서가 아니거든요.

여하튼 「시계」 편에서 하는 이야기는 '五事(오사)'로서 경영하고 '七計(칠계)'로서 잘 비교를 해서 계획을 해야 한다는 것입니다. 시작할 때 잘 따져보고, 아예 될 것 같지 않으면 시작도 하지 말라는 것이지요. '五事'와 '七計'의 세부적인 내용은 여기서는 생략하겠습니다.

그리고 좀 특이한 것이 마지막 단락에 '兵者詭道也(병자궤도야)'가 나오는 부분이에요. 시계편이 '五事'와 '七計'만으로 끝난다면 깔끔하게 떨어지겠는데, 흐름이 약간 변하는 부분이지요.

아마도 「시계편始計篇」이니 입문하는 입장에서 군사력운용의 본질을 이야기하고 싶었던 것 같습니다. 그리고는 이것에 따라서 여러 가지 부연설명이 나오지요. 13가지가 나오는데, 혹자는 그것을 '兵者詭道也(병자궤도야)'를 구현하는 13가지 방법이라고 하는 사람들도 있습니다. 그러나 교관이 보기에 그 하나하나를 전술적으로 구현하는 것은 무리가 있어요. 13가지 방법이라기보다는 '兵者詭道也(병자궤도야)'의 의미를 부연설명 하려 했던 것으로 생각합니다.

마지막에 '攻其無備, 出其不意(공기무비, 출기불의)'가 나오는데 그것 하나만을 가지고 공격작전에 인용하는 것도 좋지만, 그것이 '兵者詭道也(병자궤도야)'에서 나온 내용이라는 점을 잘 염두에 두고 연계해서 활용을 하면 좋겠습니다.

두 번째, 「작전(作戰)」

작전이라는 것은 지금 우리가 쓰는 '작전'과 똑같이 쓰는 글자입니다. 그런데 『손자병법』에서 사용한 의미는 조금 다르게 사용되었다고 교관은 생각합니다. 우리가 참모부서를 나누는 작전의 의미가 아니라, 지을 '작'에 싸울 '전', 싸움을 하는 것, 전투를 수행하는 것을 의미한다는 것이지요.

「작전」 편에서 이야기하는 것은 전쟁을 수행한다는 것이 엄청난 자원을 필요로 한다는 것입니다. 국가가 가난해지는 것이 무엇 때문이라고 했나요? 원수 때문이라고 했지요. 원수, 원한을 가진 상대를 말하는 것이 아니고 '遠輸', 멀리 수송하기 때문이라고 했지요.

당시 전쟁으로 인한 폐해를 단적으로 이야기해 주는 표현이 있습니다. 잘 싸우는 사람은 "役不再籍, 糧不三載(역불재적 양불삼재)"한다는 말이지요. 전쟁을 준비해서 군사를 일으키기 위해서는 군대를 만들어야 했지요. 그래서 집집마다 아들들을 데리고 갔어요. 그것이 '役(부릴 역)'이지요. 병역이라고 할 때도 이 글자를 써요. 두 번을 役을 하지 않는다는 것이지요. 그리고 집집마다 식량도 징발해 갔어요. 그것을 세 번 하지 않는다는 것이지요. 그렇게 해서 나라가 피폐해지면 제후의 난이 일어나게 되고, 그러한 상황에서는 아무리 지혜로운 자라도 뒷감당을 제대로 하지 못한다고 했지요.

이렇게 「작전」 편에서는 전쟁의 폐단을 모르면 그것으로 인해 얻는 이익도 제대로 활용할 수 없다고 이야기하고 있습니다. 교관의 인상에 남은 것은 "兵聞拙速, 未睹巧之久也, 夫兵久而國利者 未之有也(병문졸속, 미도교지구야, 부병구이국리자 미지유야)"입니다. '전쟁을 졸속한다'는 말은 들어봤어도, 오래 끌면서 정교하게 한다는 것은 보지 못했다는 것이지요. 그리고 원정군 운용을 오래해서 나라에 이익이 된다는 것은 지금까지 없었던 일이라는 것입니다. 이것은 현대전에서도 아주 중요한 말이 되었지요. 여기서 졸속이라는 말은 지금처럼 좋지 않은 의미로 쓰인 것이 아니라 아주 짧게 마무리 짓는다는 의미입니다.

작전을 하는 것이 그렇게 어려운 일이니, 전쟁을 하려면 단숨에 빨리 끝낼 수 있어야 하는 것이고요, 장수들은 어떻게 해요? '務食於敵(무식어적)'해야 하는 것이지요. 원정을 가서 현지에서 식량을 조달하는 것이 그나마 본국에서 수송해 가는 것보다 훨씬 효율적이라는 것입니다. 그러니까 '勝敵而益强(승적이익강)'이 된다는 것이에요. 이길수록 강해지지요.

이러한 것을 다 헤아릴 수 있는 장수라야 "民之司命, 國家安危之主也(민지사명, 국가안위지주야)"라고 하면서 「작전」 편을 맺고 있지요. 시사하는 바가 매우 큽니다.

세 번째, 「모공(謨攻)」

처음 시작하는 「시계」 편에서는 시작할 때부터 잘 살펴야 한다는 것을 이야기했고요, 두 번째 「작전」 편에서는 작전을 하는 것은 엄청나게 많은 자원이 필요하다고 이야기했습니다.

「모공」 편에서 이야기하는 핵심은 대충 무식하게 공격하지 말라는 말입니다. 꾀를 써서, 앞뒤 구분해서 가장 효율적인 방법으로 공격을 하라는 말이에요. 그렇게 공격하지 않고 그냥 대충 되는대로 공격하면 어떻게 됩니까? 그것을 손무는 '공격의 재앙'이라고 표현하고 있지요. 성을 공격하는 예를 들어 설명했지요? 공성을 위한 준비도 하지 않고 장수가 분을 못 이겨 병사들을 개미떼처럼 성벽에 달라붙게 해서 1/3이 죽고, 성도 빼앗지 못한다고요.

노병천 선배님은 대학교 동영상 강의에서 이렇게 말씀하셨지요. "『손자병법』에서 중요도가 낮은 것부터 하나하나 글자를 빼 간다면 가장 마지막에 남는 글자가 무엇이겠느냐?"라고 말입니다. 그것은 '全(온전할 전)'이라고 했습니다. 그 한 글자가 『손자병법』에서 가장 중요한 글자라고 하셨지요. 교관도 손무의 핵심사상을 그것으로 보는 것에 동의합니다.

「시계」 편에서 교관이 부전승사상에 대해서는 동의하지 않는다고 했지요. 「모공」 편에서도 물론 이런 표현은 나옵니다. "不戰而屈人之兵, 善之善者也(부전이굴인지병 선지선자야)" 싸우지 않고 적을 굴복시키는 것이 좋은 것이라는 거지요. 그러나 다시 한번 이야기하지만 『손자병법』은 어떻게 하면 안 싸울 수 있다는 내용을 주로 다루지 않습니다. "꾀를 써서 군사력을 온전하게, 全(전)을 유지하면서 어떻게 이익도 온전하게 싸우느냐?" 하는 것이 주 내용이에요.

그리고 싸움을 한다고 해도 최단 시간 내에 가장 효율적인 방법으로 해야 한다는 것을 말하고 있습니다. "必以全爭於天下. 故兵不鈍 而利可全(필이전쟁어천하. 고병부둔 이리가전)." 반드시 '全(전)'으로서 천하를 다툰다는 것이지요. 그래야 군사력도 둔해지지 않고 이익이 온전해지는 것이 모공의 원리라고 이야기합니다. 「모공」편의 핵심구절이지요.

그러니 무턱대고 싸우려 하지 말고, 상황에 따라서 열 배일 때, 다섯 배일 때, 두 배일 때, 1:1일 때, 적보다 열세할 때 등등 다 다르게 해야 한다고 하지요. 그리고 적은 수의 적과 상대해서 지키면 지킬 수 있으나 큰 적과 상대해서 지키면 사로잡힘을 당하는 꼴이 된다고 하고 있습니다. 아예 적수가 안 되면 지키지 말고 도망가야 한다는 말이지요.

손무가 오나라의 왕 합려에게 등용되던 때의 이야기를 들어보았나요? 오나라의 왕이 『손자병법』을 보고 손무를 불러 병법을 한번 펼쳐보라고 하지요. 그래서 손무가 궁녀들을 데리고 군사 훈련을 시키게 됩니다.

아마도 제식훈련과 같은 수준의 훈련이었던 것 같습니다. 대열을 갖추고 수신호와 징을 이용해서 좌향좌, 우향우를 시키는데 제대로 하지 않고 궁녀들은 웃기만 했지요. 몇 번을 가르쳐주어도 안 되자, 명백히 가르쳐준 것을 하지 않는 것은 중간 관리자의 잘못이라고 손무가 야단을 치고 대표 궁녀의 목을 벱니다. 왕이 그만하면 되었다고, 한사코 말리는데도 아랑곳 않고 자신의 지휘영역을 고집한 것이지요. 그리고는 다시 훈련을 하니 일사불란하게 훈련이 되었다는 것입니다. 그렇게 손무가 등용되었어요.

손무가 등용된 일화에서도 보았던 것처럼, 손무는 전투현장에 있는 지휘영역에 대해서 왕이 간섭하는 것을 매우 부정적으로 생각했던 것 같습니다. 『손자병법』의 곳곳에서 그러한 것이 나타나고 있는데요, 「모공」 편에서도 좀 나옵니다. "故軍之所以患於君者三(고군지소이환어군자삼) 임금으로 인해서 군대가 걱정하는 것이 세 가지가 있다"라고 하지요.

상명하복의 위계질서가 생명인 군대에서 교관이 이것을 어떻게 가르칠지 매우 어려웠습니다. 그러나 영관장교라면 이 정도는 판단할 수 있다고 생각하고 이 이야기를 하는 것이고요, 무턱대고 상급 지휘관, 임금의 말을 거역하라는 것이 아닙니다. 상황에 맞게 적시적인 조치를 위해서 그럴 때가 있다는 것이지요.

그리고 「모공」 편 마지막에서 정말 중요한 지승유오가 나옵니다. 이것은 여러분들이 머릿속에 꼭 넣고 자유자재로 이야기할 수 있었으면 좋겠어요.

첫 번째는 "知可以與戰 不可以與戰者勝(지가이여전 불가이여전자승)"이고요,

두 번째는 교관 전술관의 핵심이라고 했지요? "識衆寡之用者勝(식중과지용자승)"

세 번째는 여러분이 많이 들어보았던 것, "上下同欲者勝(상하동욕자승)"

네 번째는 고민을 많이 해야 한다는 것, "以虞待不虞者勝(이우대불우자승)"

마지막으로 "將能而君不御者(장능이군불어자승)" – 장수가 유능하고 임금이 나서지 않아야 합니다.

다섯 번째 문구를 보면서 교관은 그때부터 임무형 지휘가 중요한 상황이 아니었나 생각합니다. 파발을 보내서 전장상황을 파악하면 얼마나 오래 걸리겠어요? 그러니 임금이 전선 상황에 대해 뭐라 이야기할 상황이 아니지요. 그러나 지휘통신 기술이 발전한 현대전에서도 이러한 기조는 매우 중요하다고 할 수 있겠지요. 이것을 잘 알았다면 월남전에서 미국 전쟁지도부가 전선의 상황을 두고 그렇게 간섭하지 않았을 겁니다. 이래저래 아주 소중한 내용이 많은 「모공」 편입니다.

네 번째, 「군형(軍形)」

「군형」 편은 아주 짧아요. 부담이 없지요. 그런데 짧지만 잘 이해하기 어려운 편입니다. 그만큼 단편적으로 잘못 이해하고 인용하는 글도 많지요.

교관은 「군형」 편의 내용이 초급장교 시절에 아주 마음에 와닿았었습니다. 생색내면서 자랑하지 말라는 내용이 나오거든요.

"故擧秋毫不爲多力(고거추호불위다력)**"**

추호, 짐승의 가을 털이지요. 털갈이할 때 이제 막 자라기 시작한 조그만 털입니다. '내가 그럴 생각은 추호도 없다'고 할 때 그 추호입니다. 그것을 들어 올린다고 해서 힘이 센 것이 아니라는 말이에요.

세 번째 『손자병법』 강좌를 하면서 「군형」 편이 아주 큰 흐름이 있다는 것을 새삼 깨닫게 되었습니다. 「군형」 편은 '미리 준비하라'는 메시지를 담고 있어요. 교관은 몇 년 전까지만 해도 가장 마지막에 나오는 "若決積水於千仞之谿者, 形也(약결적수어천인지계자, 형야)"를 보며, '이것이 형의 의미인가?' 하는 의문이 있었는데, 그것이 핵심이 아니었어요. 천 길 낭떠러지에 물이 쏟아져 내릴 만큼 준비를 미리미리 해놓으라는 것이 「군형」 편의 핵심이라고 지금은 생각합니다. 얼마나 준비를 많이 했겠어요?

거사를 앞두어 미리 준비를 하지 않고 임박한 시점에서 난리치고 준비하는 사람은 하수예요! 미리 다 준비를 해놓아서, 실제 할 때는 별로 바빠 보이지도 않고 태연하게 있어도 일은 잘 돌아가게 해놓는 사람이 고수예요. 싸움에서 좌충우돌, 용맹하게 싸우는 사람은 하수예요. 아무것도 안 하는데 이기도록 미리 만들어놓는 사람이 고수예요! 「군형」 편에서 바로 그것을 이야기하고 있는 것입니다! 그러니까 잘 싸우는 사람의 승리에는 명예도 없고 전공戰功도 없는 것이지요. 눈에 보이는 것, 생색내는 것이 중요하지 않다는 거예요.

그리고 근본적인 군형의 준비는 어디서부터 나와요?

"修道而保法!(수도이보법)"

이야~, 이거 정말, 무릎을 치지 않을 수 없어요. 전쟁을 잘하기 위해서는 국가 자체가 튼튼해야 하는 것이에요. 「시계」 편에 '五事'와 '七計'로 다시 연결되지요. 여기서는 度, 量, 數, 稱, 勝(도, 량, 수, 칭, 승)으로 나오지요. 전쟁을 이기는 것은 전쟁의 기술을 익히는 것도 중요하지만 자원이 많고 인구가 많은 나라가 이기는 것이에요. 그래서 균형의 관점에서 보았을 때는 전쟁에 이기기 위해서는 '修道而保法(수도이보법)'을 잘해야 하는 것입니다.

여러분은 큰일을 미리 준비하고 티를 내지 않는 사람이 되겠습니까? 조그만 일을 하면서도 자랑하고 생색내는 사람이 되겠습니까? 손무가 묻고 있습니다.

다섯 번째, 「병세(兵勢)

「병세」 편은 지금까지 보았던 편과는 난이도가 조금 다릅니다. '勢(세)'라는 것을 이해하기가 어렵지요. 우리가 통상 익숙하게 인용하는 것은 "激水之疾, 至於漂石者, 勢也.(격수지질 지어표석자 세야)" 이것뿐이에요. 그것만 가지고 勢(세)가 설명되지 않습니다.

勢(세)는 奇(기)와 正(정)의 혼합으로 만들어집니다. 병세 편의 앞부분 절반은 奇(기)와 正(정)에 대한 이야기에요. 아주 많은 부분을 할당해서 설명하고 있지요. 그런데 그것은 쏙 빼놓고 어떻게 "激水之疾, 至於漂石者, 勢也." 이것만 가지고 勢(세)를 설명하느냐 말이지요.

"戰勢不過奇正, 奇正之變, 不可勝窮也.(전세불과기정, 기정지변 불가승궁야)" 전세는 奇(기)와 正(정)에 불과하니 奇正의 적용은 다함이 없다는 것입니다. 이것을 설명하기 위해서 처음 시작을 "三軍之

衆, 可使必受敵而無敗者, 奇正是也.(삼군지중, 가사필수적이무패자, 기정시야)”로 시작하고 있지요. 기와 정을 잘 혼합하면 어떤 싸움에서도 지지 않는다는 것입니다. 백 번 싸워도 위태롭지 않다는 말과 같지요.

이러한 奇(기)와 正(정)을 잘 혼합해야 勢(세)가 형성된다는 것이 중요한 부분입니다. 어떻게 혼합하느냐? “以正合, 以奇勝.(이정합, 이기승) 정으로서 합하고 기로써 승리한다.”는 것이지요. 기본, 기초를 원칙적인 것으로 탄탄하게 닦아놓아야 합니다. 그것이 正(정)이에요 그러한 토대를 마련한 상태에서 나의 창의적인 변칙, 奇(기)를 잘 발휘해야 승리를 할 수 있는 것이지요. 이렇게 奇(기)와 正(정)을 잘 혼합해야 勢(세)를 형성하고, 그 勢(세)는 아주 강렬하고 절도 있게, 짧은 시간 내 끝나야 합니다. “是故善戰者, 其勢險, 其節短(시고선전자, 기세험, 기절단)”이라는 것이지요.

이것이 勢(세)의 핵심 내용입니다. 처음에 말했던 “激水之疾, 至於漂石者, 勢也”. 이것만이 아니고요. 첫 번째 「始計(시계)」 편에서도 勢(세)에 대한 것은 언급했었습니다. “計利以聽, 乃爲之勢, 以佐其外, 勢者, 因利而制權也.(계리이청, 내위지세, 이좌기외, 세자, 인리이제권야)” 이익으로 그 計七計를 듣고 그것을 내가 신념화시켜서 안으로 세를 만들고 밖으로 발현되게 해요. 그래서 勢(세)는 이익으로 인하여 주도권을 제어해 나아가는 것이라는 말이지요. 이해가 쉽지 않지만, 奇(기)와 正(정)을 잘 혼합해야 勢(세)를 형성한다는 점을 잘 곱씹어 보니, 교관은 그 말이 일맥상통한다고 생각합니다.

이렇게 勢(세)를 형성하고 나면 어떤 모습이 됩니까? 어지러운 듯이 보여도 어지럽지 않은 것입니다. 대형이 다 망가져서 원형이 되었지만 패하지 않는 것이에요.

그런데 갑자기 나오는 말이 교관을 좀 당황스럽게 합니다. "故善動敵者. 形之敵必從之, 予之敵必取之. 以利動之, 以本待之. (고선동적자, 형지적필종지, 여지적필취지. 이리동지, 이본대지)" 갑자기 이 말이 왜 나오느냐는 것이지요. 문맥상 갑자기 튀어나와서 흐름을 끊는다고나 할까요. 잘 싸우는 사람은 形(형)을 나타내서 적이 좇게 만들고 미끼를 주어서 적이 취하게 만든다는 것이지요. 이익으로 적을 움직이고, 나는 근본을 지켜 기다린다는 것이에요. 적을 유인하는 것이지요. 유인이라는 것이 어떻게 하는 것인지 현재 교리에서 제시하고 있는 것은 없습니다. 우리가 전례를 통해서 볼 수 있는 것이나 『손자병법』에 나오는 이런 내용을 단초로 해서 고민할 수밖에 없습니다.

이 부분이 왜 갑자기 나왔는지는 교관도 잘 설명하기 어려워요. 일단 넘어갑시다. 그리고 마지막 피날레를 장식하는 말이 나오지요. "故善戰者, 求之於勢, 不責之於人. 故能擇人而任勢,(고선전자, 구지어세, 불책지어인. 고능택인이임세)" 잘 싸우는 사람은 그것을 세에서 구하지 사람을 탓하지 않는다는 것입니다. 그리고 사람을 택해서 세를 맡긴다는 것이지요.

조직이 일을 그르치고 특정 사람을 탓하는 것은 바람직한 지휘관의 모습이 아닙니다. 스스로 자초한 것이지요. 일을 그르치게 되는 것은 그러한 形(형)과 勢(세)를 만들어놓았기 때문이지 어떤 사람 하나 때문이 아닙니다. 그것을 만든 것은 누구예요? 바로 지휘관이거나 조직의 관리자이지요. 그러니 특정 사람을 탓할 것이 없다는 것입니다.

그리고 잘 싸우는 사람은 목석을 다루는 것처럼 해야 한다고 하지요. 참 이해하기 어려운 말입니다. 그러나 『손자병법』을 뒷부분까지 다 읽으면 이해가 됩니다. 『손자병법』 전체를 보지 않고 문구 하나만 달랑 갖다가 귀에 걸거나 코에 걸어 쓰는 것은 누구나 할 수 있는 일입니다만, 진정한 의미를 찾기는 어렵지요.

마지막 문구가 인상적이지요. '軍形(군형)'에서 나온 것과 대구를 이룹니다. "故善戰人之勢, 如轉圓石於千仞之山者, 勢也.(고선전인지세, 여전원석어천인지산자, 세야)" 잘 싸우는 사람의 세는 높은 산에서 둥근 돌을 굴리는 것처럼 하는 것이라는 말이지요. 처음 『손자병법』을 볼 때는 이것이 勢(세)를 나타내는 전부인 줄 알았습니다. 앞에 이야기했던 "激水之疾, 至於漂石者, 勢也." 이것과 더불어 가장 중요하다고 생각했지요. 그런데 그것은 단지 勢(세)가 나타나는 단편적인 그림을 보여주는 것입니다. 중요한 것은 뭐에요? 奇(기)와 正(정)을 잘 혼합해서 勢(세)를 형성하는 것이지요.

여러분은 어떻게 여러분의 奇(기)와 正(정)을 잘 혼합해서 여러분의 勢(세)를 형성하겠습니까? 오늘의 메시지입니다.

여섯 번째, 「허실(虛實)」

「허실」 편 하면 맨날 여러분은 '피실격허'만 이야기하는데, 『손자병법』 전편을 읽어본 사람이라면 피실격허는 허실에서 그다지 많은 부분을 차지하지 않는 지엽적인 부분이라는 것을 알 겁니다.

「허실」은 앞에 「군형」 편과 「병세」 편부터 계속 연결하여 오고 있습니다. 奇(기)와 正(정)의 적절한 혼합으로 勢(세)를 형성한다고 했지요. 형과 세를 운영한 결과 병영에는 虛(허)와 實(실)이 생깁니다. 그것도 그냥 고정된 형태로 생기는 것이 아니라 시시각각 虛(허)와 實(실)이 변해요. 그것을 꿰뚫어 보고 나의 實(실)한 곳으로 적의 虛(허)한 곳을 치는 것이 「허실」 편의 핵심입니다.

내용을 보면 계속 적을 골탕 먹이는 이야기만 나와요. 그것은 나의 實(실)한 곳으로 적의 虛(허)한 곳을 치기 때문에 나타나는 모습이지요. 대표적으로 "故形人而我無形, 則我專而敵分. 我專

爲一, 敵分爲十, 是以十攻其一也(고형인이아무형, 즉아전이적분. 아전위일, 적분위십, 시이십공기일야)" 나는 온전하게 하나가 되지만, 적은 나눠놓는다는 것이지요. 그래서 결국 "無所不備, 則無所不寡, 寡者備人者也. 衆者使人備己者也.(무소불비, 즉무소불과, 과자비인자야. 중자사인비기자야)" 준비를 하는 사람은 바쁘고 힘들고, 나는 남을 준비시키니까 여유가 있다는 것이지요. 적은 모두 다 준비하게 되니 부산스럽고 부족하지 않은 곳이 없지요. 그러다 보면 적의 허(虛)가 더욱 심해집니다.

갑자기 또 形(형)에 대한 이야기가 나옵니다. 이 形(형)이 「군형」편에서 언급했던 그 형인지는 교관도 잘 모르겠어요. 形(형)으로 인해서 맨날 그렇게 승리를 해도 사람들이 내가 왜 이기는지 몰라요. 이기는 것을 맨날 보면서도 말이지요. "因形而措勝於衆, 衆不能知. 人皆知我所以勝之形, 而莫知吾所以制勝之形, 故其戰勝不復,(인형이조승어중, 중불능지. 인개지아소이승지형, 이막지오소이제승지형, 고기전승불복)" 전승불복이 그래서 나오는 겁니다. 맨날 전승불복 네 글자만 갖다 인용하지 말고요, 문단 전체를 인용해서 설명해야 다 설명이 됩니다.

正(정)을 바탕으로 奇(기)를 잘 발휘해서 준비를 하는 것이 形(형)이고, 그것을 운용하면서 勢(세)가 발생합니다. 그 결과 전장에는 虛(허)와 實(실)이 생기지요. 그것도 고정된 형태가 아니고 변화하는 상태로요. 그것을 꿰뚫어 보아 승리를 하는 사람은 신의 경지입니다. "能因敵變化而取勝者, 謂之神(능인적변화이취승자 위지신)." 『손자병법』 전편에 걸쳐 나오는 칭찬 중에 최고의 극찬이지요. 여러분들도 이러한 경지에 이를 수 있기를 바랍니다.

일곱 번째, 「군쟁(軍爭)」

군쟁은 이익을 얻기 위해 다투는 것을 이야기합니다. 군쟁의 핵심 내용은 이익을 위해 다투는 것에 일장일단이 있으니 현명하게 해야 한다는 것입니다. 그 구절은 중간에 나오지요. "先知迂直之計者勝, 此軍爭之法也.(선지우직지계자승, 차군쟁지법야) 우직지계를 아는 자가 이기니, 그것이 군쟁의 법"이라는 것입니다.

첫 시작은 군쟁이 어렵다는 것으로 시작하지요. 왜냐하면 굽은 것을 곧게 하고, 걱정을 이로움으로 바꿔야 하니까요. "莫難於軍爭. 軍爭之難者, 以迂爲直, 以患爲利(막난어군쟁. 군쟁지난자, 이우위직, 이환위리)" 요즘 말로 하면 일장일단이 있다는 것인데, 그것을 잘 따져서 위기를 호기로 만들어야 한다는 것입니다. 그러니 어렵다고 하지요.

군쟁의 핵심은 우직지계를 이해하는 것입니다. 명확히 설명하고 있습니다. "故迂其途,而誘之以利, 後人發, 先人至, 此知迂直之計者也(고우기도, 이유지이리, 후인발, 선인지, 차지우직지계자야)" 길을 돌아가더라도 상대를 이익으로 유인해서 늦게 출발했더라도 먼저 도착하게 하는 것입니다.

그리고 다음에 이런 말이 나오지요. 빨리 가는 것이 항상 좋은 것은 아니라는 것입니다. 갑옷을 걷어붙이고 밤낮을 쉬지 않고 달리면 결국 오합지졸이 될 수밖에 없다고 이야기합니다. 그래서 무조건 빨리 가는 것이 아니라 때에 따라서는 적절하게 조절을 하면서 가야 하는 것입니다. "故其疾如風, 其徐如林, 侵掠如火, 不動如山, 難知如陰, 動如雷震(고기질여풍, 기서여림, 침략여화, 부동여산, 난지여음, 동여뇌진)" 질주하는 것은 바람과 같이, 천천히 가는 것은 수풀같이, 침략하는 것은 불같이, 움직이지 않을 때에는 산같이, 알기 어렵게 할 때에는 어둠같이, 움직일 때는 천둥번개같이 하는 것입니다. 작전구상에서 템포라는 것이 있지요. 그것을 연상시키는 구절입니다.

현명한 판단을 위해서는 상황을 잘 알고 그것에 맞춰야 합니다. 상황에 맞춰서 하되, 너무 과하지 않게 하라는 것이지요. 「모공(謀攻)」 편과 비슷한 맥락입니다. "故不知諸侯之謀者, 不能豫交, 不知山林險阻沮澤之形者, 不能行軍, 不用鄕導者, 不能得地利.(고부지제후지모자, 불능예교, 부지산림험조저택지형자, 불능행군, 불용향도자, 불능득지리)" 잘 모르면 군쟁을 잘할 수 없는 것입니다.

그래서 상황에 맞게 잘 해야 하는 것을 네 가지로 나누어서 치력(治力), 치기(治氣), 치심(治心), 치변(治變)으로 설명하면서 마무리를 짓고 있지요. 나중에는 적을 포위할 때 도망갈 구멍을 남겨두고, 도망가는 적을 끝까지 쫓아가지 말라 합니다. 너무 심하게 끝장을 보려다가는 혹시 낭패를 당할 수 있으니까요. 군쟁의 교훈입니다.

여덟 번째, 「구변(九變)」

구변은 아홉 가지 변화를 의미하는데, 숫자 '9'는 말 그대로 아홉 가지가 아니라 꽉 찬 수를 의미합니다. 그래서 구변을 여러 가지 변화들이라는 의미로 해석합니다.

「구변」에서는 모든 것을 뒤집는 말들이 나옵니다. 대표적인 것이 다음의 내용이지요. "途有所不由, 軍有所不擊, 城有所不攻, 地有所不爭, 君命有所不受(도유소불유, 군유소불격, 성유소불공, 지유소불쟁, 군명유소불수). 길이 있어도 가지 말아야 할 길이 있다는 것입니다. 군대가 있는데, 성이 있는데 공격하지 말아야 하고요. 땅도 다투지 않을 땅이 있습니다. 더더욱 충격적인 것은 받들지 말아야 할 임금의 명령도 있다는 것입니다.

사실은 임금의 명령을 받들지 않는 것에 대한 복선이 이미 있었습니다. 「모공」 편에서 지승유오 다섯 번째 구절이 있었지요? "將

能而君不御者勝(장능이군불어자승)” 장수가 유능하고 임금이 나서지 않으면 이긴다는 내용이었습니다.

자기의 심지와 소신이 굳지 않고서는 이것의 뜻을 정확히 이해하기 어렵지요. 나중에 「지형」 편에도 비슷한 말이 나옵니다. 『손자병법』의 곳곳에 같은 맥락의 말들이 나와요.

「모공」 편에서 설명했던 대로, 임금이 인식하는 상황과 전투 현장의 장수가 인식하는 상황이 달랐기 때문에 이런 말을 한 것입니다. 그러나 아무리 그래도 임금의 명을 받들지 않는 것은 자신의 모든 것을 다 걸어야 하는 것입니다. 자기가 판단해서 조치한 바, 모든 사태에 대한 책임을 다 져야 하는 것이지요. 목숨을 버릴 수 있을 정도로 자기 신념이 투철해야 가능한 것입니다. 그리고 내가 판단해서 싸운 것으로 승리를 했을지언정, 명예를 바랄 수 없다는 것이지요.

「구변」 편의 핵심은 우리가 알고 있는 일반적인 것들이 상황이 변했을 때에는 맞지 않을 수 있다는 것입니다. 길이 있으면 가야지, 왜 안 가겠습니까? 군대가 있고, 성이 있고, 땅이 있으면 기회를 보아서 그것을 공격하고 빼앗는 것이지 그것을 왜 안 하겠습니까?

상황이 달라지면, 우리가 알고 있는 대로 하면 안 되는 때도 있다는 것입니다! 길이 있으면 간다고 했지요. 그 길에 적이 매복을 하고 있다면 가야겠습니까? 군대가 있고 성이 있고, 땅이 있는데, 무턱대고 공격하는 것이 아니라는 것입니다. 왜요? 그러지 않을 상황이라는 것입니다!

하다못해 임금의 명을 당연히 받들어야 하지만, 상황이 그렇지 않을 때에는 받들지 않을 수도 있다는 것입니다! 그래서 지혜로운 자의 머릿속에는 아주 복잡한 생각들이 계속해서 맴돌고 있는 것이지요. 공격전술이야기에서 전술가의 정신을 이야기한 적이 있었지요? "是故智者之慮, 必雜於利害, 雜於利而務可信也, 雜於害而患可解也(시고지자지려, 필잡어리해, 잡어리이무가신야, 잡어해이환가해야)." 「구변」 편에서 나오는 말이에요. 상황이 변하는 것에 따라서 여러 가지를 계산해야 하니까 그렇습니다. 「군쟁」 편의 내용과도 일맥상통하지요.

그리고 이런 말을 합니다. "無恃其不來, 恃吾有以待也, 無恃其不攻, 恃吾有所不可攻也(무시기불래, 시오유이대야. 무시기불공, 시오유소불가공야)." 적이 공격해오지 않을 것이라 생각하지 말고 적이 그렇게 못하게끔 만드는 나의 태세를 잘 갖추라는 말이지요. 여러분은 혹시 나의 계획에 맞춰서 적 공격양상을 조작한 적이 있지 않습니까? 내가 바란 대로 적이 공격하기를 바라지 말고, 적이 어떻게 공격하더라도 그것에 대응할 수 있도록 나의 태세를 공고히 해야 합니다. 그 이전에 적이 공격하지 못할 만큼 견고한 태세를 갖추어 놓아야 합니다.

마지막으로 장수의 다섯 가지 위태로움이 나오지요. "必死可殺, 必生可虜, 忿速可侮. 廉潔可辱, 愛民可煩也(필사가살, 필생가로, 분속가모, 염결가욕, 애민가번야)." 죽으려고 하면 살해를 당하고, 살려고 하면 사로잡히고, 성내기를 빨리하면 모욕을 당하고, 청렴하면 욕을 먹고, 부하를 사랑하면 번뇌한다는 말입니다. 이 다섯 가지가 장수의 다섯 가지 위태를 초래하고, 장수의 잘못이라고 하고 있습니다.

이순신 장군께서 "必生則死, 必死則生(필생즉사, 필사즉생)"이라고 하셨고, 당연히 공직자가 청렴해야 하지요. 그리고 부하를 당연히 사랑해야 하는데, 손무는 왜 저렇게 이야기를 할까요? 다시 한번 강조합니다. 우리가 일반적으로 알고 있는 것이 상황에 따라서는 맞지 않을 수도 있습니다. 상황이 바뀌면 우리가 옳다고 생각하는 것이 옳지 않을 수도 있다는 것입니다.

수립한 계획을 작전실시간에도 계속 고집하고 있으면 안 됩니다. 계획은 내가 판단한 적의 양상을 토대로 수립한 것입니다. 작전을 시작하면 실제 움직이는 적과 싸우고 있습니다. 상황에 충실해야 합니다. 「구변」 편의 메시지입니다.

아홉 번째,「행군(行軍)」

「행군」 편은 여러 가지 지형에 처해서 적과 대적을 할 때 조치하는 전투기술을 수록한 편입니다.「행군」 편을 읽어보면 당시 손무는 모든 경험과 지혜를 모아서 전투에서 필요한 것들을 핵심적으로 기록했다는 느낌을 받습니다.

아쉬운 점은 교관도 그것에 대해 잘 이해하지 못하는 부분이 많다는 것입니다. 현대 전장에서 적용하기 어려운 점이 많지요. 무기 체계와 싸우는 방법이 달라졌기 때문입니다. 그래서 일반적인 전술의 원리 수준을 다루는 다른 편보다 인용하는 횟수가 상대적으로 적습니다. 이 뒤로 나오는「지형」과「구지」 편도 비슷하지요. 그러나 그중에서도 눈여겨볼 만한 내용을 소개하겠습니다.

처음 내용은 네 가지 상황에서 조치하는 방법을 이야기합니다. 산에서, 물에서, 습지에서, 평지에서 적과 맞서 싸우는 방법이지요. 그리고 좋지 않은 지형조건은 가까이하지 말고 멀리하라고 이야기합니다.

다음 단락에 나오는 것은 적과 직접 대적하게 될 때의 전투기술이 나옵니다. 예를 들어 먼지가 높고 예리하게 올라가는 것은 전차(옛날 수레)가 접근하는 것이라거나, 말을 강하게 하면서 나오기를 꺼리는 것은 퇴각하려는 징후라고 하지요. 총 32가지의 전투기술을 소개하고 있습니다.

마지막 부분에 나오는 말을 좀 보겠습니다. "卒未親附而罰之則不服, 不服則難用. 卒已親附而罰不行, 則不可用也(졸미친부이벌지 즉불복, 불복즉난용. 졸이친부이벌불행 즉불가용야)." 부하들이 친해지지도 않았는데 벌을 주면 복종하지 않아 부리기 어렵다는 것입니다. 반대로 부하들이 친해졌는데도 벌을 주지 않으면 역시 부릴 수 없다는 것이지요. 仁(인)과 嚴(엄)이 균형을 이루어야 합니다.

그래서 미리 영을 내려서 알려주고, 엄하게 그것을 다스려야 합니다. 그리고 솔선수범하여 이끌어야 부하들이 따르는 것입니다. 그렇게 영을 미리 내리는 것이 장수와 부하가 서로 좋은 것이지요. 이래저래 지도자가 잘해야 하는 일입니다. "令之以文, 齊之以武. 令素行以教其民, 則民服, 令不素行以教其民, 則民不服, 令素行者, 與衆相得也.(영지이문, 제지이무, 영소행이교기민 즉민복, 영불소행이교기민 즉민불복. 영소행자 여중상득야)."

열 번째, 「지형(地形)」

「지형」은 말 그대로 지형에 대해서 언급하고 있는 내용입니다. 처음에는 지형의 여섯 가지 유형에 대해서 이야기를 하지요. 그리고 각 유형별로 어떻게 대처해야 하는지 설명합니다. 그것이 약 1/3 정도를 차지하는 단락입니다.

이후에 또 여섯 가지 분류가 나옵니다. 그것은 지형으로 인해서 나타나는 여러 가지 부대의 좋지 않은 모습을 나타낸 것입니다. 그 여섯 가지는 '走, 弛, 陷, 崩, 亂, 北(주, 이, 함, 붕, 난, 배)'입니다. 하나로 열을 치는 군대는 走兵(주병)이라고 합니다. 도망가는 군대이지요. 고급 간부들이 분을 내어 복종하지 않고, 적을 대해서 함부로 싸우는데 그것이 통제가 안 되는 것을 崩兵(붕병)이라고 합니다. 붕괴하는 군대라는 것이지요. 이런 식으로 설명하고 있습니다.

저런 것을 지형에서 언급하는 것이 왜일까요? 지형이 험한 곳에서 지휘통솔도 어렵다고 사람들이 생각했던 것 같습니다. 지형 탓을 하는 것이지요. 그것을 손무는 정면으로 반박합니다. "凡此六者, 敗之道也, 將之至任, 不可不察也(범차육자, 패지도야, 장지지임, 불가불찰야)." 저 여섯 가지가 패하는 길이며 장수의 임무이니 살피지 않을 수 없다는 것입니다.

그리고 이어서 쐐기를 박지요. "夫地形者, 兵之助也. 料敵制勝, 計險阨遠近, 上將之道也(부지형자, 병지조야, 료적제승, 계험액원근, 상장지도야)." 지형은 군사력 운용의 보조이다. 적의 기도를 파악하고 지형을 분석하는 것은 상장(장수)이 해야 할 일이다.

뒤에 또 의미심장한 말이 나옵니다. 「구변」 편에서도 설명했었지요. "故戰道必勝, 主曰無戰, 必戰可也. 戰道不勝, 主曰必戰, 無戰可也(고전도필승, 주왈무전, 필전가야. 전도불승, 주왈필전, 무전가야)." 싸우는 것이 반드시 승리할 것 같으면 임금이 싸우지 말라고 해도 싸울 수 있다는 것입니다. 그 반대로 패하는 길이면 임금이 싸우라고 해도 싸우지 않을 수 있다는 것입니다.

「모공」 편에 나오는 '지승유오'에도 그 말이 있었지요. "將能而君不御者勝(장능이군불어자승)" 장수가 유능하고 임금이 나서지 않아야 이긴다는 말이었습니다. 그리고 「구변」편에서는 어떤 이야기가 나왔습니까? "君命有所不受(군명유소불수)" 때로는 임금의 명이라도 받들지 않을 때가 있다는 것이었습니다.

상명하복을 강조하는 군 간부로서, 이 말을 젊은 장교들에게 어떻게 가르칠지 항상 고민이 되었다고 했지요. 「지형」 편에서 손무가 이 답을 주고 있습니다. "故進不求名, 退不避罪, 唯民是保而利於主, 國之寶也(고진불구명, 퇴불피죄, 유민시보이리어주, 국지보야)." 내가 판단한 대로 싸워서 진격하고 공을 세우더라도 명예를 바라서는 안 된다는 것입니다! 전세가 불리해져서 당연히 물러나야 할 상황에서 퇴각했더라도 그 죄를 피해서는 안 된다는 말입니다! 오직 백성과 군주에게 이로움을 주는 장수, 그 장수가 국가의 보배라는 것이지요.

임금이 인식한 상황과 현장의 상황이 다를 때, 장수는 자신의 소신을 펼 수 있다고 손무는 이야기합니다. 그러나 그러기 위해서는 그만큼 단단한 심지와 소신을 가지고 있어야 하는 것입니다. 그것이 잘못될 경우에는 자신의 군 생활과 목숨까지 걸 수 있을 정도의 소신을 가지고 있어야 한다는 것이지요!

쉽사리 생각해서 아무 때나 명을 받들지 않는다는 것이 아닙니다. 그러니 『손자병법』 전편을 보고 곳곳에 숨어있는 말들을 통찰하여 이것을 이해해야 합니다. 단편적인 문구 하나만 가지고 해석하거나 인용하지 않아야 합니다.

적과 아군의 태세를 속속들이 아는 것이 중요하지요. 그리고 지형까지 꿰뚫으면 모든 상황을 다 파악하고 있는 것입니다. 이것을 아는 사람은 어떤 군사력 운용을 하는 데에도 미혹하거나 궁색하지 않습니다. "故知兵者, 動而不迷, 擧而不窮(고지병자, 동이불미, 거이불궁)."

앞에 보았던 「구변」, 「행군」, 「지형」, 「구지」 편은 거의 하나의 편이라고 보아도 될 정도로 내용이 상통하는 것이 많습니다. 요즘 말로 하면 전술적 고려요소에 입각해서 상황을 면밀하게 파악하는 것을 강조한 것이지요. 그러면서도 손무의 독특한 시각을 넣어서 장수의 역할을 강조하는 점이 눈여겨볼 만합니다.

열한 번째, 「구지(九地)」

「구지」 편은 양이 무척 많습니다. 교관도 『손자병법』 강좌를 3년 동안 했지만, 「구지」 편의 모든 원문을 읽어보는 것은 올해가 되어서야 가능했습니다.

『손자병법』을 읽는 사람들은 대부분 처음부터 4~6편 정도만 읽지요. 뒤로 가면 갈수록 「행군」, 「지형」, 「구지」 편까지 전투기술 각론에 대한 내용이 나옵니다. 양도 많고, 어렵고, 현재 우리 전술에는 쓸 말이 없다고 생각하기 때문에 잘 읽지 않습니다.

양이 많지만 「구지」 편은 꼭 읽어볼 것을 권장합니다. 활용할 수 있는 내용이 곳곳에 많이 있습니다. 그리고 「구변」, 「행군」, 「지형」, 「구지」 편이 연계성 있게 풀어지면서 완결을 짓는 역할을 하고 있기 때문에 「구지」 편이 그만큼 가치가 있습니다.

가장 처음에 나오는 것은 지형을 아홉 가지로 나누는 것입니다. 그리고 그것에 따라 어떻게 조치할 것인지를 설명합니다. 그리고 이어서 이렇게 싸우라고 하지요. "能使敵人, 前後不相及, 衆寡不相恃, 貴賤不相救, 上下不相扶(능사적인, 전후불상급, 중과불상시, 귀천불상구, 상하불상부)." 적으로 하여금 앞뒤가 미치지 못하게 하고 무리와 적음(주공과 조공)이 서로 믿지 못하게 하고 우측과 좌측이 돕지 못하게 하고, 위와 아래가 서로 구하지 못하게 하라. 공격작전준칙의 '적 방어체계 균형 와해'에 잘 어울리는 말입니다.

그것을 위해서 속도감 있게 공격을 하고 적이 대비하지 않은 곳을 치라고 하지요. "兵之情主速, 乘人之不及, 由不虞之道, 攻其所不戒也(병지정주속, 승인지불급, 유불우지도, 공기소불계야)."

방어의 융통성에 자주 인용하는 말이 나옵니다. "故善用兵者, 譬如率然, 率然者, 常山之蛇也. 擊其首則尾至, 擊其尾則首至, 擊其中則首尾俱至(고선용병자, 비여솔연, 솔연자, 상산지사야. 격기수즉미지, 격기미즉수지, 격기중즉수미구지)." 잘 싸우는 사람은 상산에 있는 뱀처럼 싸운다. 머리를 치면 꼬리가 반격하고, 꼬리를 치면 머리가 반격한다. 가운데를 치면 머리와 꼬리가 반격한다.

그 바로 뒤에 나오는 말이 더 중요합니다. "敢問, 兵可使如率然乎? 曰, 可. 夫吳人與越人, 相惡也. 當其同舟而濟遇風, 其相救也如左右手(감문, 병가사여솔연호? 왈, 가. 부오인여월인, 상오야. 당기동주

이제우풍, 기상구야여좌우수) 감히 묻습니다. 어떻게 솔연처럼 싸우게 할까요? 이르되, 가능합니다. 원래 오나라 사람과 월나라 사람은 싫어했는데 같은 배를 타고 가다가 풍랑을 만나면 그 돕기를 왼손과 오른손처럼 합니다."

이 내용이 「구지」 편의 핵심 내용입니다. 손무가 누누이 강조했지요. 지형은 단지 보조적인 수단이고, 그것을 헤아려 지휘통솔을 잘 하고 동기부여를 하는 것은 장군이 해야 할 일입니다. 그 당시에 동기를 부여하는 방법은 다음과 같았습니다.

"將軍之事, 靜以幽, 正以治. 能愚士卒之耳目, 使之無知. 易其事, 革其謀, 使人無識(장군지사, 정이유, 정이치. 능우사졸지이목, 사지무지. 역기사, 혁기모, 사인무식)." 장군의 일은 고요하고 그윽하다. 그리고 바름으로 다스린다. 그래서 능히 사졸들의 이목을 알지 못하게 한다. 일을 뒤집고, 계획을 바꿔서 사람들이 모르게 하는 것이다.

그리고 또 이렇게 이야기합니다. "聚三軍之衆, 投之於險, 此將軍之事也(취삼군지중, 투지어험, 차장군지사야)." 군대를 험한 곳에 처하게 하는 것이 장군의 일이다. 지금 현대 시대에는 잘 맞지 않는 말이지요. 그러나 당시에 전장에 처한 상황에서 부대가 전력으로 힘을 합쳐 싸우게 만드는 방법은 바로 이러한 것이었습니다. 잘 훈련된 부대도 아니고, 징집으로 모은 군대였기 때문에 그렇지 않았을까 생각합니다.

그래서 병사들이 전력을 다해 싸울 수밖에 없도록 만들었던 것이지요. "投之無所往, 死且不北, 死焉不得士人盡力. 兵士甚陷則不懼, 無所往則固, 入深則拘, 不得已則鬪(투지무소왕, 사차불배, 사언부득사인진력. 병사심함즉불구, 무소왕즉고, 입심즉구, 부득이즉투)." 돌아올 수 없는 곳에 가서 죽더라도 도망가지 않고, 죽음이 불가피하다면 진력하여 싸운다. 병사들이 깊이 빠지면 두려움이 없어지고 돌아갈 곳이 없으면 방어를 한다. 깊은 곳에 들어가면 결속력이 강해지고 어쩔 수 없으면 싸우게 된다.

그렇다고 인명을 가벼이 여겼던 것은 아닙니다. 전쟁의 대의를 위해 하나의 방편이었던 것이지요. 인간적인 면모에 대한 내용도 언급합니다. "吾士無餘財, 非惡貨也. 無餘命, 非惡壽也. 令發之日, 士卒坐者 涕霑襟, 偃臥者 涕交頤. 投之無所往, 則諸劌之勇也(오사무여재, 비오화야. 무여명, 비오수야. 영발지일. 사졸좌자 체점금, 언와자 체교이. 투지무소왕, 즉제궤지용야)." 내 장병들이 재물에 미련이 없는 것은 재물을 싫어해서가 아니다. 목숨에 미련이 없는 것 또한 목숨이 싫어서가 아니다. 싸움의 날이 되어서 앉아있는 장병의 눈물이 옷깃을 적시고 누운 장병의 눈물은 턱으로 흐른다. 갈 곳 없는데 처해야 제궤(전제와 조궤, 당시 용맹했던 장수)의 용기가 생긴다.

이렇게 해서 어떤 군대의 모습이 나올까요? "故爲兵之事, 在於順詳敵之意, 并力一向, 千里殺將, 是謂巧能成事(고위병지사, 재어순상적지의, 병력일향, 천리살장, 시위교능성사)." 군사력을 운용하는 것이 적의 의도에 순응하는 것같이 하다가 힘을 한 방향으로 모아서 천리 밖의 장수를 죽이니, 교묘하게 일을 성사시키는 것이다.

「구지」의 핵심은 '어떻게 하면 군대가 率然(솔연, 상산의 뱀)처럼 움직이게 하느냐?'입니다. 바로 이런 방법이라고 손무는 이야기하고 있는 것입니다.

열두 번째, 「화공(火攻)」

「화공」 편은 말 그대로 불을 이용한 전투방법을 이야기하고 있습니다. 현대 전술에서 화공을 이용하는 방법은 생각하기 어렵지요. 하지만, 전투를 하다 보면 항상 불과 떨어질 수 없는 상황이 만들어집니다. 화약의 폭발력을 이용한다는 점이 모두 불과 연관이 되잖아요. 그러니 불이 나는 상황도 많지요.

첫머리에는 화공을 다섯 가지로 나눕니다. 그리고 화공을 하는 것도 그냥 하는 것이 아니라, 절차와 고려사항이 있다는 것을 이야기하지요. "行火必有因, 煙火必素具, 發火有時, 起火有日(행화필유인, 연화필소구, 발화유시, 기화유일)."

그리고 화공을 하면서 상황에 대처하는 다섯 가지 방법을 이야기합니다. 그중 두 가지만 소개합니다. "凡火攻, 必因五火之變而應之, 火發於內, 則早應之於外, 火發而其兵靜者, 待而勿攻(범

화공, 필인오화지변이응지, 화발어내, 즉조응지어외, 화발이기병정자, 대이물공)." 화공을 할 때는 다섯 가지 변화에 따라서 조치한다. 내부에서 불이 났다면 빨리 외부에서 공격해라. 내부에서 불이 났는데 군사들이 조용하다면 공격하지 말고 기다려라. 이런 식입니다. 기다리라는 것은 뭔가 계책이 있으니 기다리라는 것이지요. 불이 났는데 가만히 있을 리가 없잖아요.

그리고 뒤에 나오는 말이 약간 논조가 바뀌어요. "夫戰勝攻取, 而不修其功者凶, 命曰費留. 故曰, 明主慮之, 良將修之(부전승공취, 이불수기공자흉, 명왈 비류. 고왈 명주려지, 양장수지). 전쟁에서 승리를 하고도 그 공을 닦지 않는 자는 흉하다. 이르러 비류(밥만 축내고 머물러 있음)라고 한다. 그래서 명석한 임금은 그것을 고려하고 장수는 그 공을 닦아야 한다." 부하들이 고생한 성과를 제대로 살려주지 못하는 사람은 費留(비류)입니다. 여러분은 그러지 마세요.

그리고 마지막을 이렇게 맺지요. 철저하게 이해를 계산해서 냉철해야 한다고 합니다. "主不可以怒而興師, 將不可以慍而致戰, 怒可以復喜, 慍可以復悅, 亡國不可以復存, 死者不可以復生(주불가이노이흥사, 장불가이온이치전, 노가이부희, 온가이부열, 망국불가이부존, 사자불가이부생). 임금이 노해서 군대를 일으키면 안 되고, 장수가 화가 나서 싸움을 해서는 안 된다. 화가 난 것은 다시 기뻐지거나 가라앉을 수 있다. 그러나 망해버린 나라는 다시 존재할 수 없고, 죽은 자는 다시 살아날 수 없다."

마지막 말이 당연한 말이지요. 그러나 전쟁을 반복하다 보면 그런 일도 있었나 봅니다. 여러분도 매사에 사사로운 감정 때문에 一喜一悲(일희일비)하고 일을 그르치는 사람이 되지 않기를 바랍니다.

열세 번째, 「용간(用間)」

「용간」 편은 첩자, 정보원을 어떻게 사용하는지를 설명한 내용입니다. 이례적으로 첫머리를 한바탕 욕으로 시작합니다. "凡興師十萬, 出征千里, 相守數年, 以爭一日之勝, 而愛爵祿百金, 不知敵之情者, 不仁之至也, 非人之將也, 非主之佐也, 非勝之主也.(범흥사십만, 출정천리, 상수수년, 이쟁일일지승, 이애작록백금, 부지적지정자, 불인지지야, 비인지장야, 비주지좌야, 비승지주야). 십만 군대를 일으켜 천리에 출정해서 몇 년을 대치하다가 하루의 승리를 다투는데, 그 녹봉 백금이 아까워서 적의 정세를 모르는 자는 不仁(불인)의 극치요, 백성의 장수도 아니고, 임금을 보좌하는 도리도 아니고, 이기는 임금도 아니다."

이것은 『손자병법』에서 가장 야단을 많이 치는 표현입니다. 정보원을 운용하는 돈을 아껴서 그 막대한 비용이 드는 원정을 실패로 돌아가게 하느냐 말이지요. 그리고 첩자의 다섯 가지 유형에 대해 설명합니다. '鄕間, 內間, 反間, 死間, 生間(향간, 내간, 반간, 사간, 생간).'이지요. 이 중에서 反間(반간)이 가장 중요합니다. 상대 국가의 첩자를 이중첩자로 포섭한 것이거든요. 당시에는 反間(반간)을 이용해서 그쪽 내부 관료를 추가로 포섭하여 內間(내간)으로 만들기도 하고, 生間(생간)에게 돌아올 시기를 알려주었다고 합니다.

그래서 이러한 정보원을 운용하는 것은 보안도 철저하게 유지하고, 상과 비용을 후하게 쳐주었다고 합니다. "故三軍之事, 莫親於間, 賞莫厚於間, 事莫密於間, 非聖智不能用間, 非仁義不能使間, 非微妙不能得間之實(고삼군지사, 막친어간, 상막후어간, 사막밀어간, 비성지불능용간, 비인의불능사간, 비미묘불능득간지실). 삼군의 일 중에서 첩자의 일이 가장 친하고, 상이 후하고 비밀스럽다. 지극한 지혜와 인의와 미묘한 기술이 아니고서는 첩자를 제대로 운용하지 못한다."

그렇게 해서 공격을 하든, 암살을 하든 어떤 것을 하기 전에 반드시 이런 활동을 해야 한다고 합니다. "必先知其守將, 左右, 謁者, 門者, 舍人之姓名, 令吾間必索知之(필선지기수장, 좌우, 알자, 문자, 사인지성명, 영오간지필색지지). 먼저 그 장수를 알고, 좌우의 심복과 알자(수발드는 자), 문지기, 하인들을 알아보게 한다."

마지막으로 은나라, 주나라가 흥할 때, 이지와 여아라는 첩자의 활약을 이야기합니다. 임금과 장수가 첩자를 잘 활용해야 일을 잘 성공시킬 수 있다고 역설을 하고요, 그 거대한 원정군이 믿고 움직이는 것이 바로 첩자라고 하지요. "故明君賢將, 能以上智爲間者, 必成大功. 此兵之要, 三軍之所恃而動也(고명군현장, 능이상지위간자, 필성대공. 차병지요, 삼군지소시이동야)."

『손자병법』을 통해 본 장수의 모습

여러분들은 『손자병법』을 왜 읽었나요? 교관도 예전부터 '군인이라면 당연히 『손자병법』을 읽어야지!'라는 선배들의 말을 듣고 읽었던 기억이 납니다. 우리가 『손자병법』을 읽어서 얻는 것은 여러 가지가 있지요. 2,500년 전의 사람인 손무의 생각으로부터 오랜 세월을 거쳐 지금까지 전해져 오는 소중한 가치가 있습니다.

「始計(시계)」 편에서 나오는 五事(오사)가 있지요. 거기에서 장수라는 것이 군인 독자에게 특히 많은 영향을 준다고 교관은 생각합니다. "將者, 智信仁勇嚴也(장자, 지신인용엄야)." 이 문구를 보고는 『손자병법』을 읽어서 내가 훌륭한 군인이 되어야 하겠다고 생각하게 되지요. 교관도 그랬습니다. 그것이 『손자병법』을 열심히 읽었던 이유 중에 하나이지요. 손무가 어떤 장수를 생각하고 있었을까요?

이 이야기는 '손무가 어떤 장수를 바람직하게 보았는가?' 라는 관점에서 하는 이야기입니다. 『손자병법』 전편을 보면서 교관이 해석한 것은 바로 이런 모습이었습니다. 이 모습에 따라서 지금까지 이야기했던 것을 복습하면서 설명해보겠습니다.

1. 상황변화를 꿰뚫어 보고 지도자로서의 혜안을 갖춰야 한다.
2. 주도면밀함을 갖춰야 한다.
3. 임무형 지휘와 소신의 문제를 잘 판단해야 한다.
4. 동기부여자로서의 역할을 해야 한다.

1. 상황변화를 꿰뚫어 보고 지도자로서의 혜안을 갖춰야 한다

교관이 보기에는 손무가 이것을 가장 강조한 것 같습니다. 여러 가지 문구에서 이런 것을 느낄 수 있었지요. 그 문구들을 하나하나 살펴보겠습니다. 「모공」 편에 나오는 말입니다. 책의 첫머리부터 교관이 강조했었지요.

故知戰之地, 知戰之日, 則可千里而會戰. 不知戰地, 不知戰日

(고지전지지, 지전지일, 즉가천리이회전. 부지전지, 부지전일)

則左不能救右, 右不能救左, 前不能救後, 後不能救前,

而況遠者數十里, 近者數里乎.

(즉좌불능구우, 우불능구좌, 전불능구후, 후불능구전,

이황원자수십리, 근자수리호)

싸워야 할 시간과 장소를 알면
천 리에 걸쳐서도 모여 싸울 수 있지만,
그것을 알지 못하면 수십 리, 수 리에 가까이 있어도
어찌 가능하겠는가?

이러한 통합의 구심점, 결정적지점 구상을 제대로 하지 못하는 지도자는 조직을 엉뚱한 방향으로 이끌고 운영의 효율성을 떨어뜨리지요. 안타까운 일입니다. 지도자라면, 무엇이 가장 중요하다는 것을 제시할 수 있어야 합니다. 적의 중심, 그것을 약화시키기 위한 결정적지점을 잘 구상해야 하는 것이지요. 다음은 「구변」 편에 나오는 말입니다.

故將通於九變之利者, 知用兵矣.(고장통어구변지리자, 지용병의)

將不通於九變之利者, 雖知地形, 不能得地之利矣.

(장불통어구변지리자, 수지지형, 불능득지지리의)

장수가 구변에 능통하면 용병을 아는 것이다.
장수가 구변에 능통하지 못하면 비록 지형을 안다고 해도
지형의 이득까지 얻을 수 있는 것이 아니다.

장수가 여러 가지 변화에 능통해야 한다는 의미입니다. 그리고 나서야 제대로 된 용병을 할 수 있다는 것이지요. 다음은「지형」편에 나오는 말입니다.

夫地形者, 兵之助也. 料敵制勝, 計險阨遠近, 上將之道也.

(부지지형, 병지조야. 료적제승, 계험액원근, 상장지도야)

지형이라는 것은 군사력 운용의 보조이니, 적의 기도를 파악하고

지형의 여러 가지를 고려하는 것은 장수의 도리이다.

어떤 것이 잘못되었을 때 지형 탓을 하지 말라는 것이지요. 자기 스스로가 중심이 되어서 모든 것을 해결할 수 있어야 합니다. 다음은「군쟁」편에 나오는 말입니다.

是故, 捲甲而移, 日夜不處, 倍道兼行, 百里而爭利,

則擒三將軍, 勁者先, 疲者後

(시고, 권갑이추, 일야불처, 배도겸행, 백리이쟁리, 즉금삼장군, 경자선, 피자후)

其法 十一而至, 五十里而爭利, 則蹶上將軍, 其法半至, 三十里而爭利

(기법 십일이지, 오십리이쟁리, 즉궐상장군, 기법반지, 삼십리이쟁리)

則三分之二至. 是故,軍無輜重則亡, 無糧食則亡, 無委積則亡

(즉삼분지이지. 시고,군무치중즉망, 무양식즉망, 무위적즉망)

갑옷을 걷어붙이고 낮이나 밤이나 쉬지 않고 두 배를 달려

백 리를 다투면 삼장군이 사로잡힌다.

가벼운 사람은 빨리 가고, 피곤한 사람은 늦게 가니,

십분의 일만 도착한다.

오십 리를 달리면 상장군이 쓰러지고 반만 도달한다.

삼십 리를 달리면 삼분의 이가 도달한다.

그래서 군대가 치중이 없어 망하고, 양식이 없어 망하고,

쌓아놓은 보급품이 없어 망한다.

지도자는 균형 감각을 가지고 있어야 합니다. 어느 하나가 좋다고 그것만 추진하다가는 그 이면에 있는 좋지 않은 점을 놓치기 쉽습니다. 평시나 전시에 많은 조직을 다스리는 지도자에게는 그것이 매우 치명적인 결함이 될 수 있습니다. 그래서 지도자는 모든 면을 다 잘 헤아려 혜안을 가지고, 중요한 것을 정확히 짚어야 합니다. 다음은 「구변」 편에 나오는 말입니다.

是故智者之慮, 必雜於利害, 雜於利而務可信也, 雜於害而患可解也.

(시고지자지려, 필잡어리해, 잡어리이무가신야, 잡어해이환가해야)

지혜로운 자의 생각에는 이로움과 해로움이 다 섞여 있다.

이로움을 생각하는 것은 신뢰를 더하기 위해서이고,

해로움을 생각하는 것은 걱정을 해결하기 위한 것이다.

여기서 다음의 이 말을 안 할 수 없지요. 적의 변화를 꿰뚫어

보아서 승리를 쟁취해내는 것이 최고의 장수요, 혜안을 가진 바람직한 모습입니다.

夫 兵形象水, 水之形, 避高而趨下, 兵之形, 避實而擊虛,

水因地而制流, 兵因敵而制勝

(부 병형상수, 수지형, 피고이추하, 병지형, 피실이격허,

수인지이제류, 병인적이제승)

故兵無常勢, 水無常形, 能因敵變化而取勝者, 謂之神

(고병무상세, 수무상형, 능인적변화이취승자, 위지신)

군사력 운용의 형태는 물과 같다.

물의 형태는 높은 곳을 피하고 낮은 곳을 쫓는다.

군사력 운용도 실한 곳을 피하고 허한 곳을 친다.

물은 땅으로 인해 흐름을 제어하고

군사력은 적으로 인해 승리를 제어한다.

그래서 정해진 형태가 없는 것이다.

적 변화를 꿰뚫어 보아 승리를 거두는 자는 신의 경지이다.

기奇와 정正의 운용 결과가 허와 실로 나타난다고 했습니다. 그것도 고정된 것이 아니라 변하는 모습으로요. 허와 실의 변화를 꿰뚫어 볼 수 있는 혜안이야말로 전투를 승리로 이끌 수 있는 혜안입니다. 손무가 아주 극찬하는 바이지요.

2. 주도면밀함을 갖춰야 한다

장수는 주도면밀함을 갖춰야 합니다. 「구지」 편에 나오는 말입니다.

將軍之事, 靜以幽, 正以治(장군지사, 정이유, 정이치)

장군의 일은 고요하고 그윽하며, 바름으로써 다스린다.

「모공」 편에서는 이러한 장수는 국가의 튼튼한 기둥이라고 이야기를 합니다.

夫將者 國之輔也. 輔周則國必强, 輔隙則國必弱
(부장자 국지보야. 보주즉국필강, 보극즉국필약)

장수는 국가의 기둥이니
장수가 치밀하면 나라가 강해지고,
장수가 틈이 있으면 국가가 약해진다.

「허실」 편에는 다음과 같은 말이 나오지요.

因形而措勝於衆, 衆不能知. 人皆知我所以勝之形,
而莫知吾所以制勝之形.

(인형이조승어중, 중불능지. 인개지아소이승지형, 이막지오소이제승지형)

형으로 인해서 많은 사람들에게 승리하지만

그 사람들은 왜 지는지 모른다.

사람들은 내가 승리하는 형태는 보지만,

내가 승리를 만들어간 모습은 보지 못한다.

그러니 戰勝不復(전승불복)이라는 말을 하는 것입니다. 아주 대단한 경지에 이른 장수의 주도면밀한 모습입니다. 주도면밀한 준비를 주제로 하는 것은 「군형」 편이었지요.

見勝不過衆人之所知, 非善之善者也, 戰勝而天下曰善, 非善之善者也.

(견승불과중인지소지, 비선지선자야, 전승이천하왈선, 비선지선자야)

故擧秋毫不爲多力, 見日月不爲明目, 聞雷霆不爲聰耳.

古之所謂善戰者, 勝於易勝者也.

(고거추호불위다력, 견일월불위명목, 문뢰정불위총이.

고지소위선전자, 승어이승자야)

故善戰者之勝也, 無智名, 無勇功. 故其戰勝不忒,

不忒者, 其所措勝, 勝已敗者也

(고선전자지승야, 무지명, 무용공. 고기전승불특,

불특자, 기소조승, 승이패자야)

승리를 하는 것이

많은 사람이 보거나 이야기하는 것에 불과하면 좋은 것이 아니다.
추호를 든다고 힘이 세다고 하지 않고
해와 달을 본다고 눈이 밝다고 하지 않고,
천둥소리를 듣는다고 귀가 밝다고 하지 않는다.
이기기 쉬운 자에게 쉽게 이기는 것이 잘 싸우는 것이다.
그래서 잘 싸우는 사람의 승리는 명예나 용맹한 공이 없다.
그러나 그 승리가 틀어지지 않는 것은
이미 패한 자에게 이기기 때문이다.

3. 임무형 지휘와 소신의 문제를 잘 판단해야 한다

손무가 오왕 합려에게 등용되던 때의 에피소드부터 이러한 모습이 있었다고 교관은 생각합니다. 궁녀를 훈련시키던 이야기 말이지요. 몇 번을 시도하다가 중간 관리자인 궁녀를 처형하지 않습니까? 왕이 참 아끼던 궁녀로, 그렇게 만류를 하는데도 말이지요. 왕이 전투현장의 장수를 이래라 저래라 하는 것에 대해 손무는 매우 안 좋게 생각합니다. 「모공」 편에서 벌써 이런 언급이 나옵니다.

故軍之所以患於君者 三, 不知軍之不可以進, 而謂之進,
不知軍之不可以退
(고군지소이환어군자 삼, 부지군지불가이진, 이위지진, 부지군지불가이퇴)

而謂之退, 是謂縻軍. 不知三軍之事, 而同三軍之政 則軍士惑矣

(이위지퇴, 시위미군. 부지삼군지사, 이동삼군지정 즉군사혹의)

不知三軍之權, 而同三軍之任, 則軍士疑矣. 三軍旣惑且疑,

則諸侯之難至矣, 是謂亂軍引勝

(부지삼군지권, 이동삼군지임, 즉군사의의. 삼군기혹차의,

즉제후지난지의, 시위난군인승)

군대가 임금으로 인해 걱정하는 것이 세 가지가 있다.

군이 나아갈 수 없는데 나아가라고 하거나 물러설 수 없는데

물러서라고 하는 것은 군을 미혹하게 하는 것이다.

군대의 일을 모르고 함께하려 하는 것은

군대의 의혹을 일으키는 것이다.

군대의 권력 구조를 모르고 함께하려 하는 것 또한

군대의 의심을 일으키는 것이다.

군대가 의혹을 가지면 제후의 난이 일어나니,

어지러운 군대가 (인접 적국의) 승리를 가져온다.

그리고 지승유오 다섯 번째에는 이렇게 이야기합니다. 將能而君不御者勝(장능이군불어자승). 장수가 유능하고 임금이 나서지 않아야 이긴다는 말입니다. 「구변」 편에는 다음과 같은 언급도 있지요. 君命有所不受(군명유소불수). 임금의 명이라도 받들지 않을 때가 있다는 말입니다.

그러나 손무가 무턱대고 임금의 말을 듣지 않는다고 하는 것은 아닙니다. 자기의 확실한 주관과 판단을 근거로 해야 한다는 것이지요. 그리고는 그 결과에 대해서는 오로지 자기 자신이 책임을 져야 한다고 합니다. 자기의 목숨이 걸린 일생일대의 중대한 상황일 수도 있겠다는 생각이 듭니다.

故戰道必勝, 主曰無戰, 必戰可也. 戰道不勝, 主曰必戰, 無戰可也.

(고전도필승, 주왈무전, 필전가야. 전도불승, 주왈필전, 무전가야)

故進不求名, 退不避罪, 唯民是保而利於主, 國之寶也.

(고진불구명, 퇴불피죄, 유민시보이리어주, 국지보야)

그 싸우는 것이 이길 수 있으면

임금이 싸우지 말라고 해도 싸울 수 있다.

이기지 못하면 임금이 싸우라고 해도 싸우지 않을 수 있다.

그래서 진격을 하더라도 명예를 구하지 않고

퇴각을 하더라도 죄를 피하지 않는다.

오직 백성과 왕을 위해 이로운 것을 생각하는 장수가 국가의 보배다.

일신의 영예나 안위를 생각하지 않고 오직 나라와 백성을 위해 최선을 다하는 장수가 필요한 것이지요.

4. 동기부여자로서의 역할을 해야 한다

옛날 손무의 시대의 군대는 지금처럼 잘 훈련된 군대도 아니었고, 충성심도 별로 없었던 군대였던 것 같습니다. 그래서 이 부분에서는 오늘날 적용하기 어려운 여러 가지 내용도 언급합니다. 「구지」 편에 나온 말입니다.

能愚士卒之耳目, 使之無知. 易其事, 革其謀, 使人無識,

帥與之期, 如登高而去其梯

(능우사졸지이목, 사지무지. 역기사, 혁기모, 사인무식, 사여지기, 여등고이거기제)

帥與之深入諸侯之地, 而發其機, 若驅群羊, 驅而往, 驅而來, 莫知所之

(사여지심입제후지지, 이발기기, 약구군양, 구이왕, 구이래, 막지소지)

聚三軍之衆, 投之於險, 此將軍之事也. 九地之變,

屈伸之利, 人情之理, 不可不察也

(취삼군지중, 투지어험, 차장군지사야. 구지지변, 굴신지리, 인정지리, 불가불찰야)

능히 사졸의 이목을 모르게 하고

일을 뒤집어 사람들이 모르게 한다.

높은 곳에 올라 시기가 되면 사다리를 치워버린다.

적국에 깊이 쳐들어가서 이리저리 오가는데

가는 곳을 알지 못하게 한다.

군대를 험한 곳으로 모는 것이 장군의 일이다.

상황의 변화와 나아갈 때와 굽힐 때,

병사들의 심리상태 등을 살피지 않을 수 없다.

왜 이런 말을 했을까요? 「구지」 편에 보면 이런 예시를 들고 있습니다. 어찌하면 부하들이 한마음 한뜻으로 싸우도록 할 수 있겠냐고 하는 질문에 이렇게 답하지요.

夫吳人與越人, 相惡也. 當其同舟而濟遇風, 其相救也如左右手.

(부오인여월인, 상오야. 당기동주이제우풍, 기상구야여좌우수)

오나라 사람과 월나라 사람은 원래 싫어했다.
그러나 같은 배에 타고 갈 때 풍랑을 만나면,
서로 구하는 것이 왼손과 오른손이 하듯 한다.

여기 중요한 열쇠가 있습니다.

投之亡地然後存, 陷之死地然後生, 夫衆陷於害然後, 能爲勝敗.

(투지망지연후존, 함지사지연후생, 부중함어해연후, 능위승패)

망지에 던져진 이후 살아남고, 함지에 빠진 후에 살아난다.
무릇 군대를 함정과 해로움에 처하게 한 연후에
승패를 판가름할 수 있다.

당시에는 그랬습니다. 현재 상황을 알려주고 솔선수범으로 이끌고 가는 것보다는 병사들이 '내가 싸우지 않으면 죽겠구나!'라고 느끼게 해서 최대로 힘을 발휘하게 했던 것이지요. 그래서 심지어는 이렇게까지 이야기합니다.

是故, 方馬埋輪, 未足恃也. 齊勇若一, 政之道也. 剛柔皆得, 地之理也.

(시고, 방마매륜, 미족시야. 제용약일, 정지도야. 강유개득, 지지리야)

故善用兵者, 携手若使一人, 不得已也

(고선용병자 휴수약사일인, 부득이야)

말을 풀어주고 수레바퀴를 묻어버리는 것도 부족하다.
하나같이 용기를 내도록 하는 것은 장수의 리더십이다.
강함과 부드러움을 같이 얻는 것은 지형의 원리이다. 그래서 잘 싸우는 사람이 부하를 하나같이 만드는 것은
부득이하게 만들기 때문이다.

동기부여 방법이 요즘과는 사뭇 다르지요. 그러나 동기부여자로서의 역할이 중요하다는 점을 강조했다고 이해할 수 있습니다.

지금까지 『손자병법』 각 편의 내용에 대해 개관을 했습니다. 그리고 마지막으로 『손자병법』을 통해서 얻을 수 있는 것 중에서 손무가 생각한 장수의 모습을 알아봤습니다.

어떻습니까? 여러분! 참으로 엄청난 경지라 하지 않을 수 없습

니다. 『손자병법』을 마무리하면서 교관은 이런 이야기를 해주고 싶네요. 첫 번째는 여러분만의 해석을 가지라는 것입니다. 교관이 이야기한 것을 아무리 보아도 자기가 스스로 노력해서 해석하지 않으면 아무 소용도 없습니다.

동시에 두 번째로 해주고 싶은 이야기는 자신감을 가지라는 것입니다. 여러분만큼 『손자병법』을 해석할 수 있는 능력을 지닌 사람들이 별로 많지 않습니다. 자신감을 가지고, 스스로 해석을 당당하게 내놓아도 괜찮습니다. 그 해석은 여러분의 연륜과 경험이 많아질수록 깊어집니다. 그러나 깊어지기만을 마냥 기다릴 필요 없습니다. 지금 당장 사용해도 됩니다.

반드시 잊지 말아야 할 것은 자신의 기준을 정립하라는 것입니다. 자기 기준이 명확할 때, 스스로 길을 찾고 주변의 사람들에게 좋은 영향력을 미칠 수 있습니다. 우리가 통상 군자君子라고 하는 모습이지요. 그런 군자의 모습이 군에서 발현되는 모습을 손무는 장수將帥로 그리지 않았을까 생각합니다.

추천의 글

『누구나 알 수 있는 〈전술이야기〉』는 저자가 10여 년간 축적한 전술의 노하우와 경험을 집대성한 책입니다. 이 글을 내용을 보면 전술을 공부하는 누가 보더라도 '실제 전술을 어떻게 적용하는가?'에 대해 잘 이해할 수 있도록 구성되어 있습니다.

전술은 전장에서 가장 중요한 것을 식별하고 그것에 대해 가용한 전투력을 집중하는 것입니다. 손무孫武의 『손자병법』, 클라우제비츠의 『전쟁론』, 조미니의 『전쟁술』 등 동서고금을 막론하고 싸워 이기는 방법에 대한 논의가 많았지요. 그 논의의 핵심은 바로 "나의 전투력을 언제, 어디에 집중해야 하는가?"였습니다.

『누구나 알 수 있는 〈전술이야기〉』도 그러한 관점을 취하고 있습니다. 이것은 전술을 구사하는 사람들에게 중요한 점을 깨닫게 합니다. 전투하는 사람에게 개념이나 절차, 형식만이 중요한 것은 아니라는 점입니다. 이 글에서 저자는 "전술을 하는 사람은 상황의 본질과 핵심을 명확하게 파악하고, 어떠한 위험이 있더라도 대책을 강구한 상태에서 대담하게 전술을 펼치라"라고 이야기합니다.

글의 내용 중 일부는 현재 교리와 다르거나, 개인마다 생각이 다른 부분이 있을 수 있습니다. 그러나 저자가 일관되게 강조하는 대로 나의 개성대로 전술을 구사해서 전투에서 승리하는 것이 중요합니다. 전투에서 승리하기를 원하는 사람들에게 이 책은 많은 도움이 될 것입니다.

육군대학장 준장

황 성 훈

〈출간후기〉

전술의 원리를
알기 쉬운 사례로 녹여낸
최적의 실전 전술 노트

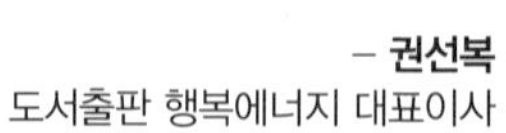

– **권선복**
도서출판 행복에너지 대표이사

지구상에 현존하는 분단국가는 '대한민국:북한, 중국:대만, 키프로스:북 키프로스'랍니다. 다른 나라들은 이미 그다지 크게 위험하다고 할 수도 없는 분단 상황인데 유일하게 우리는 지구상 최강대국들 사이에 끼어 첨예한 갈등과 화해의 줄타기를 하고 있습니다. 그리고 이 줄타기의 균형에는 반드시 국력이, 특히 국방력이 요구됩니다. 자칫 언제까지 지속될지 몰라 걱정스러운 이 지루한 분단 상황이 평화적으로 끝나려면, 평화를 끌어안을 국방력과 경제력이 있어야 합니다.

북으로 110만에 가까운 북한군이 있고, 상당수가 휴전선 근처에 배치되어 있다고 합니다. 제아무리 기술이 발달하고 현대의 전쟁에서 공중전이 전황을 좌우하는 시대가 되었다 하더라도, 좁은 국토에 산지가 70%인 우리나라의 경우 여전히 전쟁의 결정적 종지부는 지상전에 있습니다. 그런 점에서 우리나라 육군의 중요성은 두말할 나위가 없습니다. 우리가 세계적으로 성능이 입증된 K2 전차의 생산국임도 바로 이런 현실을 확고하게 인식한 육군 지휘부의 장기적 비전이 거둔 성과일 것입니다.

하지만 그 어떤 우수한 무기가 있다 하더라도 승패의 Key는 결국 지휘관의 명석한 판단에 달려 있습니다. 지상전의 교범은 물론, 교범이 미처 알려주지 못한 상황에 따른 임기응변과 지휘관 개개의 능력, 그리고 올바른 전술적 결정에 달려 있습니다.

이 책『누구나 알 수 있는 전술 이야기』는 바로 실전 상황에서 지휘관의 올바른 판단을 위한 다양한 응용 사례들을 알기 쉽게 제시해주는 책입니다. 이 책의 사례가 독자 여러분의 전술 감각에 고스란히 녹아들어 대한민국에 손자孫子와 같은 뛰어난 지휘관이 무수하게 탄생하기를 고대합니다.

치매 예방 길

정치원, 정상인, 정두진 지음 | 값 20,000원

2019년 대한민국 65세 이상 인구 10명 당 1명은 치매 환자지만, 아직까지 치매의 원인이나 정확한 치료법이 불명확해 '제2의 인생'에 큰 걸림돌이 되고 있다. 이 책 『치매 예방 길』은 서예의 기법을 응용한 '일필구자'로 손과 뇌를 동시에 자극하며 치매를 예방하는 데에 큰 도움을 주는 기능성 컬러링 북이다. 특히 다양한 그림을 난이도별로 분류하여 과학적인 훈련이 가능한 것은 이 책의 큰 장점이다.

나부끼는 깃발은 사랑이었노라

이옥진 지음 | 값 15,000원

한 교회에서 25년간을 목사의 아내로 활동한 저자는 다양한 이웃들을 만나고, 기쁨과 슬픔을 함께하며 느꼈던 수많은 감정들을 성경의 일화에 빗대어 묵상하며 하나님의 임재와 기적을 이야기한다. 교회에 다니지만 아직 참된 진리를 알지 못하는 사람, 혹은 하나님의 임재를 느끼고 싶어 하며 신앙의 목마름을 느끼는 교인들은 이 책을 통해 성경 읽기를 생활화하여 영혼을 변화시킬 수 있을 것이다.

사랑의 구름다리

조규빈 지음 | 값 15,000원

조규빈 저자의 이 세 번째 수필집 『사랑의 구름다리』는 '자연'과 '열정'을 주제로 삼아 인생의 의미를 탐구하고 있다. 항상 우리 주변에 담백하고 신선하게 존재하며 인간에게 큰 교훈을 전달하는 자연에 대한 절제된 문학적 찬미가 돋보인다. 또한 길어진 인생을 열정적으로 살지 못하고 쉽사리 나태해지는 사람들에 대한 통렬하면서도 애정 어린 충고가 목적 없이 방황하듯 시대를 살아가는 젊은이들에게 삶의 이정표를 제공할 것이다.

작은 습관, 루틴

오히라 아사코, 오히라 노부타카 지음 | 값 15,000원

이 책 『작은 습관, 루틴』은 우리가 일상적 업무 속에서 스트레스가 되는 다양한 요소의 해결책을 제시한다. 이러한 스트레스의 크기를 느슨하게, 고통으로 느끼지 않고도 충분히 우리들이 해소할 수 있는 작은 단위로 쪼개어 해결할 수 있는 방법을 구체적이고 상세하게 제공하는 책이다. 이 작은 보물지도가 여러분의 조직에서, 가정에서, 새로운 세상과 새로운 삶으로 이끌어주는 마법의 램프를 찾도록 도와줄 것이다.

함께 보면 좋은 책들

Alone

김태곤 지음 | 값 12,000원

이 책 『Alone』은 아무런 전조도, 이유도 없이 지구상 대부분의 사람들이 사라져 버린 세상에서 홀로 남겨진 '태호'의 이야기를 그리고 있다. 무한 자유의 해방감, 동시에 그 누구와도 교류할 수 없게 되었다는 절대적인 고독감, 모두가 사라진 세계에서 꿈틀거리는 욕망에 직면하고, 종국엔 그것마저 초월하여 지구의 자전 소리를 들을 수 있을 때, 태호는 물론 독자들 역시 인간의 본질에 대해 진지한 성찰의 기회를 가질 수 있게 될 것이다.

메시아는 더 이상 오지 않는다(개정증보판)

박정진 지음 | 값 25,000원

이 책 『메시아는 더 이상 오지 않는다』(개정증보판)은 통일교의 관점에서 석가모니와 예수 그리스도에 이어 세 번째로 나타난 메시아 문선명에 대해 이야기하면서 동시에 메시아는 인류를 순식간에 구원하기 위해 나타나는 존재가 아니라고 설명한다. 이러한 주장을 기반으로 하여 이 책은 통일교의 역사와 의미, 미래 인류문명에 대한 통찰, 미래 정신문명 예측 등을 깊이 있게 다루고 있다.

땅의 유혹(개정판)

조광 지음 | 값 25,000원

이 책 『땅의 유혹』은 우리나라 풍수의 기본 원리 및 영향과 한국의 산줄기부터 시작되는 팔도의 풍수와 인간사회에 미치는 산의 힘을 분석하고 있다. 아울러 현대 사회에도 어김없이 적용되는 풍수의 원리를 논하기 위해 격변하는 우리 사회의 상황들을 풍수학의 시각으로 파악하고 있으며, 조상의 선영을 잘 읽어내고 살아있는 사람들의 삶에 조화롭게 작용하도록 하는 데에 도움을 줄 것이다.

나뭇잎으로 살아서 미안해 낙엽으로 갚아줄게

김예진 지음 | 값 15,000원

김예진 작가가 전하는 이야기들은 마음 한구석을 시큰하게 한다. 그동안 잊고 살았던 소중한 존재들을 떠올리게 하는 이야기들을 한데 엮었다. 그 이야기에 귀 기울이고 있노라면 주변사람들을 다시금 돌아보게 될 것이다. 이 책에 실린 글들이 부모님, 친구, 형제. 가까이에 있다는 이유만으로 잊고 지낸 사람들과의 관계의 회복을 가져다주는 온기가 되길 기원해 본다.